折叠

青藏高原的生命史诗

吴飞翔 著

中国科学技术出版社
· 北 京 ·

图书在版编目(CIP)数据

山海折叠:青藏高原的生命史诗 / 吴飞翔著. --
北京 : 中国科学技术出版社, 2025.1(2026.2重印)
ISBN 978-7-5046-9844-5

Ⅰ. ①山… Ⅱ. ①吴… Ⅲ. ①青藏高原—古生物—考察报告 Ⅳ. ①Q911.727

中国版本图书馆CIP数据核字(2022)第200252号

策划编辑	鞠 强
责任编辑	鞠 强
封面设计	@muchun_ 木春
内文制作	金彩恒通
责任校对	邓雪梅
责任印制	马宇晨

出 版	中国科学技术出版社
发 行	中国科学技术出版社有限公司
地 址	北京市海淀区中关村南大街 16 号
邮 编	100081
发行电话	010-62173865
传 真	010-62173081
网 址	http://www.cspbooks.com.cn

开 本	710mm×1000mm 1/16
字 数	230 千字
印 张	23
版 次	2025 年 1 月第 1 版
印 次	2026 年 2 月第 3 次印刷
印 刷	北京盛通印刷股份有限公司
书 号	ISBN 978-7-5046-9844-5/Q・236
定 价	88.00 元

推荐序一

吴飞翔发来他即将出版的有关青藏高原科学考察的科普作品《山海折叠》，仅书名就吸引了我的注意。对于很多读者而言，山峰与海洋是庞大的存在，如何可以折叠起来呢？但是，对于研究地球科学的人来说，不仅仅是山与海，多少声势磅礴的地壳运动连同其中最伟大的“表演”——生物演化，都随着足够漫长的时间，被折叠在无尽的地层之中。古生物学家的工作，就是通过研究其中并不完整的地质记录与幸存的化石标本，来复原曾经蓬勃的生命世界及其周边的环境。

而在国内，恐怕没有几个区域能像青藏高原那样让古生物学家为之向往。如今，青藏高原是中国最大、世界上海拔最高的高原，但在2.8亿年前，那里却是古老特提斯海的一部分。由于印度板块和亚洲板块发生碰撞，青藏高原开始逐渐隆升，并成为新生代全球最为重大的地质事件之一，深刻地改变了亚洲的地形地貌、大气环流以及生物演化的格局。因此，青藏高原成为古生物学家研究海陆变迁背景下生物多样性变革的关键区域。同时，由于青藏高原充满了探险小说中的丰富元素——无人区的神秘感、传说与宗教的盛行、高寒缺氧的艰苦环境、潜在的化石宝藏，古生物学家的野外工作更笼罩上了一层神奇的色彩。

从20世纪70年代至今，中国科学院已经组织了两次大规模的青藏高原综合科学考察研究，取得了丰硕的科研成果。但是，关于科考中的古生物部分的纪实作品却并不多见。吴飞翔的这本书，不仅回顾了我国古生物学家在青藏高原进行科学考察与发掘的经历，分享了几代科学人进入高原采集化石、探索古生物演化奥秘、发现过去的喜悦，还从一个青年古生物学家的视角出发，以时间作为主轴，从中生代到新生代，详细介绍了各个时段相关的地质背景、自然环境与关键化石，多角度地呈现了青藏高原生物的演变史。

吴飞翔的研究方向为中、新生代关键地史阶段古鱼类演化对环境变化的响应，而他这些年的研究重点主要在青藏高原古鱼类，主持和参与了许多青藏科考的项目，多次进藏从事野外工作，所以他也在书中通过流畅的文笔，讲述了很多与自己的研究相关的故事与感悟，情景交融，让人仿佛置身其中。此外，吴飞翔还是我所知道的科研人员中，少数几个能写会画的科普高手。除了为一些科普报刊撰稿，他还为一些文章绘制了科学复原图，并发表在《自然》（*Nature*）、《美国国家科学院院刊》（*PNAS*）、《中国国家地理》《知识就是力量》等知名学术或科普期刊上，这是难能可贵的。在本书的最后一章，他将自己绘制复原图的故事与大家分享，甚至写到了关于文创产品设计的故事，既充实了本书的内容，又增添了不少趣味性。

科学考察类的纪实作品，不仅将重要的科研过程记录下来，其蕴含的丰富信息也是科学史研究的重要素材；更值得一提的是，这类作品往往可以更生动地传递科学精神。《山海折叠》就是这样一本精彩的图书，不仅能够丰富读者对青藏高原古环境以及生物演化、扩散的认识，还能让读者在轻松愉快的阅读中，深刻地体会到科学家对于科学事业的热爱，以及他们在科学探索过程中求真务实、不畏艰辛、勇于探索未知的科学精神。

周忠和

中国科学院院士

中国科学院古脊椎动物与古人类研究所研究员

中国科普作家协会名誉理事长

推荐序二

人们总是毫不吝啬地将诸多宏大的名号赠予青藏高原，称之为“世界屋脊”“亚洲水塔”或是“地球第三极”。它也的确当之无愧：青藏高原囊括了全世界所有的14座8000米级山峰，绝世独立；它的巨量冰川，为众多大江大河提供了源头活水，滋养了亿兆生灵；它的强势崛起曾经让西进的长江掉头东去，同时激发出东亚季风，让华南的荒原沙漠变成了今天的鱼米之乡。相比于它对外围地区的影响，高原本身的变化似乎更加剧烈。而“本是同根生”的惺惺相惜让我们更加好奇，这里的生命是如何踩着环境变化的鼓点，一步一步走到了今天?

你手中的这本《山海折叠》就回答了这个问题。青藏高原是地质活动的产物，大自然的伟力在这里改变了海陆的分布，大陆间的碰撞消亡了古海，地壳的变形与褶皱造出了雄伟的山脉，原来的海底甚至崛起成了雪山之巅，而无数的生命传奇就此被折叠在这部由千万层岩石摞成的时间之书里。

看到这本精品科普图书的出版，我非常欣喜，很赞赏作者用科研的态度做科普的努力。这本书用科学翔实的资料和流畅的笔触，全景式地呈现了青藏地区两亿年以来由海到陆、从暖湿低地到高冷冰缘的环境变化，以及在这个背景下，它从“史前海怪的领地”“热带动植物的乐园”进而成为“冰期哺乳动物的摇篮”和人类定居地的转换。

作为青藏科考一线的实践者，作者自 2009 年以来数十次进藏考察，自 2015 年开始还作为领队在高原各地开展野外工作，并曾作为策展人搜集和整理过很多早期科考史料，因此可以说，青藏科考已经成为他人生阅历的重要部分。所以在介绍古生物知识的同时，作者在书中很巧妙地穿插了不少动人的科考故事和朴素自然的人生感悟，让读者可以一窥不同时代科考队员的工作状态以及他们待人处事的真挚情感。

令我惊喜的还有本书的另外一个鲜明的特色——为了图书视觉效果上的美感，作者为本书绘制了大量原创的化石标本素描和古环境复原图，其中多数已发表的化石材料此前并没有科学素描，却在本书中以另外一种形式示人。在科普图书领域，这种由研究者亲自绘制科学插图的尝试并不多见。实际上，这得益于作者在古生物学研究中的长期锻炼。他的科研成果中常有大量细致再现化石标本精微解剖结构的手绘插图，这不仅高效地呈现了科学细节，也增添了学术论文的艺术美感。从本质上来说，科学和艺术原是一家，可以互相成就，这一点在古生物学领域中体现得尤为突出。从这个方面来说，我想作者对于古生物学的魅力应该会有自己的独特感悟，这可能也是他在书中以“发现化石，发现美”一章作为结尾的缘故吧。

从作者第一次进藏开始，我们就一起在高原上跋涉攀登，那些艰苦卓绝的科考历程、苍凉壮美的天地奇观、多姿多彩的风土人情，尤其是激动人心的化石发现，深深地镌刻在我们的脑海中。我们有着共同的记忆，而我也希望这样不同寻常的经历，为广大读者认识青藏高原、认识科学、认识古生物，提供生动鲜活的第一手叙述。

就像书中回顾的历次珠峰登山科考和第一次青藏科考一样，作为国家战略任务而启动的第二次青藏高原综合科学考察研究，也必将是一项具有历史意义的科学工程。因此，作为这项宏伟工程的亲历者和参与者，作者以高度的责任感和使命感，以第一视角记录科考，并把科普图书作为连接科学与社会的纽带，将科学知识和科考精神传播给公众。这本书是一个很好的尝试，相信会产生明显的效果。

从更大的意义上来讲，我们努力追溯生命伴随高原的生长而演化至今的历程，也是在重述一个事实：在人类出现之前，无数的生命曾在高原轮番登场，而在自然选择的铁律之下，总有一些幸运儿能够找到自己的出路。作为自然界唯一能够回望历史、审视自身、展望未来的物种，我们一定可以在生命的历史里得到启迪，并运用我们的智慧，确保这个和人类命运与共的大自然有一个可预见的、美丽的未来，这就是青藏科考的终极意义。

邓涛

中国科学院古脊椎动物与古人类研究所原所长、研究员

目录

第一章	**高原前世**	001
第二章	**海怪与恐龙**	009
	珠峰、鱼龙和鲨鱼	011
	水里奇鱼岸上龙	027
第三章	**史前“香格里拉”**	037
	喜山也有低矮时	039
	遇见蒋浪	043
	飞舞的翅果	055
	一朵未名花	059
	小果配上兔耳朵	059
	“印度方舟”送来的大树	064
第四章	**色林错畔的远古森林**	071
	游走荒原	073
	树上的鱼	089
	羌塘的棕榈	100

椿榆的“乌龙” 117
似花似叶栾树果 121
浮萍“瘦身”史 124
藏北水上漂 128

第五章 远去的犀牛 133
漫步伦坡拉 136
西藏的古犀牛 144

第六章 阿里古兽 155
吉隆故事 161
札达寻宝 166
灌丛深处有花香 176
尖角的长颈鹿 180
披毛犀传奇 182
蹄下风云 193
羊族崛起 202
令人胆寒的杀手 208
北极狐的祖先 211
雪豹之祖 215

色林错畔的剑齿虎 222
轮流坐庄 226
古人在高原 230

第七章 缘山求鱼 233
高原有嘉鱼 235
钙补奇鱼 241

第八章 藏北经年 253

第九章 发现化石，发现美 293
行旅即读书 294
科学插图绘制 300
高原古生物文创 307
尾声 311

参考文献 313
后记 349

第一章

高原前世

▷巨大的联合古陆南部就是形成于距今6.5亿~5.5亿年的冈瓦纳大陆。这个主要分布于南半球的古陆包含了今天的南美洲、非洲、印度、澳大利亚、阿拉伯半岛和南极洲，是当时地球上最大的大陆聚合体，地表面积超过1亿平方千米（比10个中国还大）。今天地球64%的陆地面积来自这个古陆，其中就包括组成青藏高原主体部分的地块，当时它们就拼贴在这块古陆的北部边缘

地壳就像一个巨大的拼图，镶嵌成拼图的板块，在滚烫的软岩上滑动、起伏。它们分分合合，不停地改变着陆地与海洋的分布，重塑着地球表面的形态。大洋两岸吻合的海岸线、陆地上纵横交错的巨大山脉，都是它们的杰作。

大约3亿年前，冈瓦纳大陆开始裂解。就像“从高处

跌落的瓷盘”，这个超级大陆解体成大大小小的陆块，以不同的速度朝着各个方向漂移而去。古陆北缘的羌塘地块、拉萨地块以及印度次大陆，在地幔柱上涌和大洋板块俯冲作用的牵引下（注：有学者认为板块运动的原动力或许还来源于陨石撞击），依次往北面的欧亚大陆奔去，最终彻

底改变了整个亚洲的地理和气候。在地球系统里，由于各个圈层的联动，这些事件的影响甚至远程传导至北美洲和非洲。

这是几段史诗般的旅程，这些陆块从南半球漂洋过海到达北半球，历时亿万年。穿过不断变化的环境，这些陆块就像一艘艘“方舟”，载着地球另一端的“乘客”来到今天高原的位置，这些“乘客”留下的印记甚至被大地的洪荒之力推上了雪域之巅。

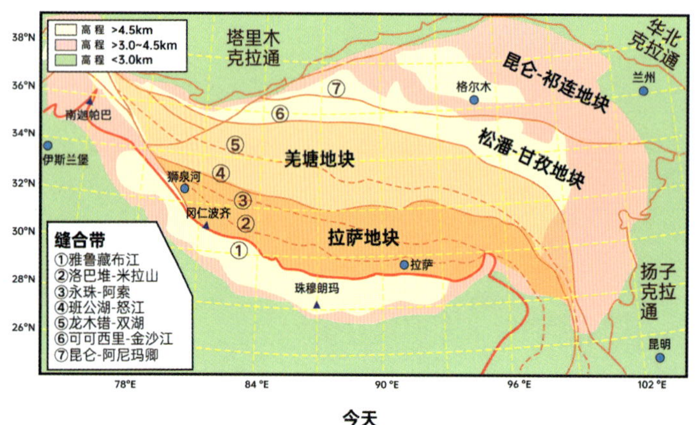

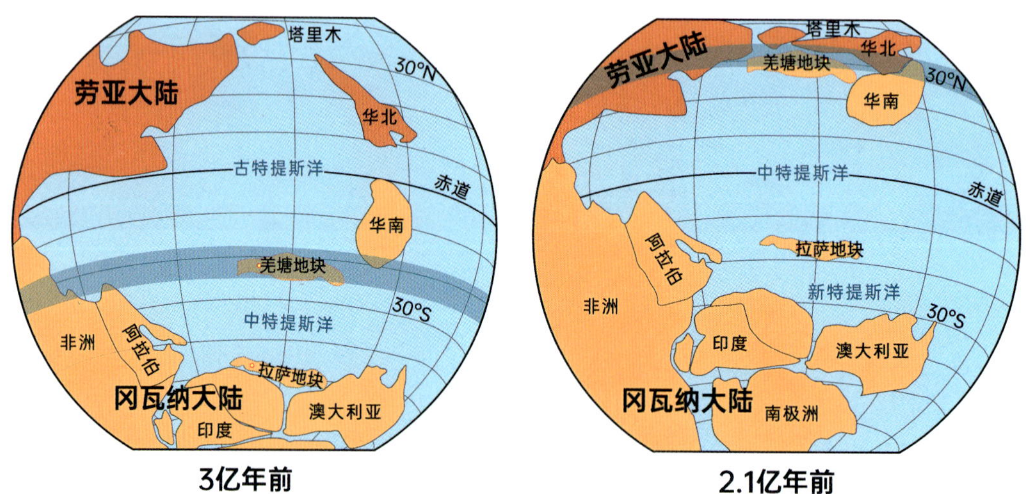

◁▽高原“拼图”：青藏高原的主体由几块来自南半球的陆块逐次拼接而成，自北往南依次是松潘—甘孜地块、羌塘地块和拉萨地块。它们曾依次脱离逐渐解体的冈瓦纳大陆，自南半球一路漂移到今天的位置

▷藏南定日县珠穆朗玛峰北侧的二叠纪舌羊齿（右：叶片复原），距今约 2.6 亿年，是典型的南方冈瓦纳大陆植物，其植株可达 6 米高（吴飞翔 / 绘）

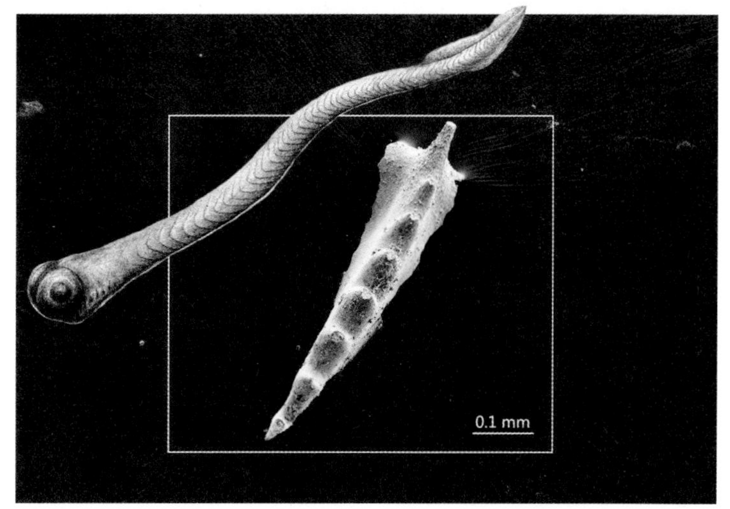

▷西藏那曲地区申扎县 2.7 亿年前的牙形动物 *Vjalovognathus* 化石残骸（牙形石，牙形动物的取食结构）。图中分别为化石的电镜扫描图像（下）和牙形动物复原图（左上，吴飞翔 / 绘）。牙形动物是一类生活在古海洋中的早期脊椎动物，在脊椎动物登上陆地之前就已经存在，于三叠纪末灭绝。与申扎同种的牙形动物化石还存在于印度和澳大利亚西部的同时代地层里，说明今天申扎所在的陆地来自南半球（张以春 / 供图）

在这几艘“方舟”之中，体量最大的是最后靠岸的印度次大陆，它与欧亚大陆的迎头相撞，造成的影响也最为深远。在非鸟恐龙灭绝之后不久的新生代初期（距今 6600 万～6100 万年），印度次大陆在北纬 14° 附近与欧亚大陆（拉萨地块）相遇（2021 年，有科学家提出“印度—亚洲两阶段碰撞模型”，他们认为这个时候是从印度次大陆裂解出来的特提斯喜马拉雅地块先与亚洲大陆发生碰撞）。大陆之间汇聚、碰撞，最终塑造了地球上最雄伟的大陆山系——喜马拉雅山系，促成了“世界屋脊”青藏高原的崛起，进而形成了华夏大地“东水西山”的地理格局。在全

▽拉萨附近大陆碰撞的记录。白垩纪的海相沉积物（下部彩色条带状岩层）之上覆盖着生成于新生代之初的林子宗火山岩（上部灰色岩层），两套岩石之间的接触线就对应着印度次大陆和欧亚大陆碰撞的时刻。接触线以下的岩石剧烈变形，可见大地碰撞的威力（邓涛 / 摄）

△生命逐山高：山体隆升背景下的高原生命四部曲。图中物种依次为：1.榕树（*Ficus*）；2.两栖犀（Amynodontidae）；3.雷兽（brontothere）；4.棕榈（西藏似沙巴棕 *Sabalites tibetensis*）；5.巨犀（*Paraceratherium*）；6.攀鲈（西藏始攀鲈 *Eoanabas thibetana*）；7.鲤科鱼类（张氏春霖鱼 *Tchunglinus tchangii*）；8.未知鲤科鱼类；9.针叶林；10.近无角犀（*Plesiaceratherium* sp.）；11.原始裂腹鱼（大头近裂腹鱼 *Plesioschizothorax macrocephalus*）；12.灌丛（栒子属 *Cotoneaster*，绣线菊 *Spiraea*，锦鸡儿 *Caragana*）；13.原始雪豹（布氏豹 *Panthera blytheae*）；14.原始披毛犀（西藏披毛犀 *Coelodonta thibetana*）；15.高度特化的裂腹鱼（裸鲤 *Gymnocypris*）；16.高原鳅（*Triplophysa*）

球变凉的大趋势下，陆进海退和山体崛起的双重作用，让亚洲腹地的戈壁荒漠愈加干旱，也使长江所经之地的漫漫黄沙演变成了山青水绿的烟雨江南。

而依环境而兴、随环境而变的生命，在这样的沧桑巨变中不可能置身事外。陆块的碰撞不仅是新一轮造山活动的开始，更是另创新机的生命走廊的连通。科学家发现，印度—亚欧大陆接触之初，大陆之间的动物群就开始了交流。3000多万年之后，尽管青藏高原上早有横贯东西的巨型山脉，像巨犀这样的大型哺乳动物仍能在高原南北之间往来扩散。直到高原初具规模的早中新世（距今约2000万年），还有无角的犀牛在藏北的湖畔密林中徜徉。即使当高原整体生长到接近今天的模样时，冰缘环境下的高地也不是绝对的“孤岛”，一些动物曾循着它边缘的深谷或山口进进出出。特别是在更新世大冰期来临时，寒冷的气候把高原与北极连成一体，已经适应了冰天雪地的披毛犀、北极狐的祖先们走出西藏，去极圈附近开拓了新的家园，成为一方传奇。

人们常把青藏高原比喻成认识生命演化的“天然实验室”。在这个巨大的“实验室”里，海陆的转换、陆地的连接、山体的隆起，都是特殊的“催化剂”，驱动着生物的演替与播散。以地质时间的尺度来看，这里由海到陆、从低地到高原的变化是如此巨大而迅速，生命的过程因此而更加精彩纷呈。接下来，让我们一起穿过亿万年的时空，回顾一下这段奇妙的生命之旅吧。

第二章

海怪与恐龙

广袤的欧亚大陆南侧矗立着全世界最显著的造山带——阿尔卑斯—扎格罗斯—喜马拉雅造山带，这里是一众巨大山体拔地而起的原点，同时也是远古大洋生命历史的终章。如果将折叠其间的两亿多年的时空打开，印度和非洲—阿拉伯板块将退回到它们原来在南方冈瓦纳古陆上的位置，那时南北大陆之间的广阔海洋正是各种海怪的竞技场，三叠纪的超级鱼龙和旋齿鲨曾在这里巡狩游猎，大杀四方。

当印度"方舟"继续往现在的位置移动两三千万年之后，在大洋北岸的陆地上，侏罗纪的恐龙在藏东南昌都地区和四川盆地之间往来奔走。附近的海水里除了鱼龙，还出现了新的领主——蛇颈龙。为了躲避这些致命的敌害，像硬齿鱼、弓鲛这些鱼类，可能躲进了羌塘和拉萨地块之间那片贯穿青藏的浅海。

白垩纪的印度次大陆继续北进，在即将望见亚洲大陆的海岸线时，它带来的"见面礼"却让整个世界猝不及防。德干高原的火山大喷发，毒化了大气，酸化了海水，造成急剧的升温，提前为恐龙敲响了丧钟。

珠峰、鱼龙和鲨鱼

《西藏通史·早期卷》收录了一则传说：在很早以前，西藏这个地方曾是一片汪洋大海，海边林木葱郁，生机盎然，犀牛、斑鹿、羚羊在悠闲地散步，而杜鹃、画眉、百灵鸟则在树梢愉快地鸣唱。突然有一天，海里蹿出一条巨大的五头毒龙，搅起风浪，要毁灭这一切。好在大海上空飘来五朵彩云，化身五部智慧空行母，施展无边法力，制服了毒龙，保住了西藏的生灵万物。后来这五位仙女变成了喜马拉雅山脉的五座山峰：祥寿仙女峰、翠颜仙女峰、慧贞仙女峰、冠咏仙女峰和施仁仙女峰，而为首的翠颜仙女峰便是珠穆朗玛峰，当地百姓也称之为“神女峰”。

▽珠穆朗玛峰携领群峰傲立于天际，亿万年前的岩石筑成了雄浑峻峭的山体，也珍藏了青藏高原沧海桑田的秘密（史静耸/摄，拍摄视角朝南）

传说固然引人入胜，但终归缥缈离奇。而珠峰的妙处就在于神话和现实并不那么违和，几分巧合，亦真亦幻，更给珠峰平添了一些神秘。在 20 世纪六七十年代的登山科考中，人们找到了珠峰曾没于海面之下的实证，采集了数亿年前（奥陶纪）的三叶虫、腕足动物、海百合等海生无脊椎动物的化石，而最让人震撼的莫过于三叠纪巨大的喜马拉雅鱼龙和奇特的旋齿鲨。这些史前海怪在珠峰附近现身，如同冲开了时空之门，美妙的古今交汇衍生出很多有趣的故事。

西藏喜马拉雅鱼龙

2.52 亿年前的二叠纪末大灭绝，抹去了地球上 80% 的海洋物种，三叶虫、蜓和海蝎全部灭绝，但它对一类史前海怪来说却是天赐良机。在这之后不久，即距今约 2.48 亿年的早三叠世，鱼龙的祖先下水了。坐享着大量腾空的生态位，加上各种鱼类和无脊椎动物等食物资源的蓬勃发展，

▽ 1966 年，聂拉木县亚来乡土隆村（现土龙村）附近产出三叠纪喜马拉雅鱼龙（*Himalayasaurus tibetensis*）化石，头骨、肋骨和数个巨大的椎体清晰可辨，巨大而尖利的牙齿（左上，分别是牙齿的正视与侧视照片）说明它是一头凶猛的掠食者。但因为历史的原因，现存标本已不完整（图源：1974 年出版的《珠穆朗玛峰地区科学考察图片集》）

△土龙村是西藏喜马拉雅鱼龙产地之一（左侧山坡下最远处的电塔附近就是鱼龙发现点），海拔约4700米。318国道起于上海黄浦江边，终于聂拉木樟木口岸，它从定日县西行不久即往南折弯，钻进喜马拉雅山，刚好从土龙村边穿过。半个多世纪过去，当年科考队运送鱼龙化石走过的崎岖小道已经变成平坦宽阔的现代公路（吴飞翔 / 摄）

这类似鱼非鱼的爬行动物顺理成章地成了中生代的海洋霸主。其中三叠纪的萨斯特鱼龙（Shastasauridae）这一支尤为引人注目，它们是鱼龙历史上的“巨龙家族”，喜马拉雅鱼龙就是其中一员。

这是一个很有意思的家族，它们的块头虽然巨大，但并非都是粗蛮的暴君。喜马拉雅鱼龙的牙齿锋利得如同一把把短匕首，而它的同类、产自北美的体长超过20米的肖尼鱼龙（*Shonisaurus*）却可能是没有牙齿的好脾气。萨斯特鱼龙还遗传了祖先们卵胎生的能力，在水中生产小崽，后代的成活率大有保障。

庞大的体形给它们带来了诸多好处，巨无霸的身形让它们在水下鲜有敌手，也可以长途游弋，寻猎食物。但大个子带来的除了这些优势，也有一些缺点。维持庞大体形的成本显然也是巨大的，吃饱一顿需要的食物量相当惊人。此外，卵胎生的策略虽然可以提高幼崽成活率，但这些大个子的繁育周期却可能延长，后代的数量一般也比较少。这样的短板，在食物充足、环境适宜的时期，比如海

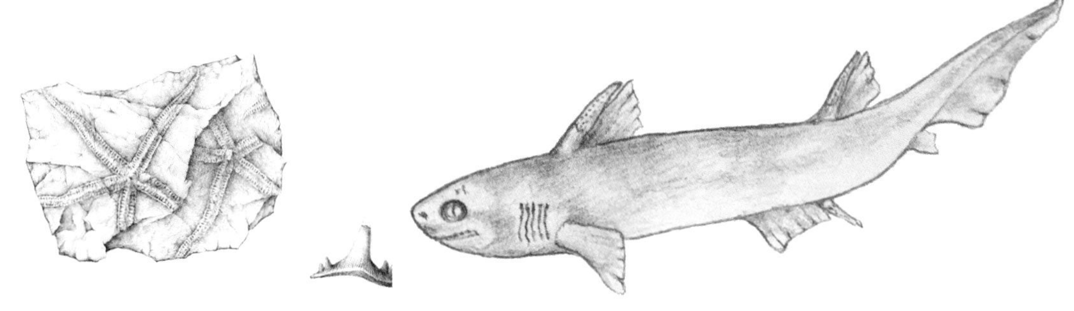

洋生态系统非常繁荣的中三叠世（距今 2.47 亿～2.37 亿年），或许无关痛痒，然而当环境剧烈变化时，却将带来巨大的风险。

△与西藏喜马拉雅鱼龙伴生的海星（左）和弓鲛（Hybodontidae，一种史前鲨鱼，右）及弓鲛的牙齿（中），可见当时生态群落结构的复杂与丰富（吴飞翔 / 绘）

喜马拉雅鱼龙所在的晚三叠世是萨斯特鱼龙家族的鼎盛时期，它们的体形在这个时候发展到了极致，一些种类体长甚至超过 20 米（相当于 2 辆旅游大巴车连在一起的长度），比如前面提到的肖尼鱼龙。然而，危机却在一步步靠近。当

◁喜马拉雅鱼龙部分化石（下）及其素描（上，吴飞翔 / 绘），尺寸：115 厘米 ×35 厘米 ×14 厘米。根据各部分骨骼尺寸推测，喜马拉雅鱼龙全长可能超过 15 米，比一般的旅游大巴车还要长。值得注意的是，这件材料仅是当年标本的一部分。本书定稿前，在修复 2023 年新找到的喜马拉雅鱼龙标本的同时，中国科学院古脊椎动物与古人类研究所的技术人员也重新精修了这件标本，鱼龙的牙齿暴露得更加完整，还有数件菊石标本也一起露出。研究人员正在对它重新展开研究

时中央大西洋超级火成岩省的喷发释放出大量温室气体，海洋严重酸化和缺氧。环境的持续恶化最终彻底击垮了这些庞然大物，萨斯特鱼龙一族没能熬过三叠纪末的大灭绝（距今约 2 亿年）。正是这次灭绝让恐龙顺势崛起，并从侏罗纪开始称雄陆地。多数恐龙在白垩纪末灭绝，而鱼龙则在这之前约 3000 万年就全部灭绝了。三叠纪之后，侏罗纪和白垩纪的海洋里再也没出现过比肖尼鱼龙更大的种类。

但萨斯特鱼龙家族的故事并没有就此完结。在喜马拉雅鱼龙生活的时代，它的产地——珠峰地区当时还在南半球的中纬度地区，位于印度板块北部，正淹没在特提斯洋里。印度板块向北漂移，随后与欧亚大陆碰撞而造山，石化的鱼龙残骸连同岩石一起被推到了高出海面近 5000 米的地方，在那里等待着属于自己的另一个高光时刻——它将成为青藏高原科考史上的一个传奇。

对于青藏科考而言，1966 年是个很重要的年份，我国第二次珠峰地区的科考在这一年正式开始。这是一次综合性的考察，为了这次任务，中国科学院做了大量的筹备工作。除了在 1956 年就成立了“中国科学院综合考察委员会”，还按学科设立了 5 个专题，第一个专题是地质、地球物理组，刘东生（中国科学院地质与地球物理研究所，以下称“地质所”）、文世宣（中国科学院南京地质古生物研究所，以下称“南古所”）、邱占祥（中国科学院古脊椎动物与古人类研究所，以下称“古脊椎所”）、常承法（地质所）、崔之久（北京大学）、尹集祥（地质所）等几位地质学家分在这个组（后文会提到 1975 年尹集祥老师和同事在珠峰地区科考时找到旋齿鲨化石）。因为当时主要依据化石确定地层时代，所以化石的采集和研究非常重要。组里刘

◁风华正茂：邱占祥（中排右一）、张弥曼（前排左一）、汪品先（中排左二）、王乃文（中排左一）、孙湘君（前排右一）、李浩敏（中排左三）、赵喜进（后排右三）等人在苏联留学时的合影，当时他们都被分在古生物专业班。1955 年，为响应国家发展地质事业的号召，邱占祥等人被选派到苏联莫斯科大学地质系留学，主修古生物学，1960 年学成归国（张弥曼院士 / 供图）

东生、文世宣和邱占祥三位古生物学家各有分工：刘东生是科考队队长，统管组织协调，文世宣负责无脊椎动物和古植物，邱占祥负责脊椎动物化石。这次聂拉木喜马拉雅鱼龙的发现，邱占祥先生就是当事人。

1966 年 3 月 8 日，邱占祥和古脊椎所技术人员张宏从北京出发。他们和其他同事一起，先坐火车到兰州，再坐汽车慢慢地往高原上走，用了 20 多天才抵达珠峰工作点。出发前他们足足锻炼了两个月身体，但上山后高原反应还是非常强烈。经过前期准备和休整，真正的考察工作大概从 5 月开始。考察队来到聂拉木县土隆村附近，这里位于希夏邦马峰和珠穆朗玛峰之间。由于地势的抬升，波曲（河）自北向南在这里切出一条深沟，将沿途的地层暴露在河谷两侧。队员们沿着坡面慢慢往上找，只是越爬越吃力。快走到地层较高的位置时，岩面上鼓出来的几块化石令邱占祥和队友们惊住了，那真是一个大家伙啊！人们最先看到的是头骨部分，下颌的形状依稀可见，而上面那颗巨大的牙齿更是抢眼——它的高度超出成年人半个手掌，最宽的地方两指有余。顺着头骨往旁边追，居然还有一大片七零八落的骨骼。虽然已经有些散乱，但整体的保存状态已经相当惊人。看颌骨和牙齿的特点，再根据周围很多海生的菊石化石，队员们鉴定出这应该就是鱼龙。这是在中国境内发现的第三件鱼龙标本，第一件是 1964 年刘东生先生与同事在定日发现的一些鱼龙残骸，第二件是 1965 年经杨锺健先生研究的贵州仁怀三叠纪的茅台混鱼龙，不过那些都只是一些散碎的骨骼。

据当事人回忆，这里还有个有趣的小插曲——当时的一出“龙蛋乌龙”引得当时的科考队长刘东生先生从外地一路赶过来看稀奇。这个鱼龙化石的腹部位置有几个圆圆的东西，大家猜这是不是鱼龙的蛋？当时欧洲鱼龙的证据很清楚，它们是卵胎生的，眼前这些如果真是硬壳蛋，那可算是一个很大的发现了。不过，究竟是不是，当时现场谁都拿不准。“不管是什么，我们得向上面打报告。”文世宣提议。报告打到刘东生先生那里，当时他正在另一个地

▽喜马拉雅鱼龙复原图（李荣山/绘）。令人难过的是，在本书创作期间，李荣山老师于 2020 年年底因病逝世

方开会，闻讯后跳上车就直奔珠峰来了，说要看看“你们找到的蛋究竟什么样”。刘先生早年曾师从杨锺健先生研究古脊椎动物，而且他和同事在 1964 年定日县苏热山考察时已经发现过鱼龙的残骸（后来这些和土隆的鱼龙材料皆归于喜马拉雅鱼龙），所以在珠峰地区又发现鱼龙化石的消息让他分外惊喜，更何况这鱼龙肚子里还有古怪。不过刘先生看过之后，确定那几个圆球并不是蛋，而是一种特殊的结核。但鱼龙倒是确定无疑的了，居然还是这么大一条。接下来就是给化石打包装箱，这就是张宏师傅的专业了。师傅们费尽周折，先把化石从岩层上取下来，用石膏固定，再照着化石尺寸制作箱子。因为出发前完全没人料到会发现这样的大家伙，没有做充分的准备，所以箱子只能就地取材现做。还好有藏族同胞帮忙，陆陆续续弄来很多木材，大家锯板子、钉架子，就地做开了。这样，前后花了个把月时间，大家把化石装好，最后足足有十几箱。

后来标本一路辗转运到北京，“文化大革命”却开始了，之后研究工作就很难正常开展了。直到 1972 年，古脊椎所

◁ 20 世纪 60 年代的珠穆朗玛峰地区登山科考，图为牦牛队驮运物资上山（图源：1974 年出版的《珠穆朗玛峰地区科学考察图片集》）

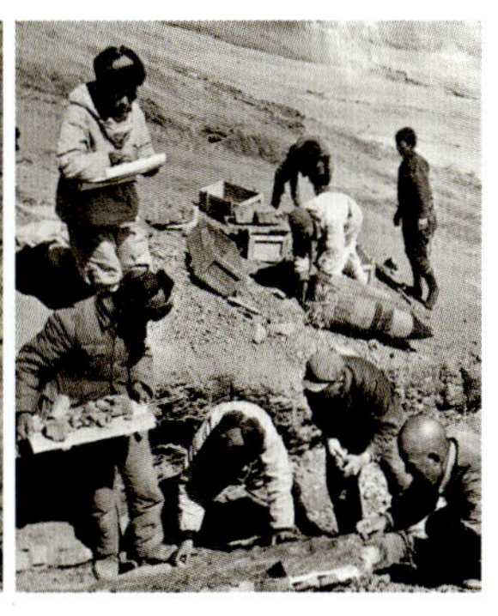

△ 1964年刘东生先生（左图居中者）和同事在定日县苏热山发现鱼龙化石。左：科考队员在鱼龙化石旁讨论；中：鱼龙化石露出地表的状态；右：发掘现场（图源：1966年出版的《希夏邦马峰科学考察图片集》）

董枝明研究员在与杨锺健先生合编的《中国三迭纪水生爬行动物》中发表了部分材料，包括前面的这块最珍贵的带头骨的正型标本，并正式为其取名西藏喜马拉雅鱼龙。而当初的那十几箱化石，有一部分后来竟不知去向，令人惋惜。

这些喜马拉雅鱼龙化石一部分存放在北京自然博物馆（现国家自然博物馆），而另一部分，包含部分头骨的材料，则保存在古脊椎所。这种标本“身首分离”的特殊情况是历史的产物。20 世纪 80 年代初以前，按惯例古脊椎所所长一直兼任北京自然博物馆馆长，因此当时很多化石标本无论是库房存放还是进行展览，都曾放置在北京自然博物馆。1985 年开始，古脊椎所所长不再兼任北京自然博物馆馆长，有些标本从此分身两处。这样的例子还有 1973 年发掘的著名的黄河象，这具人教版小学语文课本里介绍过的明星化石，也由于同样的原因而“身首分离”：如今，它的躯干正作为一大镇馆之宝站在中国古动物馆三楼；而它的头骨则立在国家自然博物馆的大厅，默默地见证着世事的流转。

幸运的是，2023 年 2 月，当时还是正月，在古脊椎所倪喜军老师和邓涛老师的组织下，我们一行人再次探访聂拉木和定日喜马拉雅鱼龙产地，竟然找到了大量鱼龙骨骼。

在考察的最后一天，我甚至在定日苏热山找到一具保存了数个巨大牙齿的鱼龙颌骨！这令所有人都感到无比的振奋，要知道，在 1964 年和 1966 年喜马拉雅鱼龙化石被发现之后，这里就再未见像样的鱼龙材料面世，更别说这样规模和品相的化石。由于发现的材料大大超出预期，且根据已暴露部分的情况估计，对这些材料的科学发掘必须投入大量的人力、物力和时间，而发现时相关技术人员因为有别的工作安排，不能及时进藏赶赴现场处置，这几处龙骨只好暂时留在原位等待后续发掘。4 月，古脊椎所尚庆华老师带队直奔产地，对已探明的标本进行了复杂的抢救性发掘，并将其运回北京修复，而且他们又发现了一些新材料。本书定稿前，作者得知这些化石已修复完毕，尚庆华和同事将会对这些材料进行仔细的研究，相信一定会有很多新的发现。

旋齿鲨的牙齿

1975 年 5 月 27 日 14 时 30 分，中国登山队“九勇士”（索南罗布、潘多、罗则、桑珠、侯生福、贡嘎巴桑、大平措、次仁多吉、阿布钦）成功地从北坡登顶珠穆朗玛峰。凭借这次登顶，我国首次测得珠峰海拔 8848.13 米，成为之后近 30 年珠峰高程的通用数据。

然而很少有人知道，这次登山壮举还是一次登山与科考的“双剑合璧”。为了配合这次攀登，同年 3 月至 5 月，中国科学院青藏高原综合科考队与中国登山队共同成立了以地质所张洪波领导的珠峰科学考察分队，下设地质组、大气物理组和高山生理组三个专业组。攀登途中，登山队第一次采集了珠峰北坡海拔 7029～8840 米的岩石标本。

△ 1975 年珠穆朗玛峰登山科考的部分人员合影（自后往前第一排左一张洪波，第二排左一汪一鹏，左二后勤人员张明久，左三刘秉光，第三排左二郑锡澜，左三尹集祥，右三林传勇）（地质所　刘强 / 供图）

而科考队地质组则对珠峰北坡绒布寺两侧约 300 平方千米的范围开展了考察。除了大量的地质数据，科考队还找到了一件珍奇的化石——珠峰中国旋齿鲨，这是迄今为止青藏高原地区仅有的旋齿鲨记录。

4 月初的珠峰北坡，冰雪刚开始融化，汇入扎卡曲（现写作扎嘎曲），河水冷得刺骨。一清早，在解放军战士和藏族同胞的协助下，科考队员从绒布寺出发，到了河滩下车，

▷ 1975 年，地质所科考队员在珠峰地区 5100 米处采集岩石样品。正是在这次考察中，他们找到了旋齿鲨的化石。图中队员分别是张洪波、尹集祥、刘秉光、郑锡澜、汪一鹏、林传勇（地质所　刘强 / 供图）

再过河，跨过曲布寺的残垣断壁，来到陡峭的山岩前。这次他们要爬上陡壁，寻找二叠纪和三叠纪（古生代和中生代）的地层界线。

快正午时，狂风卷着沙土一阵阵地扑过来，迷得人眼睛睁不开，腰也直不起来。大家趴在石头上几乎贴着地面搜索，手指已经冻得麻木，好不容易找到了几种菊石（现代鹦鹉螺的头足类近亲）。菊石是海相地层对比的一种标准化石，通过鉴定和比较化石组合，可以大致判断地层时代。科考队后来正是根据在这里找到的菊石和双壳类标本，将化石层的时代确定为早三叠世（距今2.52亿～2.47亿年）。而现在我们知道，形成珠峰的地方当时还在南半球呢。

工作在继续。突然，队员尹集祥看到一串黑色的东西，在灰黄色的岩石上很显眼。“快来看呀！”他叫了起来。众人很快都围了过去，“这是什么东西啊？”化石呈暗黑色，形状像鸡冠一样，好几个尖角的结构连成一个缓缓的弧度，旁边还有一些棒状的结构。古生物学里有个打趣的说法——怪东西必定是好东西，所以大家都明白，遇着这件奇怪的标本，真是好运气！大家小心地把这宝贝连同石块卸了下来，用棉花和软纸包好，带回了大本营。标本后来被带到拉萨，再转到北京，送到古脊椎所。张弥曼院士于第二年（1976年）在《地质科学》上发表了这个化石的研究成果，并取名珠峰中国旋齿鲨（*Sinohelicoprion qomolangma*）。这项研究也被收录在1979年出版的《珠穆朗玛峰科学考察报告（1975）》中。

这是两件保存在同一块岩石上的标本，一个是一段齿列，另一个则是非常罕见的部分软骨脑颅，保存着眼眶前面的结构。组成齿列的三角形牙齿前后边缘都有锯齿，适

于切割，而齿列后面有一颗散落的研磨型钝牙。脑颅吻部腹面有一个较深的纵沟，应该是容纳下颌齿列的地方。根据这些证据，研究者可以大致推测这只旋齿鲨的头部形态和取食特点。它可能吃带硬壳的无脊椎动物，下颌当中的齿列用来切碎较大的食物。

旋齿鲨在晚古生代的石炭纪–二叠纪（距今 3.6 亿～2.5 亿年）分布很广，但从二叠纪晚期起，它们逐渐衰落。进入三叠纪，它们就很少见了。近 20 年来，华南地区三叠纪海相地层产出大量海生脊椎动物化石，然而至今还未见旋齿鲨的踪影。在珠峰旋齿鲨出现之前，全世界范围内早三叠世保存较好的旋齿鲨化石仅有两件。从形态上看，西藏的化石和浙江晚二叠世的长兴中国旋齿鲨非常相似，由此可见，这些“幸运者”在逃过了二叠纪末大灭绝之后，形态并没有出现太大的变化。

▽ 2021 年 5 月，本书作者和学生来到曲布化石点，右侧的坡顶就是当年前辈们找到旋齿鲨化石的地方（吴飞翔 / 摄）

旋齿鲨谜一样的旋齿，太令人好奇了。这类古老的鲨

△珠峰上的冰雪融水汇集成河，从2亿多年前的旋齿鲨化石点下潺潺流过。冰冷的水流偶尔冲出泥沙里的岩羊头骨，暗示这里常有野兽出没，并非看上去的那么荒凉（吴飞翔/摄）

鱼存在的历史并不算短，但已知的化石记录却不多，特别是它们的旋齿以及与旋齿相连的骨骼化石非常罕见。这可难坏了古生物学家——单单是解释它们牙齿生长的位置，科学家就争论了100多年！有人认为长在嘴里，有人觉得可能悬在吻端，有人猜测长在背鳍的位置，甚至曾有人推断可能挂在尾巴上。

近些年，高精度CT扫描技术在古生物学领域多有应用，有研究人员扫描了同时保存旋齿和头部软骨化石的标本，才算完美地解开了这个谜题。旋齿鲨的旋齿长在下颌上，被两侧的软骨夹在中间，咬合时与左右上颌内侧的牙齿互相作用，切碎食物。

珠峰的旋齿鲨化石里还另有故事等着我们去发掘。已故俄罗斯古生物学家欧布鲁契夫（Obruchev）

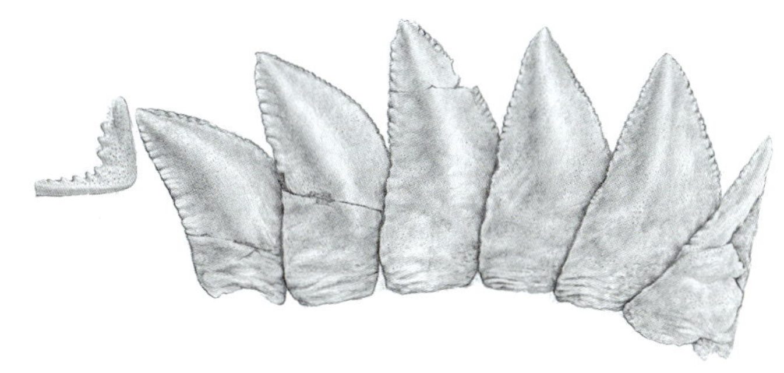

▷珠峰中国旋齿鲨化石素描（上，吴飞翔 / 绘）和标本（下）。标本编号说明：JVIF-7 是珠峰登山科考队地质组标本编号（标本号中的“J”就是当时使用的珠峰英文单词 Mt. Jolmo Lungma 首字母缩写），V.4752.2 是古脊椎所标本编号。登山科考队根据同层双壳类和菊石确定标本的时代为早三叠世。头骨标本右边的鼻腔里还有一个小菊石，可能是鲨鱼死后被偶然埋进去的

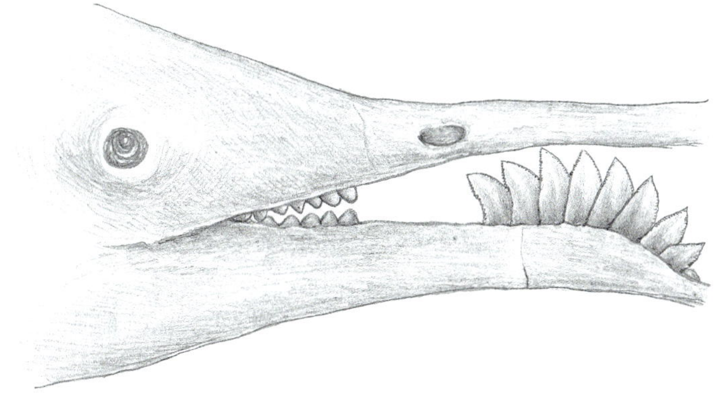

▷珠峰中国旋齿鲨头部复原图（吴飞翔 / 绘），对照张弥曼院士于 1976 年撰写的科普文章中的插图重绘，根据最新观察，齿尖朝向有改动

◁历史上旋齿鲨的复原图（吴飞翔/绘）。它们的旋齿曾是谜一般的存在，关于它的生长位置，古生物学家争论了 100 多年

教授生前就曾提出，西藏的材料可能和另外一类古鲨 *Helicampodus* 亲缘关系更近，而后者的齿列并不像典型的旋齿鲨那样螺旋式生长。但因为多数标本保存的信息有限，要重新讨论珠峰中国旋齿鲨的归属不是件容易的事。

但追寻答案的过程很美妙，它总能带来意想不到的认知。美国科罗拉多州的韦恩·板野（Wayne Itano）教授曾是一位物理学家，退休后开始研究古生物，特别是剪齿鲨（*Edestus*）化石。因为与旋齿鲨的旋齿外形看起来相似，所以二者常被放在一起比较。但是，板野教授却发现两类鲨鱼齿冠的朝向有明显不同：剪齿鲨的齿冠向后弯折，而旋齿鲨的则是朝前延伸。目前我们正在利用 CT 扫描技术研究西藏的旋齿鲨，期待能看清它齿根的特点。

⑦ 水里奇鱼岸上龙

当喜马拉雅鱼龙正在南半球的海洋里游弋时（距今约 2.1 亿年的三叠纪晚期），在特提斯洋里漂移了近 1 亿年的羌塘地块终于抵达北岸。它与欧亚大陆拼接并成为新的大陆边缘。而地球的历史也在此后进入侏罗纪——这是恐龙的时代。

这个时候，虽然羌塘和拉萨地块之间仍隔着海洋，藏东南的昌都地区局部已脱离水环境，成为众多恐龙的家园。由于没有像今天横断山脉这样巨大的地理阻隔，恐龙可以

▷新疆准噶尔盆地三叠纪晚期的苏氏龙鱼（*Saurichthys sui*，图中尖嘴长身的鱼）及其生态复原图（吴飞翔 / 绘）。三叠纪早、中期，距离喜马拉雅鱼龙和旋齿鲨不远的尼泊尔以及克什米尔、库马盎喜马拉雅区（Kumaun Himalayas）也曾生活过这类长相奇特、头似鱼龙的古鱼。龙鱼在三叠纪时期非常繁盛，遍布世界各大洋区和许多大陆的湖泊，而在当时的古特提斯洋区最为常见。三叠纪中期，位于古特提斯洋东部的我国云贵地区就生活着很多种龙鱼

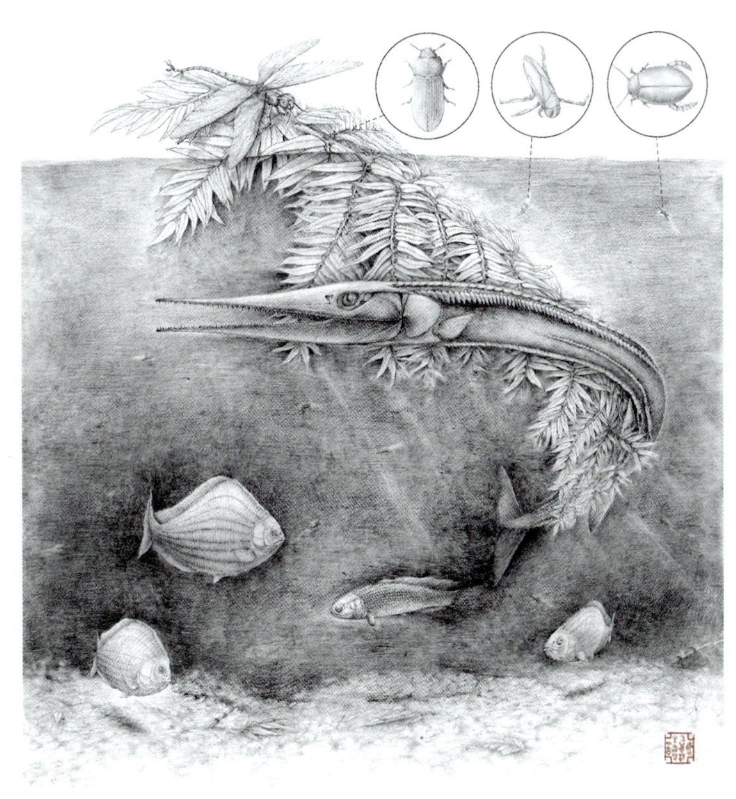

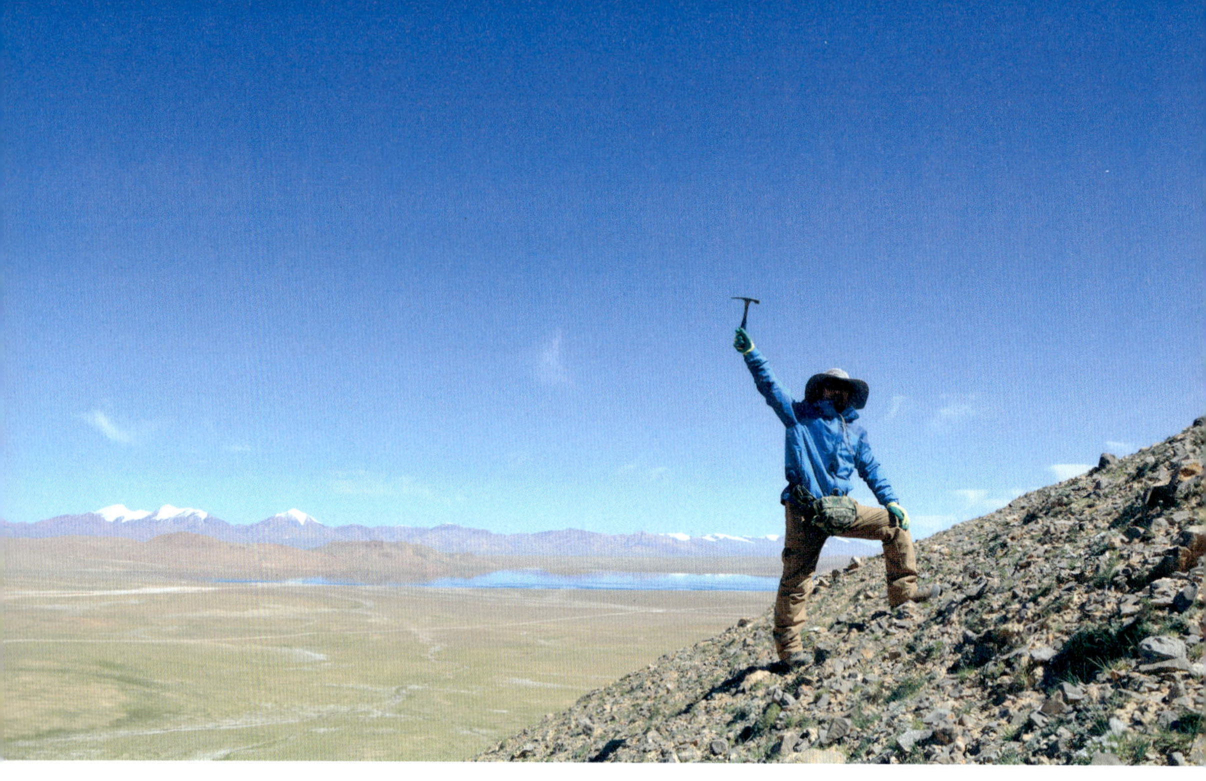

△ 2015 年，本书作者和同事攀登至海拔 5400 米的化石产地，却没有找到鱼化石的线索。远处湖泊为毕洛错（董丽萍 / 摄）

在藏东南与四川盆地之间自由往来。在不远处的浅海里，则生活着憨态可掬的硬齿鱼和温驯的弓鲛，凭着钝而有力的牙齿，不紧不慢地享用着带壳的食物，而它们也随时可能成为蛇颈龙的猎物。石鳄则潜伏在近岸的水体里守株待兔，逮着粗心落单的鱼儿一击毙命。

双湖的大鱼

侏罗纪早期，双湖县附近存在一片浅海，这里气候干旱炎热，强烈的蒸发产生了大量石膏。海岸线之外的潟湖里，有不少双壳和菊石在此安家。随着海平面的变化，湖盆底部水流有时可与外海相通，因此偶有鱼类来访。长春地质调查队员曾在双湖县附近的索日卡山采集到一件神秘的化石大鱼标本，并记录在 2006 年《昂达尔错幅》区域地质调查报告中。它或许是一个好奇的闯入者，不知何故最终困死在这里。

这条神秘大鱼留下的是一段躯干的标本，披覆着菱形鳞片。这是迄今已知羌塘盆地中生代辐鳍鱼类的唯一记录。由于风化作用，部分鳞片已经脱落，留下深深的凹缺，可见鳞片的厚实。仅剩的几片鳞是常见于中生代鱼类的‘硬鳞’，厚重而坚硬，表面覆盖一层珐琅质。今天的雀鳝还保留着类似的鳞片。遗憾的是，因为没有任何头骨结构的信息，无法确定这个化石属于全骨鱼或者早期真骨鱼类的哪个支系。

▷双湖县附近索日卡山的侏罗纪神秘大鱼素描图（上，吴飞翔/绘）和化石（中，图中右下角是作为参照物的5角硬币）。标本全长12.3厘米，根据鳞片大小以及同其他有关的化石鱼类（下，云南三叠纪的一种全骨鱼类，双湖的大鱼鳞片与它的相似）进行对比，可以推断这是条体长30~40厘米的大鱼

憨憨的硬齿鱼

这种外表有些憨萌的鱼，侏罗纪的有些种类前半身披鳞而后半身裸露。嘴里长着圆钝的研磨型牙齿，擅吃坚硬的食物，双壳和菊石都可以是它的点心。硬齿鱼最早出现于三叠纪晚期，侏罗纪时期快速演化，一直到新生代早期灭绝。西藏的这件硬齿鱼化石，代表这一类古鱼在中国的首次发现。

值得注意的是，在昌都地区侏罗纪的海相地层也发现了弓鲛和蛇颈龙的化石，说明当时的海域里生态系统相当复杂，也暗示这里或许存在更多尚不为人所知的化石，等待科考队员去发掘。

1951 年西藏和平解放后，我国开始了一系列自力更生的青藏高原综合科学考察。同年，受政务院（国务院前身）委托，中国科学院组建了西藏工作队（全称是“中央人民政府政务院文化教育委员会西藏工作队”），于 1951—1953 年在西藏东部和中部开展地质、地理、气象、农业、畜牧、水利、医药、社会和语言等方面的调查工作。这是新中国第一支青藏高原科学考察队。作为地球化学家、岩石学家与同位素地质学家，李璞先生担任西藏工作队主要负责人。1952 年 1 月工作队在昌都工作时，一位藏族同胞送来这块

▽ 似盘齿西藏硬齿鱼（*Tibetodus gyrodoides*），可能产自昌都喇嘛寺下的侏罗纪煤层。根据着生牙齿的犁骨大小判断，整鱼体长或在半米以上。左：同时代的硬齿鱼（吴飞翔/绘）；中：西藏硬齿鱼的犁骨标本素描图（吴飞翔/绘）；右：西藏硬齿鱼标本照片。圆球形物体就是它的牙齿

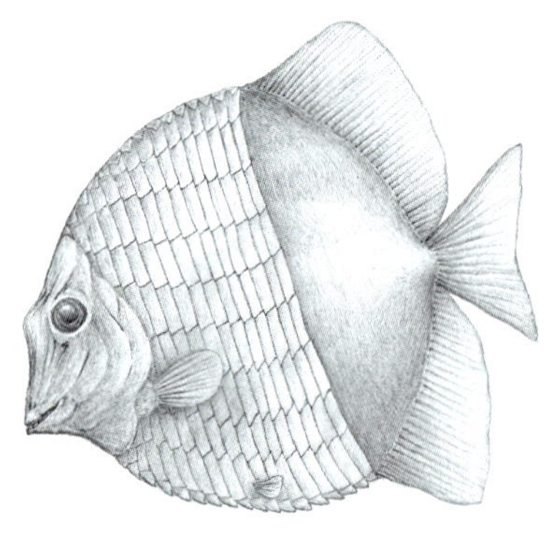

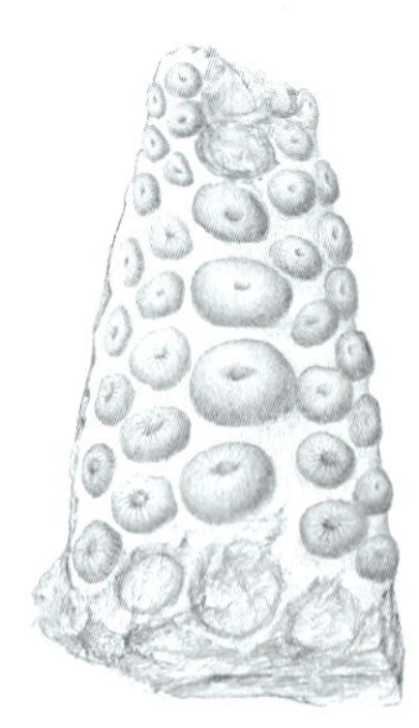

硬齿鱼化石，并告诉工作队，化石采自昌都喇嘛寺下面的岩石里。工作队随后在那个地区寻找，遗憾的是并没有发现新的材料，但注意到标本与喇嘛寺下煤层的岩性相似。

1953 年工作队回到北京后，李璞先生将这块标本交给中国科学院古脊椎动物研究室（古脊椎所前身）的杨锺健先生。1954 年，杨锺健先生在《古生物学报》上发表了题为《昌都附近硬齿鱼的发现》的论文，描述了这件化石。

三代“猎龙人”

1975 年珠峰地区的考察发现旋齿鲨（三叠纪）和三趾马化石群（新生代）的消息传来（三趾马的内容见第六章），研究恐龙的古生物学家按捺不住了。古脊椎所赵喜进老师向

△赵喜进老师（右一）和同事在昌都采集恐龙化石（岩壁上的条形物体可能是一根恐龙的肋骨），摄于 1977 年

▷ 2019 年，古脊椎所徐星院士（左三）与同事在昌都恐龙化石产地考察

当时的青藏科考队队长孙鸿烈先生请缨进藏，并于 1976—1977 年在昌都地区考察，发现了大量侏罗纪和白垩纪时期的恐龙化石。从化石点的位置来说，这是全世界“海拔最高的恐龙化石群”。

赵喜进老师早年也曾留学苏联（见第 16 页图），回国后从事古脊椎动物学研究，专攻恐龙研究。我国著名的恐龙研究专家徐星院士曾在赵老师的指导下攻读硕士学位。第二次青藏高原综合科学考察研究启动之后，徐星老师团队的年轻古生物学家易鸿宇、裴睿、张立召等曾在昌都、察雅、芒康等地发现过新的恐龙材料。根据这些线索，徐星老师后来也曾在 2019 年带队赴昌都地区考察。三代“猎龙人”与西藏恐龙结缘，正是高原科考事业薪火相传的写照。

值得一提的是，因为各种原因，当年第一次青藏科考后出版的一系列古生物科考报告里，独缺恐龙一册。令人遗憾的是，这册报告直到赵喜进老师 2012 年逝世，也没有正式出版。赵老师的原稿几经辗转，后来被移交到徐星老师手里。若能出版面世，这将是一本非常特别的专著，除了 40 多年的时间跨度，它还可能会保留当年科考资料（照片和插图等）的原貌，也算是两次科考特殊的历史交汇。

◁古脊椎所团队在昌都地区发掘恐龙化石。左图：因为气温低，石灰浆干得慢，需要烧火烤干石膏包（“皮劳克”）（2019 年 11 月，裴睿 / 摄）；右图：挖到的恐龙肢骨化石（张立召 / 摄）

昌都盆地里出露了大量中生代地层，昌都县北部扎曲河一带出露早侏罗世滨海相地层，本地这一时期的地层产出的化石，除了上文提及的西藏硬齿鱼、弓鲛、蛇颈龙外，还有鱼龙和鳄类。自扎曲河向南，昌都县城以东的达普卡村附近开始出露中侏罗世的陆相地层，产出恐龙骨骼、牙齿的化石。尽管区域内常缺失早白垩世地层，但晚白垩世的陆相沉积里化石却比较富集，产出过大型恐龙的骨骼化石和足迹化石。

昌都地区的恐龙多为大型植食性恐龙，肉食性恐龙也不少，但已知的材料比较零散。这里的恐龙，如早侏罗世蜥脚类恐龙达玛拉龙和早白垩世鸟臀目恐龙芒康龙（剑龙类）与四川盆地中侏罗世沙溪庙组（注：组是岩石地层单位中最基本的单位，是岩性相对一致以及有一定结构类层的一套地层）的恐龙动物群类似。2023 年，徐星院士团队的余逸伦博士领衔研究了 2017 年采自昌都东大桥组中侏罗世的中棘龙类牙齿，这枚牙齿的锯齿间裂隙较短，牙釉质纹饰不规则，与晚白垩世进步的驰龙类相似，显示兽脚类恐龙在食性上的趋同演化。

更年轻的晚白垩世地层产出的无脊椎动物介形虫组合和蒙古晚白垩世 Dhjdakhota 组的组合相似，而蒙古的那个化石地点是全世界晚白垩世恐龙化石最丰富的区域之一。所以，我们也期待在昌都盆地能有更多新的发现，看看在大灭绝的前夜，这里的恐龙经历过什么。

和世界上其他地方的非鸟类恐龙一样，西藏的这些恐龙最终也没能逃过白垩纪末的大灭绝。根据已经发现的化石，我们还无法复原它们从衰落到灭绝的全过程。但此时从南半球漂来、近在咫尺的印度次大陆或许与这脱不开干

△芒康龙（*Monkonosaurus*）是一种生活在白垩纪早期的剑龙，体高约 2 米。它与四川盆地的太白华阳龙亲缘关系较近（吴飞翔 / 绘）

△昌都地区侏罗纪时期的恐龙——达玛拉龙（*Damalasaurus*）（吴飞翔 / 绘）

△中棘龙类（Metriacanthosauridae），体长可达 7~8 米，曾经生活在侏罗纪中期的西藏昌都地区。上：中棘龙类复原图；下：西藏昌都的中棘龙类牙齿（吴飞翔 / 绘）

系。有些科学家相信，在 6800 万～ 6600 万年前的白垩纪末期，印度德干高原上发生了持续 3 万年的超级火山喷发，导致全球升温高达 8℃，这可能是小行星撞击之外恐龙灭绝的另一个重要原因。幸运的是，自然界里总是有破有立，随着大量恐龙的远去和两个大陆的相遇，生命迎来了一个全新的时代。

第三章

史前『香格里拉』

随着恐龙时代的落幕，地球历史进入下一个纪元——新生代，它将是一个属于哺乳动物和被子植物的时代。在这个时代的黎明，我们依稀能看到今天世界的雏形：6000 万年前，比兔子略大的、最古老的象（初象 *Eritherium*）出现在今天北非的摩洛哥；5600 万年前，最古老的马——狐狸大小、前脚长着四趾的始祖马（*Hyracotherium*）正奔跑在今天欧洲和北美洲的森林中；5200 万年前，和狼差不多大小的鲸的祖先——巴基鲸（*Pakicetus*）正在今天巴基斯坦的海边四处游荡，做着下水前的热身；古新世和始新世时期，灵长类开始了第一次辐射演化；而被子植物的叶脉也开始变得更加复杂，为它们彻底取代裸子植物而成为地表植被的主角做足了准备。

巧合的是，正是在这个时期（约 6000 万～5000 万年前），漂洋过海而来的印度次大陆遇上欧亚大陆，由此触发的陆地碰撞，也将高原的历史推向了一个新的阶段。在此之前，新特提斯洋的洋壳俯冲，让冈底斯山脉在亚洲大陆的南部边缘拔地而起。而陆块之间的碰撞，则开启了喜马拉雅山脉的崛起之路。根据植物化石可知，在喜马拉雅山脉发育之初，冈底斯山南麓还生长着榕树和棕榈。而翻过冈底斯山往北，则是一个巨大的山谷，来自印度洋和特提斯洋残余水域的水汽滋养着这里茂密的森林。那时候的藏北湖光山色，鸟语花香，仿佛远古藏地的“香格里拉”。

今天的高原异峰突起，加上寒冷的气候，对多数生物来说似乎是一座“生态孤岛”；而在新生代之初，青藏地区与周边区域有着广泛的联系，存在通畅的生物交流走廊。那是个两极还没有冰盖的世界，比现在温暖很多。有证据显示，6600 万～4700 万年前的平均气温比现在高出 8～10℃，当时的赤道和极地之间也没有像今天这样层次分明的气候分带，这些都给生物的远距离扩散提供了便利条件。不难想象，作为陆地拼贴和海陆变换的前线，青藏地区必定曾是一个生物演化与扩散的枢纽之地。那么，曾经在这里留下过印记的都有哪些史前生物呢？

喜山也有低矮时

日喀则地区的拉孜县城海拔 4012 米，藏语含义为“神山顶”，也就是“光明最先照耀之金顶”，以前路过投宿此地早起看日出时见过这一奇观。这里位于雅鲁藏布江上游的宽谷，水土丰饶，盛产青稞，历来有“后藏粮仓”之称，现在的拉孜县城以北全是田地和村庄，一派欣欣向荣的景象。这里还产名扬天下的拉孜藏刀。拉孜藏刀独具特色，

▷ 318 国道 5000 千米纪念碑，位于拉孜县强公村（2004 年，邓涛 / 摄）。318 国道途经的拉孜县热萨乡强公村，里程碑记录从 318 国道起点上海人民广场到这里的距离恰好是 5000 千米。拉孜县是西藏的交通枢纽，因为 318 国道的中尼（中国—尼泊尔）公路与从新疆叶城而来的 219 国道（也就是新藏公路）在拉孜县城西侧的查务乡相接，所以也是科考队西行札达的必经之地

▷ 工匠在制作拉孜藏刀配件，纯手工打制的银饰古朴而雅致（2011 年，史勤勤 / 摄）

锋芒逼人，藏在镂空的银质刀鞘里，再配上铜线箍绕或者錾银雕花的刀把，可谓刚柔并济。相比于广为人知的人文瑰宝，藏于拉孜深山的自然珍奇就显得“低调”了很多。

从地质学角度看，拉孜位于印度板块（特提斯喜马拉雅地块）与欧亚板块（拉萨地块）之间的喜马拉雅碰撞带，附近的地层里隐含着喜马拉雅山脉生长的秘密。这里的岩层剧烈褶皱，扭曲断裂，甚至上下倒转，处处昭示着大自然巨大的能量。这是一种破坏的力量，也是一种建构的力量。拜这种力量所赐，喜马拉雅山脉的岩石从露出海面到拔地而起，地表的生态随之不断演变。在拉孜附近一个名叫柳乡的村子附近，有一套名叫“柳区砾岩”的岩石，里面保存了大量5600万年前的植物化石，记录了当时喜马拉雅山脉的环境。

▽拉孜县柳乡化石点位于印度板块和欧亚板块的碰撞带上，经历了剧烈的地质事件。板块之间的挤压扭曲了山体，也改变了生命的进程（吴飞翔/摄）

△柳区植物群化石产地（2018 年，吴飞翔 / 摄）

我们可以见到，后来隆起为喜马拉雅山脉的位置当时还是海拔仅为 1000 米左右的低地，生长着茂密的森林，各种阔叶树，如榕树、棕榈（*Sabalites*）、羊蹄甲（*Bauhinia*）、番荔枝（*Annona*）等植物在恣意地生长。这样的植被和当时华南以及印度平原的森林很相似。因为南面没有高山的阻隔，南亚季风带着印度洋的暖湿气流往北推进可以直达这里。当暖湿气流遇到冈底斯山脉时，顺着这堵巨大的屏障爬升而凝成云雨，这时候山前的这个位置就成了风餍雨足的“天堂”。当时这里的年均温度达到 20℃以上，降水量与印度北部基本相当，最湿的 3 个月降水量甚至可达 1000 毫米，最干的 3 个月降水量也有 200 毫米左右。

设想我们钻进这片森林，就能更真切地感受它的气质。在棕榈和榕树下，还常能见到一种蕨类植物——显脉毛蕨（*Cyclosorus nervosus*），它的植株和叶形很像现代蝶状毛蕨（*Cyclosorus papilio*）。蝶状毛蕨主要分布在海拔约 1000 米、温暖湿润气候下的阔叶树林里。现代毛蕨分布很广，从撒哈拉以南的非洲到亚洲南部，从澳大利亚东北部和大洋洲各岛屿再到南美洲的热带和亚热带的密林中，在湿润的林荫下都有它们的踪影。

▽柳区植物群复原图（本书作者经原作者陈瑜允许后重绘，补充了树干上的攀缘植物和棕榈烂朽的枯叶，以求更加贴近当时的自然环境）

▷ 5600 万年前柳区植物群里的显脉毛蕨。左：素描图（吴飞翔 / 绘）；右：化石照片。在裂片互生的羽状复叶上，偶尔可见两列近圆形的孢子囊

显脉毛蕨和遮蔽它们的其他树木在今天的拉孜地区早已不复存在，但在毛蕨之后 4000 万年里不断演替的植被，却见证了喜马拉雅山脉崛起的过程。随着印度板块持续地向北推进和挤压，喜马拉雅山脉从毛蕨生长时 1000 米左右的海拔缓慢生长，到早中新世时（距今 2100 万～ 1900 万年）隆起到约 2300 米的高度，而在 1500 万年前已经是海拔至少 5500 米的高山了。

遇见蒋浪

2009 年 7 月，两辆挂着北京牌照的越野车在藏北的荒野里小心翼翼地探路前行，这群远道而来的“化石猎人”，并不知道前方道路上有多少挑战正等着他们。

这两辆车走的是一条狭窄的土路，道路的实地情况和地图上的标记有些出入，因为当时并没有太先进的导航设备，我们险些走错路。地图上，通往班戈最主要的道路用一条粗线标注，那就是从安多出发、横过藏北的 301 区道（2015 年走过时部分路段已经修成柏油路面）。然而，这条区道的西段实际上已被废弃，许多地方几乎无法通过。

毕竟都是第一次深入藏北，我们一直在忍受着高原反应的困扰，最普遍的反应就是头疼，脑袋保持不动感觉还好一点，随着车来回晃荡就难受了。很多人晚上不能入睡，整夜都听得见自己怦怦的心跳，口干得舌头仿佛变成纸板一样。更严重的反应是恶心呕吐，完全没有食欲。缓解这

▽从班戈县城出来的公路（2009 年，邓涛 / 摄），这原是我们进入伦坡拉盆地的必经之路，去往后来发现的蒋浪化石点也必须经过这里，今天它已是平坦宽阔的柏油公路

些反应最立竿见影的办法就是吸氧，可是又担心形成氧气依赖，所以不到万不得已，大家总是尽量克服困难，等着身体自然调适。

此行我们要前往伦坡拉盆地进行地层和古生物考察。伦坡拉盆地是藏北一个小型的陆相新生代盆地，位于西藏自治区班戈县和双湖县多玛乡一带，面积约 3600 平方千米，平均海拔 4600 余米，盆地内发育了始新世—渐新世牛堡组和中新世丁青组两套沉积地层。在西藏为数众多的新生代陆相盆地中，伦坡拉是已知油气地质条件较好的一个，并已经初步获得工业油气流。

我们正在走的道路是从那曲以北 38 千米的青藏公路向西分出的一条岔道，路牌上标明到班戈 79 千米。这里的一路上都是大大小小的漂亮湖泊，藏语中湖泊叫“错”，我们就这样在“错”间前进。老天也很帮忙，刚刚还是烈日当头，而当我们一离开青藏公路的柏油路面走上土路时，一阵大雨倾盆而下，把满路的尘土完全压住了。

▽在班戈县附近的牛堡组地层寻找化石（2009 年 7 月 25 日，邓涛 / 摄）

尽管路途风景迷人，但 79 千米的路好像永远都走不完。打开地图一查，原来 79 千米是到班戈县界的距离，而

△班戈赛马节（2009 年，邓涛 / 摄）

到县城还有 100 多千米。后来终于看到在修硬化路面的公路，这是从纳木错到班戈的正式公路，到达县城在望。

班戈县城只有一条像样的街道，两旁是近年新建的花岗岩二层楼房，我们在其中的一栋简陋的招待所住下。这里没有自来水，每个房间有一壶冷水和一瓶开水，白天也没有电，只有晚上 7 点到 12 点供电，这时候所有需要充电的设备就全部插上，充分利用这宝贵而必不可少的电力。我们还要抓紧时间查阅、研究伦坡拉地区的地质图和地质调查报告，对地层有了清楚的认识，才能更合理地设计野外工作计划，有的放矢地寻找化石。

除了伦坡拉盆地的内部，从地质图上看，位于盆地边缘的班戈县城北面也出露了牛堡组的地层。从岩性描述来看，很值得去找找有没有哺乳动物的化石。这里的草原上有几个突出的山坡，露出砖红色或黄白色的砂岩和泥岩。队员们分散开来，有人在坡上敲开岩石，其他人则顺着雨水冲出的沟里寻找，仔细查看切开的岩面上是否保存了化石的蛛丝马迹。

遇到这样的岩性，我们还有另外一项常规操作：搓砂样。因为我们开着车从北京过来，所有的工具、器材都在车上带着，随时可以使用。大家用装猪饲料的空蛇皮袋装了十几袋砂样，运到坡下的小河边，架起筛网，用小型水泵连着水管抽水不停地冲洗砂土。我们将最后残余的样品铺开，在塑料布上晒干后，收集起来带回北京的实验室，交由技术人员在显微镜下挑选微小的化石，如啮齿动物的牙齿化石。在面对一些粉砂质的岩层时，这是一种传统而常用的采集小型化石的办法。不过这也是一项成本很高的工作，不仅野外初始采样时要耗费大量的人力、物力，有时候筛洗几吨砂样最后只能挑出几颗牙齿，运气差时甚至颗粒无收。

▷时福桥（时大爷）在班戈牛堡组化石点附近的河边冲洗砂样（2011年，高伟 / 摄）

▷车抛了锚却因此看到了日食（2009 年 7 月 22 日，邓涛 / 摄）

△猛浪飞溅（2009 年，邓涛 / 摄）

搓砂样的地方地势较低，水在这里聚集、流淌，给我们提供了近在眼前的筛选条件，但也带来不少行程上的麻烦。在破开的地面，车经过的地方早已稀烂，后来的车稍不小心，就要陷进去，车轮不断地空转，甩起泥浆，却只能越陷越深。经过水路时，我们的一辆车甚至还抛锚了。不过那次却是“塞翁得福”，因为那一天刚好是 21 世纪最壮观的日全食发生的日子，不过班戈所在的藏北只能看到日偏食。本以为会因为赶路而没有时间停下来观看，所以这车坏得也正是时候。那时满天的云彩突然昏暗下来，当太阳在云缝中露出来时，已经变成一弯“日牙”。

看到了日食固然高兴，但稍有遗憾的是，第一次在班戈附近的考察并没有多少收获，幸好在伦坡拉盆地里找补了回来。我们找到了目标剖面和很多出乎意料的化石（见第四章、第五章）。之后，我们年年都来藏北。2011 年在从伦坡拉收队回班戈的土路上，在一个分路的地方，眼前的一个山坡把我们吸引住了。山虽然不算陡峭，却给人强烈的视觉冲击。在它裸露的深红色坡面上，水流切出来许多条冲沟，这些冲沟既像发散的树杈，又

▷蒋浪化石点对面的红山，迎风面被流水冲刷成奇特的形态（2020年，吴飞翔/摄）

像偾张的血管。见到这样的景观，大家尽管已经很疲惫，但精神却为之一振，似乎体力也有不小的恢复。

古脊椎所的王世骐是当时的领队，他根据地质图做了研究，认为这是一套牛堡组（始新世—渐新世）的地层，但一时很难说清这与我们2009年在附近筛洗砂样的层位是什么关系。众人在山坡前停下，蹚过已经快要见底的河床，钻进冲沟里敲打翻找，希望能发现有价值的线索。然而半天过去，却没有任何动物化石的痕迹，大家不免有些泄气。当时还是古脊椎所博士生的董丽萍建议去河滩对岸的坡上碰碰运气，远望那里的岩石颜色比这边的更浅，甚至有明显分层的岩段。董丽萍的判断是对的，我们在一层灰色的泥岩里打出来几片叶子、一个青藤种子和一块疑似羽毛的化石。这就是当地老乡们称为蒋浪的地方，后来这里成了高原上一个非常重要的化石产地，大量始新世（约4700万年前）的植物、鱼类、鸟类（骨骼、羽毛）化石陆续被发现，组成了高原腹地新生代时期最古老的化石群。

◁蒋浪化石点第一块保存完整的芋属（*Colocasia*）化石（图中左侧岩板上三个椭圆的黑色印记）（2017 年 6 月 6 日，吴飞翔 / 摄）

大家都很高兴，毕竟收队前还有惊喜，可以心满意足地下山了。只是当时谁也没有意识到，我们已经打开了一个宝库的大门。在接下来几年的考察中，因为我们把重心放在伦坡拉盆地内部的论波日和达玉，在这里的工作规模并不算大。四五年下来找到了几类植物的叶片，偶尔还能见到几根羽毛。

真正的突破出现在 2016 年，我们古脊椎所和中国科学院西双版纳热带植物园（以下简称“版纳园”）苏涛研究员的课题组合队，有了令人兴奋的发现。特别是 2017 年和 2018 年，毫不夸张地讲，那真是一堆一堆的宝贝抢着往外蹦。

2017 年 6 月，古动物、古植物联合考察队完成伦坡拉化石点的发掘之后，转到蒋浪继续工作。6 月 6 日，快到正午时，一个怪东西出现了。当时苏涛和我正在沟里采样，陈银芳从 2 号点（在不同的层位出现化石，我们在这个化石产地对 5 个点进行了编号）拎过来一块石板。陈银芳素

来冷静、内敛，淡淡地说了句：“吴老师，苏老师，看看这个。”好家伙，我们可没他那样淡定！不知是叶片还是茎干留下的几个黑色的椭圆印痕，由稍细一点的结构连在一起，乍看竟有几分像仙人掌，但却并没有仙人掌的刺，的确古怪。苏老师一时也鉴定不出是什么东西，直到2018年他到美国佛罗里达大学看到始新世北美绿河页岩里的 *Colocasia*（芋属，天南星科 Araceae 植物）块茎化石时方才恍然大悟，原来当时发现的化石是芋头，只不过是压扁的芋头！这也让美国的古植物学家大呼意外——如果没有西藏的发现，这类东西只在北美和欧洲的始新世地层留下过记录，看来它们当时的分布要比之前认为的广阔得多！

在野生芋头生长的环境中，植物的多样性组成不会太

▽在蒋浪化石点附近寻找化石，图中为刘佳和苏涛（2017年6月6日，吴飞翔/摄）

单调。化石越挖越多，新化石每天都在增加，这消息让远在云南的周浙昆老师（苏涛的导师）坐不住了，决意上化石点来实地跑一趟。周老师与西藏的缘分匪浅，1992—1993 年，他曾在墨脱县工作 9 个月，开展植物学考察，那是周老师第一次进藏科考，如今年逾花甲再登近 5000 米的藏北高原，对他来说有着特殊的意义。

2017 年 8 月，第二次青藏高原综合科学考察研究的启动仪式在拉萨举行，西藏自治区的领导也参加了这个仪式。在这个活动前，我们设计了中英文版的青藏高原古生物科考队队徽，次年还推出汉藏文版。参加完这个仪式后，周

◁ 一片刚被敲出来的桃金娘科（Myrtaceae）叶片化石，这个科重要的植物有桉树、莲雾、蒲桃、千层树等（2017 年 8 月，吴飞翔 / 摄）

△班戈蒋浪生物群中的部分植物化石，距今约4700万年：(A) 楝科(Meliaceae) 椿族(*Cedreleae*) 带翅种，(B) 夹竹桃科(Apocynaceae) 粗缘似萝藦籽(*Asclepiadospermum marginatum*) 种子，(C) 金鱼藻科(Ceratophyllaceae) 金鱼藻属(*Ceratophyllum*) 种子，(D) 防己科(Menispermaceae) 千金藤属(*Stephania*) 种子，(E) 葡萄科(Vitaceae) 种子，(F) 莲叶桐科(Hernandiaceae) 青藤属(*Illigera*) 翅果，(G) 豆科小叶，(H) 某种未知的花，(I) 榆科(Ulmaceae) 椿榆属(*Cedrelospermum*) 叶片，(J) 豆荚，(K) 榆科(Ulmaceae) 椿榆属(*Cedrelospermum*) 果枝，(L) 天南星科(Araceae) 芋属(*Colocasia*) 地下块茎，(M) 苦木科(Simaroubaceae) 大果臭椿(*Ailanthus maximus*) 翅果，(N) 桃金娘目(Myrtales) 叶片，(O) 豆荚，(P) 西藏兔耳果(*Lagokarpos tibetensis*) 翅果(科未定)，(Q) 无患子科(Sapindaceae) 栾树属(*Koelreuteria*) 翅果，(R) 鼠李科(Rhamnaceae) 枣属(*Ziziphus*) 叶片，(S) 天南星科(Araceae) 似浮萍叶属(*Limnobiophyllum*) 植株(根据苏涛供图修改)

△蒋浪生物群中精美的鱼化石，本书作者正在对它进行研究

老师随我们回到了蒋浪，这次同行的还有版纳园的星耀武老师。虽然师出同门，但和苏涛专攻古植物和古环境稍有区别，星耀武更长于用分子生物学的方法做植物生物地理学的分析。星耀武团队结合植物化石和分子数据，运用高原地质构造模型，对横断山区和高寒植被的起源和演化历史提出了独到的见解，这是古生物学和现代生物学深度融

▽班戈蒋浪生物群复原图［亚历克斯·布尔斯马（Alex Boersma）/绘，苏涛/供图］

合与交叉的成功案例。

经过连续几年的发掘和积累，这个地点的化石群已经展露在我们眼前。化石以植物为主，形态类型超过 70 个。这些植物在青藏高原上早已绝迹，如果不是这些化石，人们很难想象它们与青藏高原有何联系。这些材料非常珍贵，其中多数是青藏高原甚至亚洲首次出现的化石记录，还有一些是全世界首次出现的化石。除了芋属，还包含翼核果（*Ventilago*，鼠李科植物）、夹竹桃科等典型的热带—亚热带植物。这些类群的植物今天仍生活在高原周边低海拔的喜马拉雅山脉南坡、横断山区和东南亚地区。丰富的化石不仅刷新了植物的历史档案，也再现了高原曾经的模样。古植物学家根据植物化石的叶形特点，通过复杂的分析得知，4700 万年前这里海拔约为 1500±800 米（化石点当前海拔约 4850 米），年均温约为 19℃（化石点现代年均温约为 0℃，年最低温可达 –28.6℃）。

飞舞的翅果

蒋浪生物群里有一些很可爱的翅果化石。它们的果翅多姿多态，有的是单翅，从果实顶端发出，比如翼核果（*Ventilago*）；有的从侧缘长出而向上生长，像椿榆；有的则长着对翅，从果实顶端逐渐打开，活像一对兔子耳朵，如兔耳果（*Lagokarpos*）；有的则环绕果实（周位翅果），如青藤（*Illigera*）、臭椿（*Ailanthus*）等。

长着翅的果子，从广义上都叫翅果（狭义的翅果的翅由果皮延伸而成），但果翅的来源却大不相同：青藤、翼核果等，它们的翅由果皮发育而来，可以说是名副其实的“翅果”；而有些植物，如龙脑香果子上的翅则由萼片发育而来，这种植物的花朵由5个萼片托护着，随着果实的成长，萼片变化了模样，它们中的全部或者少数几个长大成翅状；有的则是由苞片发育而成，如桦木科（Betulaceae）植物鹅耳枥（*Carpinus*）。有了这些结构，果实成熟后带着种子御风而行，可以扩大后代的生存范围。除了能促进果实或种子的播散，果翅还能保护种子，避免直接落地而受损，甚至还能调节种子成熟与萌发的策略以适应环境的变化，或者进行光合作用，为种子、果实提供养分。

不同形态的翅，决定了果实的飞落方式，有的自旋式下落（单翅果），有的波浪式飘落（周位翅果），有的直升机式旋落（如龙脑香科植物的翼状萼翅果），有的则是滚筒式坠落（棱翅果）。果翅的数量、形态和位置都影响着翅果的空气动力学特征，影响着飞行特性和扩散距离。植株本身的特征，如树的高度，也是影响翅果借风传播距离的要素。

长着翅膀的果实随风起舞，不仅让生物学家着迷，也给了仿生学工程师很大的启发。他们仿照翅果制造了多种借助风力运动的微型飞行器，尺寸与一只果蝇相当，最小的飞行器甚至只有这个尺寸的四分之一。通过设计上的优化，它们比结构相似的风媒翅果有着更稳定的轨迹和更慢的落地速度。这种飞行器携带芯片，可用于监测环境污染、疾病传播和生物危害等。

而看待翅果，古生物学家却另有视角。对于现代植物，通过实验和观察，能看清翅的本质，了解它们究竟是由果皮、萼片还是苞片发育而来的。但这个问题放到化石里，就不容易回答了，所以后文提到的班戈兔耳果那对翅的来源就成了一个难解的谜。从表面上看，它的果翅的分布和形状，和现代热带雨林里龙脑香的果实并无二致，所以也能借风播散或者保护种子，但兔耳果果实上并没有任何萼片的痕迹，人们又无法像研究现代植物一样直接观察它的发育过程，因此，无法判断它的翅究竟来源于什么结构。再加上翅脉结构和龙脑香也存在区别，二者可能没有太近的亲缘关系，也不能通过谱系关系推测翅的性质。当然，科学上的困惑并不妨碍我们对兔耳果的美好想象，毕竟它也能像龙脑香的翅果一样随风旋落，两种植物隔着时空演绎着异曲同工的浪漫。

蒋浪化石群里真正意义上的翅果植物有青藤（莲叶桐科 Hernandiaceae）和翼核果（鼠李科 Rhamnaceae）的果实。青藤今天分布在西非、中非和南亚、东南亚热带地区，和翼核果的分布区域有大面积的重叠。

青藤的果翅很薄，成熟变干后更加脆弱，极易破损，所以化石保存的部分往往是更坚实的包着种子的子房腔和

▽青藤化石。左：西藏班戈的化石；右：北美绿河页岩的化石（吴飞翔/绘）

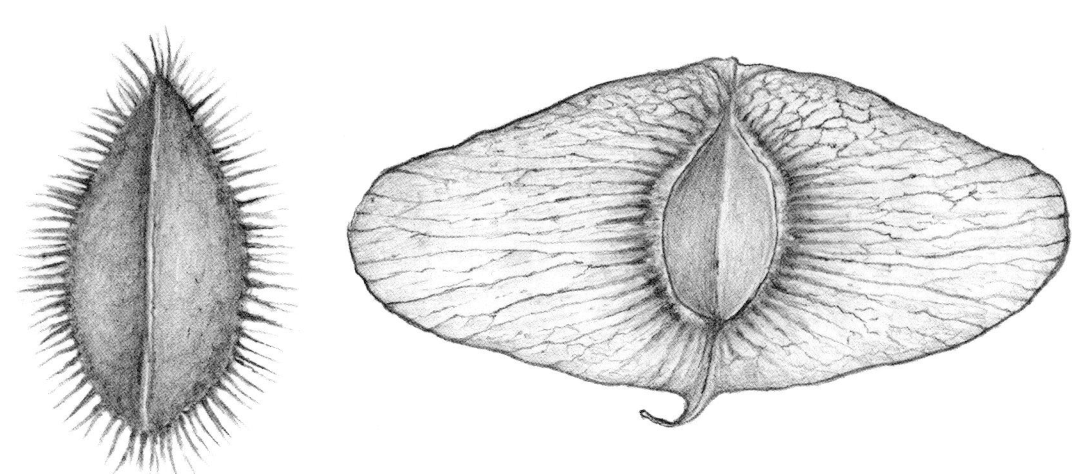

翅脉基部，乍一看子房腔周围似乎都长着“尖刺”，活像一个压扁的苍耳。目前蒋浪化石点的青藤化石都是这种状态，很迷惑人，初见时很难被认出是青藤的果实。

青藤化石目前全世界只有两个，一个来自北美的绿河页岩（早、中始新世），另一个就来自西藏班戈蒋浪生物群（中始新世）。北美青藤的一些化石很精美，果实的翅保存完整，它从子房腔两侧展开，翅脉放射状地向外侧发散，并且慢慢变细，直到与最外缘的那圈脉相遇，这样翅脉里的维管束彼此连通，形成输送水分和养料的网络，滋养着整个果实。而西藏的青藤，保存状态就差很多，加大了化石鉴定的困难。

所以，作为第一例青藤化石的发现，北美的材料十分关键。有意思的是，这个发现却是夹在一篇发表于 2010 年的长达 82 页的综述文章里（文章题目为“Phylogenetic distribution and identification of fin-winged fruits”），作者是美国著名古植物学家、佛罗里达大学教授史蒂芬·曼彻斯特（Steven R. Manchester）和他的学生。这篇文章汇总了所有现生鳍状翅果（fin-winged fruits 的暂用名，植物学界暂无正式的中译名）的类型，根据翔实的形态解剖学信息，将此前无法鉴定的或者鉴定错误的翅果进行了全面梳理，堪称经典。“今后但凡要研究翅果化石，首先要看的就是这篇，”西藏青藤化石的主要研究者王腾翔说，“这不仅是一篇文章，它更像一本工具书或者鉴定手册”。

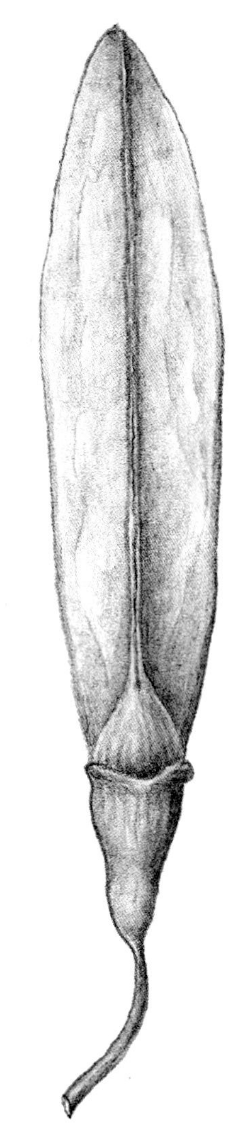

△蒋浪植物群中的翼核果复原图（吴飞翔 / 绘）。一条竖直的脊从果实顶端发出，贯穿整个翅。脊的中间有一条细细的槽，暗示这条脊由两半拼合而成。在翼核果的花期，花盘里原本有两个心室、两个胚珠，本有潜力发育两颗种子，但到果实成熟时却只剩一个心室和一颗种子。留下的唯一痕迹就是那道竖直的槽，刻记着种子发育过程中的变化

青藤属的植物在翅的大小、翅脉结构和小翅的发育程度上彼此区别。翅果尺寸大者不下 10 厘米，小者 2～3 厘米。小翅发育程度不一，而且不一定对称，有的种类一侧一片而另一侧两片。植物学家不清楚青藤翅果是否借助风

力传播。有意思的是，青藤所在的莲叶桐科有些种类（如 *Gyrocarpus* 属）的翅果通过水流传播，这个时候的果翅不是借风而起的翅膀，而是成了漂起果实的浮子。所以，西藏的化石青藤播散种子的方式暂时还不得而知。

一朵未名花

△班戈蒋浪生物群中的化石花，化石见 53 页上图 H（吴飞翔 / 绘）

除了飘逸的翅果，班戈的植物化石里还有一件特别惹人怜爱的标本——一朵石化的花。大概是因为娇嫩的缘故，半开半合的花瓣，只在岩板表面留下浅浅的影子。再加上岩板颗粒粗细不均，表面也不平整，花瓣的印痕就像宣纸上的写意画，若隐若现。而坚韧一些的花柄和萼片，在石化过程中充分碳化，浓黑而清晰。花的化石相当罕见，尤其珍贵：一方面，花瓣结构精细而脆弱，不易保存；另一方面，比起叶片，花作为繁殖器官在化石的鉴定上用处更大。

花瓣的形状、雄蕊和花柱数目以及子房的位置等特征是鉴定花最重要的依据，可惜这些信息在蒋浪的化石里保存得并不理想，古植物学家暂时无法确定它的分类位置，期待将来有更好的发现，或者提取原位的花粉化石进行分析。本书完稿时，对这件化石的研究还在进行中。

小果配上兔耳朵

2018 年 10 月，南古所的科学家在专业期刊《古生物世界》（*Palaeoworld*）上报道了一个令人意外的发现，他们在藏北伦坡拉盆地的琥珀化石里发现了龙脑香科植物的化学信号。研究者认为，4000万年前的西藏曾经生长着龙脑香这类现代热带地区的优势树木。这类植物高大挺拔，而更有趣的是它们那长着“翅膀”的果实。

如果说琥珀里的化学信号还有点抽象的话，那么下面这种被我们捧在手里的、同是来自藏北的果实化石就实实在在地让人心潮澎湃了：难道一片史前的热带森林真的近在眼前？

2017年6月，我们继续在西藏班戈的蒋浪化石点发掘化石。前几年的收获虽然不算太多，但已经给了我们足够的动力在这里坚持下去。而正是从这一年开始，新化石终于开始井喷式地冒出来。

刚开始打化石时，时不时会蹦出来几个椭圆形的印痕化石，黑乎乎的，乍看就像被压平的西瓜子。因为没留下什么可鉴定的特征，再加上还有其他光彩照人的精品化石，这些标本实在没什么存在感，所以没引起太多的注意，很快就被包好收了起来。

在海拔4800米的地方，几天下来队员们明显有些疲惫，新东西慢慢少了，已有的化石重复出现，渐渐让人产生审美疲劳。大家都期待着有些与众不同的发现来提振一下精神。

那是6月6日的下午，蹲在1号点的邓炜煜东同学，人已经累得有点低迷。不过，他打化石的动作倒是一贯的麻利，抓起石板管它有化石没化石，照样给上一锤子。当敲开一个巴掌大小的结核时，他捡起一看，突然像触电似的跳了起来：“哇！龙脑香！龙脑香！”他捧着化石三步并作两步跑到苏涛面前，引得大家都围了过去看稀奇。只见

▷ 东京龙脑香（*Dipterocarpus retusus*）三翅的果实（黄健 / 供图）

在打开的岩面上，清楚地印着一块不到 10 厘米长的化石，下面是一枚被压扁的果实，椭圆的果子上抽出两片狭长的翅，翅左右相对，稍稍往外展开，翅的顶端还有点外弯，整个化石活像一只竖起耳朵的小兔子的脑袋。从外形上看，这和龙脑香的果实非常相似。难怪小邓同学要跳起来，他在版纳园里，常能看见龙脑香的果子从树上打着转儿飞落到地面，但这可是在海拔 4800 米的高原啊！如果真是龙脑香可不是要开香槟庆祝了？

收工回驻地的路上，等车开到有信号的地方，苏涛拨通了周浙昆老师的电话："周老师，我们今天可能发现龙脑香的化石了。"后来听周老师说起，听到这个消息时他也很激动，甚至觉得苏涛也激动得声音有些颤抖。不过，我想这可能是个误会，当时我正和苏老师同车，车在这里的土路上行

◁西藏兔耳果是远古世界的“微型直升机”。左：化石照片；右：复原图（吴飞翔 / 绘）

驶，实在颠得厉害，再加上缺氧，换谁都得抖。

晚上苏涛把化石的照片发给周老师，交流各自的看法。这种貌似龙脑香翅果的化石，细看之下，与龙脑香其实有不小的差别。龙脑香的翅是由萼片发育而成，萼片从果实底部向上包裹，有的萼片在果实顶部形成长翅，而其他的则成为宿存的萼片。但这个化石的翅却是直接从果实顶部长出来，而且翅的基部也没有存留的萼片，这可能意味着两种植物果翅的来源并不相同。其次，龙脑香的果翅有若干条平行主脉，而蒋浪化石的翅是典型的羽状脉，中线位置只有一根主脉，二者不是一种模式。所以，这个化石并非龙脑香，也就更不能武断地说这里存在热带森林了。

那么，这个东西究竟是什么呢？揣着的问题挠心痒，那几天苏涛和其他几位古植物学的同事一从化石点回到驻地就查文献，终于找到了线索。原来这是一类绝灭植物，古生物学家至今仍不能确定它们的分类位置，换言之，人们不知道它们是哪类现代植物的近亲。而且这类植物的化

▷北美始新世绿河页岩里的兔耳果化石（苏涛 / 供图）

▷▷福建漳浦中中新世（距今约1500万年）的龙脑香翅果化石［福建娑罗双（*Shorea fujianensis*）］，注意它的翅脉与西藏兔耳果的差别（史恭乐 / 供图）

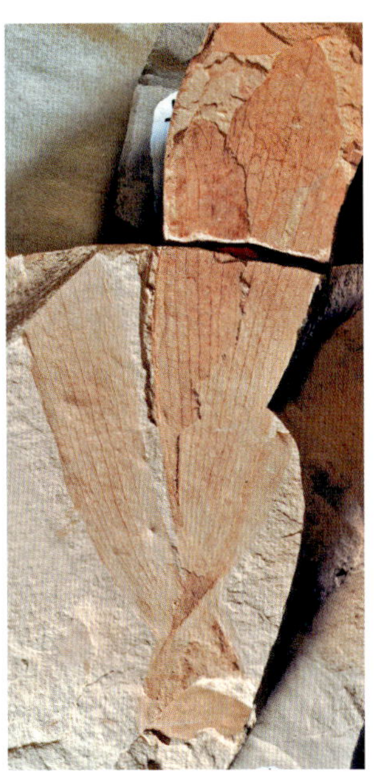

石记录实在稀少，除西藏的这个化石之外仅有两个，一个远在北美，而另一个则在德国。

这类植物的学名叫作 *Lagokarpos*，最早发现于北美始新世的地层。2010 年，曼彻斯特教授和同事报道了这类来自北美绿河页岩里的果实化石，为了形容它果实顶端那对像兔耳朵的果翅，研究者将它命名为“*Lagokarpos*”。这个名字来源于希腊语，由“lagos”和“karpos”两个词组成，其中“lagos”是“野兔”的意思，而“karpos”的意思是“果实”，所以我们就叫它“兔耳果”了。

兔耳果模样的确可爱，但对它的研究却颇费周章，因为这是个植物界的“四不像”。古植物学家对比了大量翅果，仍然确定不了哪类植物是它的近亲。它的翅和龙脑香的果翅形似而实不同，最重要的差别在翅脉；和莲叶桐科（前文介绍的青藤就属于这个科）里常见于热带、亚热带的 *Gyrocarpus* 的翅果相比也是外形相仿而翅脉有别，一个是网状翅脉（*Gyrocarpus*），而一个是羽状翅脉（兔耳果）。斑纹漆木属（*Astronium*，斑纹漆木因材质坚硬且木纹似虎皮，常用来制作家具）也长着翅果，虽然翅脉和兔耳果相似，但是斑纹漆木的果实长有 5 个翅，而且果实形状和兔耳果也不同。总之，兔耳果就是这么一个“异类”般的存在，和谁都不搭。

从存在的时限上来说，兔耳果仅见于古新世末到始新世中期，与其他长翅果的植物，如椿榆、臭椿相比，可谓“昙花一现”，但若论扩散的范围，则毫不逊色。尽管西藏的发现让兔耳果起源的问题变得复杂起来，但不管它们源自北美还是西藏，考虑到新生代早期西藏的位置比现在更靠南（比如，在过去 5300 万年的时间里，西藏南部的纬度位置往北至少移动了 8°，也就是近 900 千米的地理距离），兔耳果的分布实际上可能曾覆盖北半球的大部分地区，跨越了从低纬到高纬的广阔陆地。兔耳果存在时的世界比今天温暖很多，从赤道到极地的温度差别比现在也小很多，当时的北极地区生活着鳄鱼，南极大陆上还有棕榈和面包树。在这样的大环境下，跨纬度的扩散所遭遇的来自温度和气候的挑战比较小，再加上翅果能够借风而行甚至漂水扩散，或许这些就是它们能在几个大陆之间成功“暴走”的原因。

“印度方舟”送来的大树

大陆之间的接触，给两侧陆地上的生物带来了巨大的机会。在新特提斯洋里漂了近 1 亿年之后，“印度方舟”上

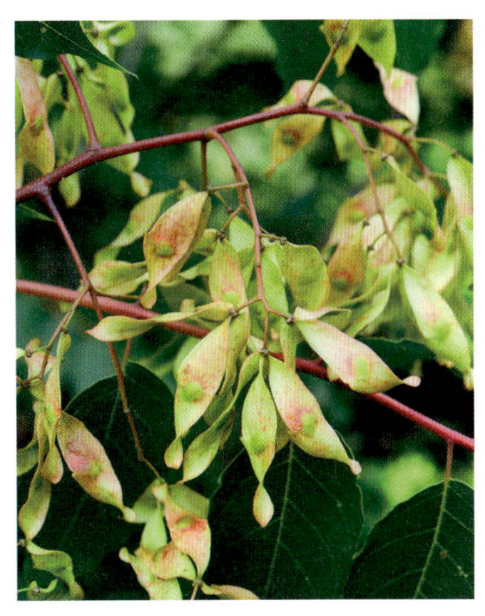

▷臭椿的果实（黄健/摄）

的“乘客们”终于看到了亚洲大陆的海岸线。从大约 6500 万年前（学界对这初始碰撞的时间仍存在争议）这两个大陆开始接触，两边动植物的交流也就此加码。巧合的是，大陆碰撞后不久，地球进入了一个温暖的气候适宜期（5600 万～4700 万年前）。尽管横在扩散路径上的冈底斯山在同期生长，横断山脉的演化也初现端倪，但是一些大型的哺乳动物，比如奇蹄动物中的雷兽（brontothere）和一些古老的角形类（犀牛和貘以及它们化石近亲的统称）还是在早始新世（约 5600 万～5400 万年前）成功地从亚洲大陆跑到了印度平原。不过，也有人认为故事应该反过来讲，奇蹄动物的祖先可能起源于印度次大陆，扩散之后它们很快成为始新世欧亚和美洲大陆后来居上的佼佼者。

植物在这个天时兼地利的时代也在顺势而为。我们在西藏发现的翼核果（属于鼠李科）显示这类植物可能在始新世起源于西藏后很快扩散到印度和东南亚。而同为鼠李科植物的马甲子属（*Paliurus*）则可能起源于印度次大陆

◁雷兽复原图（吴飞翔/绘）

或冈瓦纳大陆某处，随后传播到东亚，后经白令陆桥到达北美，在晚渐新世分隔亚欧大陆的图尔盖海峡关闭后，它们再扩散至地中海地区，并在那里残存至今，而与东亚的现代同类遥相呼应。与兔耳果“撞脸”的龙脑香科植物也可能起源于印度（也有观点认为龙脑香由马来半岛迁入印度次大陆），后来扩散到东南亚的热带地区。

臭椿（*Ailanthus altissima*），这种中国人很熟悉的树种，也是这股潮流中的一员。从已知的化石记录推断，它们可能从印度扩散至亚洲大陆，最后远播欧洲和北美。正因为有了“走出印度”的远行，它们才出现在中国的文化里，甚至作为庄子“无为”哲学的一个思想载体——因为材质不好，做不了家具，臭椿反而避免了被砍斫的命运，得尽天年。

臭椿、香椿同目（无患子目）不同科，臭椿属于苦木科，而香椿则为楝木科。臭椿果实为翅果，香椿果实为蒴果。实际上，古人对二者有清楚的辨别，称香椿为椿，臭椿为樗（chū），这在先秦文学里多有体现。樗现在是一个比较生僻的字，但用作人名时，大家可能就比较熟悉——樗里疾。他是战国时期秦惠文王同父异母的弟弟，足智多谋，战功卓著，还被后世堪舆家（风水师）尊称为“樗里先师”。

虽然在古代先哲眼中臭椿是无用之才的喻体，但在科学家眼中，它们可是研究植物演化历史的宝贝。臭椿有翅果可以借助风和水流播散种子，而且生命力极强，可在裸露的岩石上生长，能在贫瘠的土壤里生根，因此扩散能力很强。臭椿在新生代早期比较繁盛，在西藏的化石出现前，始新世早—中期（距今 5600 万年～4000 万年）臭椿几乎呈环北极分布，美洲、欧洲和东北亚都有它们的身影。而始新世之后，全球气温持续下降，臭椿不断南迁，到今天已经退缩到了以亚洲热带地区为中心的东亚、南亚、东南亚和大洋洲北部地区。

2017 年，美国和荷兰的科学家在研究产自印度白垩纪末—新生代初期地层的木材化石时，在切片中发现了臭椿所特有的导管组织结构（导管射线薄壁组织细胞的纹孔），这是迄今已知臭椿最早的化石记录。在此之前，这类植物的最早记录在早始新世的北美大陆，所以臭椿的历史被改写了。若它们起源于印度次大陆，不难推测，与印度相接的青藏地区必是臭椿进入亚洲进而往北半球扩散的“桥头堡”。

2016 年和 2017 年我们在西藏北部的班戈、伦坡拉和尼玛盆地考察时，找到了一些保存非常精美的臭椿翅果化石，时代为中—晚始新世。2019 年，版纳园刘佳领衔研究了这些化石材料，这是当时青藏地区首例也是最古老的臭椿化石记录（柴达木盆地早渐新世的臭椿化石发表于 2020 年）。

需要说明的是，臭椿的果实是由 2～5 个分果瓣（mericarp）组成的分果（schizocarp），每个分果瓣呈翅

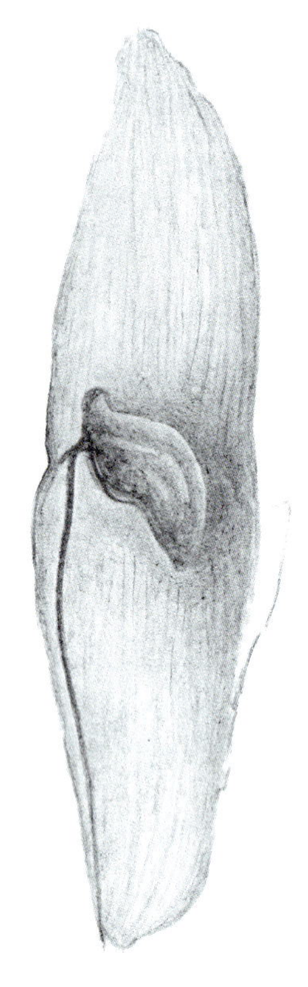

◁西藏始新世的大果臭椿化石。左：素描图（吴飞翔/绘）；右：化石照片

果状，成熟时分果瓣很容易单独脱离。所以，通常所说的臭椿“翅果”实际上是整个分果中的一个翅果状的分果瓣。西藏的化石都是单个分果瓣，而在北美早始新世地层发现的臭椿，有一件是三个分果瓣以生活时的状态保存的分果化石，十分罕见。

西藏臭椿翅果化石的主腹脉、花柱痕位置以及翅果的大小和其他已发现的化石及现代臭椿都不同，这些翅果化石应该代表着臭椿的一个新种——大果臭椿（*Ailanthus maximus*）。自此，臭椿属确知的化石种类增至三个，西藏的臭椿是目前已知臭椿化石中翅果最大的种（最长约 6 厘米）。不过，现代有的种类［如全缘叶臭椿（*Ailanthus integrifolia*）］比它大很多，长度可达 22 厘米，这是分布在大洋洲的种类。臭椿翅果大小是否和温度及气候相关？这是一个暂时无解的问题。

从全世界的范围来看，西藏发现的臭椿化石说明在始新世时期，臭椿的分布范围比之前认为的要广阔得多。除了北美、欧洲和东北亚，它们还曾生活在亚洲大陆的南部，而且西藏的化石比其他地区的记录更靠近起源地。和传统的“北半球起源”或“南半球起源”假设不同，结合印度的发现，西藏的臭椿化石启发了一个新的演化假设：新生代早期的西藏地区可能是臭椿演化史上的“枢纽”，由印度经此进入亚洲大陆后，臭椿再分别通过白令陆桥和图尔盖海峡传播到北美与欧洲。

作为一类偏好暖湿环境的树木，臭椿还能指示环境。臭椿从始新世中、晚期一直生存于高原中部，说明这一时期此地的海拔比今天近 5000 米的高度要低得多（对化石群的分析结果显示，始新世中期今天的高原中心地带古海拔最低时约为 1500 米 ±800 米），而且可能处于温暖湿润的气候之下。西藏的臭椿化石与今天分布于我国南部和越南北部热带、亚热带地区的岭南臭椿（*Ailanthus triphysa*）最为相似，后者分布区的海拔一般在 500 米左右。

既然在高原上早已不复存在，那蒋浪生物群里的这些植物是在什么时候从高原上绝迹的呢？通过化石发现，我们知道除了臭椿，还有其他植物，比如榆科的椿榆（*Cedrelospermum*）和天南星科的似浮萍叶（*Limnobiophyllum*）在高原上又继续存活了近 2000 万年，因为我们在附近一个更年轻的地层中找到了它们的化石。

第四章

色林错畔的远古森林

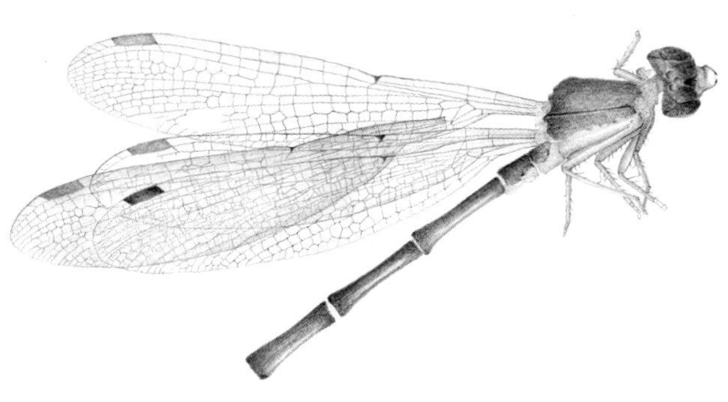

在兔耳果随风起舞的蒋浪生物群悄然退场之后，尽管高原南侧的冈底斯山仍在继续生长，青藏高原中央分水岭（东起梅里雪山，经横断山、唐古拉山，往西一直延至乔戈里峰）也在强势崛起，夹在南北巨大山系之间的低谷里，仍然有足够的温度和水分，滋养着生命继续繁荣。在距兔耳果化石点不远的伦坡拉盆地和西去 200 千米的尼玛盆地，我们发现了更多的化石（距今约 2600 万年），花鸟鱼虫，应有尽有。原来，今天的色林错周缘，那时候仍是生命的“福地”——如果从蒋浪化石群算来，远古“香格里拉”的传奇已经在这持续了 2000 多万年。

△藏北伦坡拉盆地，扎加藏布河道拐弯处露出绿色、红色岩层的地方就是产化石的车布里剖面。扎加藏布源自唐古拉的冰川，穿过伦坡拉盆地，最终汇入远处白云下面的色林错（吴飞翔 / 摄）

游走荒原

2019 年 6 月，色林错西岸的化石发掘完成后，邓涛老师嘱咐我去湖东侧扎加藏布采些水样带回北京。扎加藏布是西藏最长的内流河，它从高原东北部唐古拉山的冰川奔流而下，向西南方向穿过伦坡拉盆地而注入色林错。这次回到伦坡拉虽然是替其他同事采集同位素分析样品，但也承担着一份情感上的寄托，舀走几瓶河水带回家也算是对我们在此科考十年的一种特别纪念。在 2009 年的夏天，当我们的汽车开过颤颤巍巍的木桥时，没人知道我们能在这里坚持多久，更无法预见我们能在这里收获什么。回首望去，尽管这一路充满崎岖和挑战，但对每一个亲历者而言，何尝不是一段充满诗意的人生旅程呢？

2009 年 7 月 26 日，邓涛老师带着队伍从那曲地区的班戈县城出发，往没有电、更没有手机信号的伦坡拉盆地开进。即将短暂“告别”现代工业文明，大家先给所有重要的联系人打一通电话，又上网查了信息，发送了邮件。队伍出了县城就开始沿着土路往前探进。半途中一辆车坏在路上的水洼边，在修车的当口，却意外地看到了日偏食（见第三章）。

▽扎加藏布在拉加鲁玛村边静静地流过，十年的时光里，它见证的变化远不止木桥旁边多出一座新桥

余下的两辆车沿着通往双湖的主路继续往盆地深处行进，这所谓的“主路”实际上仅仅是在草原上压出来的车辙而已。

路上天气晴朗，阳光灿烂，白云堆叠，绿草青亮。沿途看到许多动物，有草原雕、藏原羚、秃鹫、棕头鸥、藏羚羊、黑颈鹤。最多的是鼠兔，它们总是在夺路狂奔后迅速钻进一个洞中，哪怕是闯进了别人的家门。一只藏狐快速跑过，可惜没能留下影像，不过那时候互联网远没有今天发达，这家伙还不是“网红”。鹰也多，它们好像根本不怕人，任由我们拍照。藏原羚三五成群，奔跑时露出雪白的屁股，而且跑一段就停下来回头望一眼。最激动人心的是一大群藏羚羊飞驰而过，抢着要从越野车前方横插过去，一转眼就消失在土坡之后，只留下被它们踢起的沙尘在随风打转。

最漂亮的风景在班戈错和色林错畔，那真是两颗璀璨的高原宝石。仍然记得色林错从道路前方跳入眼帘的情景：深蓝色的宽阔湖面顺着天际线静静地展开，那种蓝，神秘而又深邃，浓得似乎凝固了一般。我们在湖边午餐，尽情

◁大美色林错（2019年，吴飞翔/摄）

地享受水天一色的蔚蓝，远处的山头都像海市蜃楼一样漂浮在湖面，白色的浪花之上鸥雁上下翻飞。队员们都说不想离开，但没办法，还要赶路，只好把心留在这里了。

再往前，行迹和路径逐渐模糊，向导也辨不清方向。好在这时候出现了不少放牧点，我们找到其中一家打听情况，牧民人都很好，非常乐意带我们到扎加藏布的木桥那边去，那里有当时所知的伦坡拉盆地最好的地层露头。

这里在地图上叫车布里，但牧民说有另外的名字，而正式的行政归属是双湖特区（2012 年 11 月 15 日，国务院批准设立双湖县）多玛乡四村（现在叫拉加鲁玛村），距班戈县城 100 多千米。一座简易的、有些歪斜的木板桥（曾叫“纳保大桥”）横跨扎加藏布，是班戈与双湖之间交通线上的重要节点。虽然村民说卡车也能过，但我们的车刚开始都不敢上桥。这座桥也是青藏科考的一个地标，40 多年前（1976 年），中国科学院羌塘无人区科考队 32 勇士从班戈出

▷ 1976 年 5 月 28 日，中国科学院羌塘无人区科考队通过扎加藏布上的纳保大桥，此桥至今仍在（图源：2009 年出版的《藏北无人区的尘封往事：首次羌塘综合科学考察实录》）

▷ 鱼类学家陈宜瑜老师当时在这里下河撒网捕鱼、采集标本，河对面就是车布里剖面（图源：同上）

发时曾经经过这座桥奔赴首发营地，中国科学院水生生物研究所（以下简称“水生所”）的鱼类学家陈宜瑜老师甚至曾在这下河撒网，捕得那次科考的第一批鱼类标本。

扎加藏布南岸是四村的居民聚居区，也是村委会所在地。有新农村基建工程的助力，村里以前用土筑的老屋子现在已经换成了两排整齐而稳扎的藏式住宅。过了纳保大桥，河的北岸出露了我们要找的剖面，这里红色、绿色的岩层相间，分布着丁青组和牛堡组的地层。我们在村里联系了一户牧民，请他们把房子租给我们当营地，这样全队15个人就有了固定的住处，不用在户外搭帐篷。

◁茫茫雪原中的扎加藏布和拉加鲁玛村（四村）。四月的雪来去匆忙，河水来不及结冻。铁桥和木桥并行跨过河面，引导人们往北进入海拔更高的羌塘腹地。这也为科考队员提供了便利，人们可随时过河踏勘著名的车布里剖面（右侧露出的深色斜坎）（2023年4月，张绍光/摄）

在盆地里工作，十几个人的后勤保障是重中之重，用水、干粮、食材、餐具、炊具都要提前从班戈县城准备好带进伦坡拉。我们从班戈县城带进来的四大桶清洁水，专门用来做饭和烧水。当时这里还没有打井，扎加藏布从村边流过，人们可以直接从河里取水。河水非常浑浊，不过沉淀一下倒是可以用来刷牙洗脸。后来清洁水用完，做饭也用过河水，不过打回来的水至少需要沉淀一天才能用。洗澡则是不太可能的事，不仅没有热水，也没有浴室，还要防止感冒。

不过，也有不走寻常路的强人。和我一样，队里的赵敏当时刚从北京大学博士毕业，来古脊椎所张弥曼老师名下做博士后。他身体好，胆子也大，竟然跳进扎加藏布河里洗了一回澡，居然没有着凉感冒，我们都很佩服。

当时这里没有电（2013 年之后才通电），也就没有冰箱，鲜肉不能带进来，只能吃罐头食品。有一天，村民说

▷赵敏跳进扎加藏布河里洗澡（2009 年，时福桥 / 摄）

▷河边洗碗刷锅，苏丹（前），卢小康（后）（2011 年，高伟 / 摄）

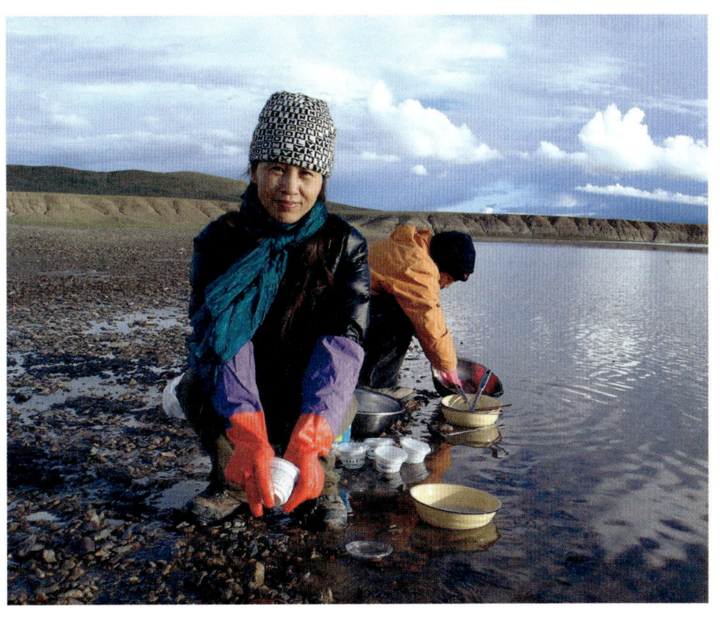

有羊肉卖给我们，诱得我们在山上工作时都不时走神想着住地的那顿美味，哪知累了一天回到村里，羊肉却没有送来，因为附近的牧场都没有宰羊的，真是很失望。过了几天，一个名叫曲达的青年（这位就是第八章将提到的给我们开推土机发掘，后来又要滑头没把掘坑填平的老朋友，平时我们也逗笑管他叫“羊腿”，这个绰号就从这儿来）终于送来了一条羊腿，炖出来香极了。羊肉是真好，“珍珠白玉翡翠汤”的料也够足。在这么一个偏远的地方，我们的饭菜其实算是丰富的，尽管因为海拔高，水只能烧到70℃，但早上还有熬好的粥喝，还有烙好的饼吃。新鲜蔬菜也不少，土豆、胡萝卜、西红柿、黄瓜样样都全，而且这些都能较长时间地保鲜。中午在野外可以吃压缩饼干，我们也常常做什锦炒饭带上山。这要感谢时福桥师傅的周到安排，我们管他叫“时大爷”。

“时大爷”这个亲切的称呼源自谁的创造已无从考证，不过可以确定的是，一定是在青藏科考期间。时大爷在野外是我们的司机和大厨，回到北京的研究所就是修复化石的师傅。2015 年之前，他多次和同事一起开车从北京去西藏，路途遥远，司机们驾车过青海，翻唐古拉山，进可可西里，非常辛苦。从北京出发带着工具器材出来，收队时再载着标本照原路回去。时大爷 1960 年生人，须发白得比一般人早。他在野外绝不会刮胡子，头发胡须皆白而眉毛却一直保持浓黑。天生这样的长者气质，再加上处事干练、周到，时大爷自然就成了我们考察队的“外事专员”。在野外工作期间，时大爷工作之余总与老乡们寒暄，了解（或者说“八卦”）当地的情况，小到村里的社会关系、当地的风俗忌讳，大到本地的法规政策、发掘点的草场归属，等等。在风俗民情如此不同的地方，还要驻在当地工作，初来乍到的我们多掌握些情况是很有必要的，可以规避一些不必要的麻烦。所以，队里的每一个人都有各自的贡献，像时大爷这样有多种技能傍身的能人很多，古脊椎所的王秋元、高伟、王平、冯文清、张立召、张绍光等，都曾与我们一起走南闯北，同甘共苦，帮助我们顺利完成科考工作。

车布里（四村）虽然是边远的村落，但这里藏族民居的内饰并不缺精致。房间除了水泥地面，其余五面都画了鲜艳的彩绘，所有家具用品也都是满满的图画和雕刻。屋里的布局很好，中间是大厅，两侧厢房各两间，这就是我们打地铺的卧室，还有门厅可以作厨房。安顿好住宿就开始做饭，我们用汽油炉，火非常旺。晚餐开始了，大家有谈笑有歌唱，一直热闹到睡觉时间。这是快乐的第一晚。

这一次在车布里的工作主要是寻找化石。到达四村当天的下午就发现了化石的线索，是一些水生植物的叶片。

▷在住地整理标本，照片右下侧是灶台和砧板（2009 年，邓涛 / 摄）

第二天我们到剖面颜色较深的扎加藏布上游去，但到跟前才发现，那里并没有以前发现过鱼化石的油页岩，而是砂岩和泥岩。后来再回到村子对岸的那个地层出露点才找到油页岩，工作时每人选了一处露头剥离岩石。我们的运气很不错，打到不少化石，但是以植物居多，还有昆虫，想要找的鱼化石却没有看到。几天下来，在车布里居然连根鱼刺都没有发现，好在是找到了一些保存非常好的昆虫和植物标本。回到北京后，我们把植物化石移交给中国科学院植物研究所的同事，其中一些材料于 2021 年年初正式发表，原来这里曾有一类小型草本挺水植物——蕨类苹（*Marsilea* sp.）。更幸运的是，2014 年我们再来这里时，在一层很细的泥岩里终于找到了鱼的骨架，根据鳍条的特点，鉴定是鲤科鱼类。因为围岩比较软，修复之后的化石非常精美。

经过自 2009 年起连续两年的调查，我们当时认为这里发现脊椎动物化石的潜力不大，需要拓宽考察的范围。很快，往东十来千米外的另外一个化石点把我们吸引了过去，那就是后来产出大量植物和动物化石的达玉。

最早发现化石线索的是其他单位的同事。2010 年，中国科学院西北生态环境资源研究院（原中国科学院寒区旱区环境与工程研究所）方小敏老师团队的宋春晖和苗运法两位老师在伦坡拉盆地达玉山下采集古地磁样品时，苗运法发现了一块鱼化石（后来鉴定为鲤科鱼类化石）。他们很慷慨地将这个消息告知我们，因此在第二年（2011 年），我们再来伦坡拉，计划直奔这个地点。

那次野外考察由古脊椎所王世骐带队，我和当时还是研究生的董丽萍、史勤勤、孙博阳、卢小康以及研究石器

▷静静的河水，静静的桥（史勤勤/摄）

▷屋后的闪电，像要撕破天幕（史勤勤/摄）

▷傍晚时分，羊群慢悠悠地回到了村子，它们只是低头嚼草，全然不顾天上的云卷云舒、流星飞电（史勤勤/摄）

的张晓凌、化石修复师苏丹一起进藏；另外，司机时福桥、高伟开着越野车从北京来拉萨，董丽萍、苏丹、卢小康跟车。有了 2009 年和 2010 年的工作经验，这次一路进来还算顺利，也住在扎加藏布边的四村。

村子里的一切还是那么的安静和美丽，特别是傍晚时的天空，流淌着饱含水汽的云，蓝得空灵而又神秘，偶尔还有雷火闪过，这样的景色真是美得无法言表。

村里当时还没有太阳能发电板，晚上依旧没有电，找点乐子打个牌娱乐娱乐还要开头灯。用水还是一个很严重的问题，每天晚饭后要开车去扎加藏布洗碗刷锅，后来 2015 年村里打井之后，情况就大为改善了。不过，当时有些变化却让我们欣慰：河上已经多了一座钢架桥，和那座老木桥并肩挨着，走在踏实坚固的新桥上，来来往往的人再不用胆战心惊地过河了，这个偏远的村子正在一年一年地变得更好。

在车布里简单考察后，王世骐带着队员们测量了河对岸靠上游的地层。之后，我们就往达玉去找那个有鱼的剖面了。万事开头难，根据全球定位系统（GPS）坐标向化石点靠近时，一辆车陷在了泥坑里。司机们费了不少力气把车拖出来。为保险起见，车就不往里开了。北面不到 1 千米之外有个露头，岩层很是漂亮，我们决定步行上前。这里的确是我们要找的地点，剖面上有多层暗色的油页岩，露出地表被风化的部分是很薄但很硬的岩片，劈开就像书页一般平整。大家都有点兴奋，因为在这样的岩层里打化石实在是太顺手了，而且这样的岩性很容易保存化石。我很走运，第一个打到一块，尽管保存不佳，但在放大镜下可以观察到几根细小的骨骼。后来回到北京的实验室，发

▷达玉化石剖面，化石层已被大地的伟力挤成了一个巨大的"V"字，我们就在这个时空的褶皱里顺层寻找（左下角白点是我们的越野车）（吴飞翔 / 摄）

现这个标本露出几个鳍刺，很可能是鲈形目的鱼类。不过，正式研究认出它就是攀鲈，却是几年以后的事了。大家都很高兴，此行的第一个目标已实现，我们在新地点确认了产鱼化石的层位。

第二天（2011 年 8 月 20 日），其他人在坡上不断打出一些鱼来，根据咽喉齿和鳍的结构判断应该是鲤科鱼类的化石。我和史勤勤来到剖面最靠下的一个岩层露出的地方试试运气，因为这个点岩层的产状更适合打化石，起石板不那么费力，而且岩板含泥的成分比靠上的层位要高一些，所以没那么坚硬。突然，勤勤笑着喊了一声，我走过去顺着她指的方向，看到一小块灰白色石板上有一个鱼尾巴的印子！这个鱼尾后边缘齐平，与鲤科鱼类的叉尾明显不同，很可能是一个新类型。鱼的身子和头还在没开启的岩层里，我们根据石板断口的形状，把化石剩余的部分取出来。只可惜因为风化的缘故，我们回到北京之后对这个标本进行修理时才发现化石的骨骼已经酥松变成碎渣，因此大部分结构只有印痕留在石板上。不过有一点可以确定，这个地点除了常见的鲤科鱼类外，还有鲈形目的鱼类。

这个点当天还产出了一个椿榆的翅果和几片叶子，这已经是很不错的收获了。因为还要去上次考察的班戈化石点筛洗砂样，然后再去尼玛盆地，我们这次只在达玉化石点工作三天就撤出了。

看着当时拍的这张照片，想起此后的几年里我们竟然陆陆续续在这个小小的地方挖出来数百块各类化石，真是不可思议！更有趣的是，张晓凌（下图左侧红衣者）坐着的位置几乎正是5年后苏涛打出鲇鱼的地方（见后文藏北鲇鱼），而高伟（下图左侧灰衣者）翻找化石的位置再往地下不到半米正躺着黄健后来（2016年）发现的那片惊人的棕榈叶（见后文羌塘的棕榈）。

▽这个位置是一个“富坑”，2011年之后的几年，这里陆续产出了攀鲈、鲇鱼、林跳鼠、棕榈和似浮萍叶等上百块化石（2011年7月19日，吴飞翔/摄）

除了化石发现，我们发掘的规模和方式也在不断“进化”。2017 年之前，我们在藏北工作一直采用传统的徒手敲打劈层的办法。实际上，若要挖坑探槽，凭我们的体力根本做不到，我们挥动几下十字镐就要狠狠喘气。所以有时候为了节省体力，我们请三两个牧民老乡帮我们清除化石层上面的盖层和回填掘坑，仅此而已。人力在这样的环境下，实在没有太大的效能。

2017 年，我们和版纳园苏涛老师的古植物学课题组合队之后，大家的脑洞和胆子突然大了起来，打起了机器的主意。当年 5 月 28 日，在班戈川菜馆晚餐时，外面狂风加大雪，大家都担心明天进伦坡拉的行程，但天气不是我们能左右的，不如琢磨点别的事情。我同苏涛商量：班戈附近基建工程很多，到处是挖机，我们为何不租用一台进伦坡拉把达玉的坑挖大一点？苏涛也觉得可以一试。我们通过餐馆的老板联系到一个挖机司机，说好第二天带着他进盆地看一下现场。

第二天早饭后，接上挖机司机，我和苏涛带两车提前出发进伦坡拉盆地，到村里安排食宿、研究挖掘方案，其余的队员稍后出发跟进来。中午前车先行到达四村，我和苏涛前去村委会拜访，村委会书记不在，两位驻村干部接待了我们。村委会与去年相比没什么变化，只是院子里多了辆推土机。安排好宿舍后，我们带着挖机司机去达玉剖面。挖机司机认为可以工作，答应次日从班戈进来。回到驻地后我们邀请两位干部一起晚餐，有一位驻村干部说起若有需要，村里推土机可以使用。当时我们尚有一些顾虑，没有接话。

好事多磨，接下来事情的发展一波三折。为了尽量降

◁达玉剖面西段2号点（图中央靠下处的条带状岩层）。剖面后面那抹绿色是一片低洼的草地，那里住着一户牧民，我们叫他们“达玉人家”（吴飞翔 / 摄）

◁达玉人家那年刚盖好一间新房子（2011年，高伟 / 摄），2018年我们就住在这里。遗憾的是，在2020年夏天本书创作期间，我们再回达玉时才获悉，这家的老主人（左三）已经在半年前因病过世了

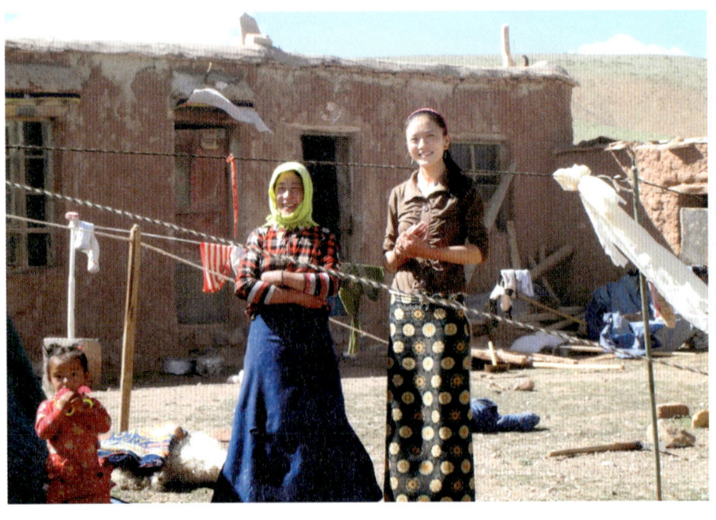

◁勤劳、善良的达玉人家，朴素的生活里洋溢着动人的温馨（董丽萍 / 摄）

低机械作业的影响，更为了保障施工现场的安全，我们安排第一天来帮忙的老乡都在河对岸的车布里剖面工作，等里面达玉的工作面清开之后再进来。意外的是，前一天说好的挖掘机进场却出现了变数，因为临时的工程安排，今天不能进来，至少要等三天才能转到我们这儿，而且要价也太高。我本想妥协，谈谈价把事做成，但是要等三天，我们实在耗不起。很多新队员是第一次进藏，无法预料接下来几天他们的身体会不会出现状况。

在达玉剖面上，看着去年一众人徒手挖开的小坑，我还是心有不甘：村委会院子里不是有台推土机吗？而苏涛的司机罗师傅以前曾说过他开过挖机做工程，想来驾驶推土机也应该不在话下。我想立即去和村里驻村干部把这事说开，说服他们让我们立即动工，不必等书记回来再做决定，否则不仅要空等几天，还怕会横生枝节。苏涛也同意，那就事不宜迟，说干就干。我俩随后赶到达玉草场主人家征得他们的许可，立刻开车去村里，与

▽风雪“化石山”——达玉。伦坡拉盆地的天气就像小孩的脸，说变就能变。刚才还艳阳高照，云汽一聚拢，天色很快就会暗下来，风雪接踵而至，但一会儿又云散天晴，白茫茫的大地反射的阳光直刺得人头晕目眩（张绍光/摄）

驻村干部细说了我们的想法和工作上的困难。他们同书记来回商量几轮，最后终于得到了书记的同意。不过，推土机因为没有油，已经闲置一段时间了，所以我们得自己想办法加油。

无巧不成书，这几天村委会隔壁的那户人家恰好还有一些柴油，也愿意卖给我们。这样，机械、燃油的问题都解决了，万事俱备，只欠东风。罗师傅毕竟是熟手，加油、试车一气呵成，发车全马力直奔化石点。我和苏涛带车先去达玉化石点做好安排，等待罗师傅驾驶推土机进场。来的路每走一段就被冲沟截断，所以推土机跑了两个多钟头才到点上。等我们布置好队员们的工位后，推土机避开草场，顺着去年挖的层位推去盖层，清开来两个 10 平方米左右的工作面。机器进场鼓壮了士气，当天大家工作到晚上 8 点才收工回驻地。我们打趣说，在海拔这么高的地方，挖个化石弄出来这种操作也算是别开生面了。当天，地质所的孙继敏老师、中国科学院青藏高原研究所（以下称“青藏所”）的侯居峙老师和古脊椎所的王世骐老师也从班戈来到我们的发掘点，看到我们这架势，也有些吃惊。

那天正好是端午节，有师长和朋友同乐，再邀上驻村干部一起晚餐，在高原的第一个端午，过得特有滋味。这种滋味里包含着野外寻得化石的满足感，而这种满足感也会在我们的研究里不断发酵。我们在显微镜下、在文献资料里一点一滴地追寻化石的故事，像是给曾经鲜活的远古生物的躯体注入“复活”的能量。在我们看来，它们和今天高原上的生命一样值得赞美。

树上的鱼

1791 年 11 月，来自丹麦东印度公司的博物学家达尔多尔夫（Daldorff）在印度东南部的特兰奎巴（Tranquebar，当时是英国殖民地）探险时，在一棵树（相传是棕榈树，但最初的正式描述里没有明确记录）上发现了一条奇怪的鱼。他看见那条鱼游过水塘边的溪流，正在水边一棵树的树缝里向上爬，甚至爬到了离地约 5 英尺（1 英尺约等于 30.5 厘米）的地方。它将鳃盖张开，把鳃盖后缘的刺扎进缝隙的壁上托住自己，来回摆动尾巴，同时用臀鳍上的刺支撑着自己向上爬。为了避免被鱼的刺扎伤，达尔多尔夫用软木塞捉住了这条鱼。接下来的情形同样让这位博物学家大开眼界，他被这条小鱼顽强的生命力惊住了：被逮住后，它在树荫下待了好几个小时，并且还能在干燥的沙地上撒欢地“奔跑”。

1797 年，达尔多尔夫报道了这个发现，并把这种鱼命名为*Perca scandens*，意思是“攀爬的鲈鱼”（climbing perch）。1816 年，法国动物及博物学家居维叶（Frédéric Cuvier）和医生、解剖学家及博物学家克洛奎特（Hippolyte Cloquet）建立 *Anabas* 属（攀鲈属，意为攀爬者），将当时亚洲攀鲈的种类从鲈（*Perca*）和其他类群中移出，归入这个属中，这一分类方案沿用至今。

达尔多尔夫的发现在当时的欧洲引起了很大轰动，在那个崇尚探险和发现的时代（达尔多尔夫在印度捕捉攀鲈时，距库克船长率领“奋进号”结束环球航行刚好 20 年），这样的奇闻相当博人眼球。直到今天，人们对这种好玩的鱼依然热情不减。

大家津津乐道的话题之一是它们究竟能不能爬树？除了达尔多尔夫的记述之外，在印度一度非常盛行这样一种传说：攀鲈能爬上棕榈树吸食含有酒精的果汁。但不少学者认为这似乎不太可能，反对者根据对攀鲈“行走”特点的观察，认为它们压根就不可能具备这样“逆天”的能力，攀鲈爬上棕榈树的传说可能只是以讹传讹而已。而即使棕榈树上真有攀鲈，那也很可能是某些鸟类造成的，它们把攀鲈从水里叼起，放在了（也可能偶然掉落）棕榈叶基处湿润的凹窝里。就像豹子把食物拖上树藏起来，避免其他对手分食，等饿了再回来独享。其实，现代鸟类藏食物的现象也并不罕见。

不管能否爬树，达尔多尔夫对攀鲈在陆地上行为细节的记述和今天的观察确实比较吻合。攀鲈“行走”时的姿态相当“豪横”：除了尾巴摆动提供驱动外，多刺的鳃盖（主鳃盖和次鳃盖）也扮演了非常重要的角色。特别是主鳃盖下方的次鳃盖更是关键，这块骨片可以灵活地旋转，下边缘还有很多刺，在攀鲈前进时，左右次鳃盖交替插入地面充当支点，配合尾巴的扭摆，攀鲈就像“撑杆跳”一样向前行进。攀鲈还能通过主、次鳃盖的协作越过高度为其体长一半的障碍物，因此在陆地上行进时，它们可以轻松翻过小石堆和凹凸不平的河岸，这样的越障能力让攀鲈如虎添翼，助它在陆地上更好地扩散。

攀鲈能在陆地上横冲直撞，最关键的秘诀在于它有呼吸空气的能力。攀鲈呼吸空气的结构叫作迷鳃（labyrinth organ），这个器官由第一个鳃弓背侧一块小骨骼（上鳃骨）发育而成，是一个由很多褶曲组成的花朵似的结构，这样的结构增加了呼吸上皮的面积。迷鳃表面覆盖着呼吸上皮，分布着丰富的毛细血管，而且不同于其他正常的鳃，通过迷鳃的血液经过静脉回流到心脏，再由心脏泵往身体其他各处。在这一点上，攀鲈的迷鳃类似于陆地动物的肺。

正因为有了这样“开挂”的器官，攀鲈能生活在一些其他鱼类忍受不了的水体环境里。在南亚、东南亚和中非、西非热带地区（气温 18℃～30℃，分布区海拔大多在 500 米以下，极少例子到达 1200 米）的河湖边缘或者沼泽水洼里，浅浅的死水（溶氧量可低至 1 毫克 / 升以下，大多数鱼类的正常生命活动要求溶氧量在 4 毫克 / 升以上）是绝大多数鱼类的噩梦，但攀鲈却甘之如饴。攀鲈的迷鳃结构复杂而且体积较大，挤占了鳃腔很大的空间，如此一来，用于水下呼吸的正常的鳃则大大萎缩，以至于满足不了攀鲈生存所需的氧量，所以攀鲈必须经常将头伸出水面，吞吐空气。亚洲的攀鲈更夸张，因为它们的迷鳃实在太大，若不让它们呼吸空气，单靠水下呼吸它们会昏厥过去，甚至还会因缺氧而死，或者说被活活“淹死”。

亚洲的攀鲈还有一个特点——通过骨骼和肌肉的配合，它们吞入口腔的空气可以连贯地通过呼吸腔（容纳迷鳃的地方）然后从鳃盖后面排出，因此呼吸空气的过程不需要水的参与；而非洲的攀鲈通过迷鳃呼吸时，需要吞水将呼吸腔中的“废气”挤出。因此，所有迷鳃鱼类中只有亚洲攀鲈（*Anabas*）可以爬出水面在陆地上“行走”。有记录显示，曾有攀鲈一个晚上在陆地上“行走”了 180 米。别小看这个距离，在热带平原上，它们这一晚上或许就能跑到相邻的水洼或者附近的小河里了。

攀鲈的分布区大多在热带季风区，夏季风带来的降水，扩大了水域面积，降低了水温，这给攀鲈带来了繁殖季节的信号，它们纷纷游到浅水区交尾、产卵。非洲的攀鲈繁殖行为很多样，有些种类的雄鱼眼眶后侧或尾柄上有一种带刺触器（contact organ），它由一些后缘长刺的鳞片组成。交尾时，雄鱼用身体把雌鱼“卷起”，用这些结构刺激雌鱼，使它产出更多的卵。今天亚洲的攀鲈并没有这样的行为，而从西藏的化石来看，在攀鲈的演化过程中，亚洲攀鲈的这种行为连同触器一起丢失了。

2011 年，古脊椎所高原考察队赶往藏北色林错东边的伦坡拉盆地，找到一个约 2600 万年前的化石层，那里保存了很多鱼类、鸟类（羽毛）、植物和昆虫的化石。最初的攀鲈化石数量虽不少，保存状态却不太好。当时能挖动的都是比较浅的化石层，因为风化作用的影响，标本的骨骼细节很难观察清楚。不过这已经让我们很受鼓舞，从 40 多年前第一次青藏科考期间发现第一块鱼类化石以来，高原新生代的鱼化石都是鲤形目（鲤科或鳅科）的种类，鲈形目鱼类的出现是化石门类上的一个突破，也暗示着同时代的鱼化石还有相当大的潜力，后来发现的鲇鱼化石就是证明。

◁彩色的小鲤科化石鱼令人惊艳（2016 年 8 月 3 日，吴飞翔 / 摄）

于是，我们在色林错周边200千米的范围内来来回回找了五六年，翻出很多更好的化石，并且在第二次青藏高原综合科学考察研究启动的2017年，报道了青藏高原上第一例鲈形目鱼类化石——西藏始攀鲈（*Eoanabas thibetana*），将攀鲈这个类群的历史往前推了2000多万年。在这之前，确切的攀鲈化石只有发现于爪哇岛更新世地层里的几个鳃盖，这种常在陆地上“行走”的鱼还可能是当时岛上古人类的食物。西藏的攀鲈化石集合了亚洲攀鲈（如颌骨的形态、迷鳃的发育程度）和非洲攀鲈（如触器、颅顶的感觉管开口）的特征，给推演攀鲈的演化历史提供了绝佳的素材。

西藏始攀鲈的鳃盖、鳍刺和眼眶周围的骨片显示出

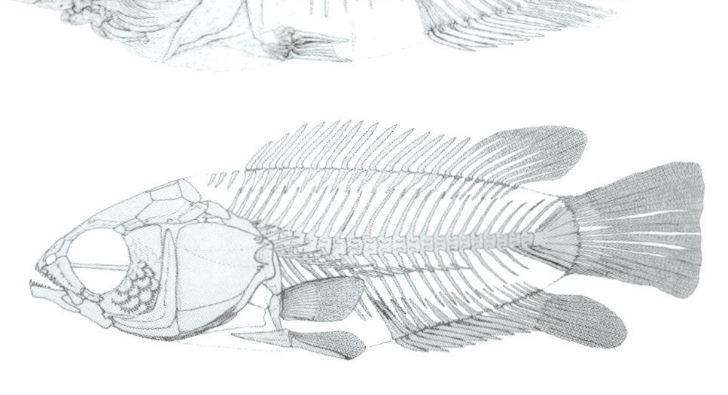

▷西藏始攀鲈的正模标本（上）、素描图（中）和骨骼复原（下）（吴飞翔/绘）

典型的攀鲈类的特点，但这些形态上的相似是否意味着古今攀鲈在生态习性上的相似呢？

自从 2011 年发现第一块攀鲈化石以来，我们就开始寻找化石里是否留下迷鳃的残片。我们采集的大多数标本骨骼都没有散开，那么一个结构复杂的器官，在迷鳃原本的位置上都只留下黑乎乎的一团碎渣，分辨不出有意义的细节来。

事情的转机出现在 2015 年。我当时正在研究白垩纪热河生物群的七鳃鳗，电镜扫描孟氏中生鳗化石的吸盘效果很不错，我想，为何不在攀鲈化石上试试呢？在扫描的几个标本里，只有那个 2012 年在尼玛盆地采集的小个体标本效果很好。在被挤碎的结构里，有几个薄片上可见一些圆形的孔，这个特点和现代亚洲热带地区攀鲈的迷鳃完

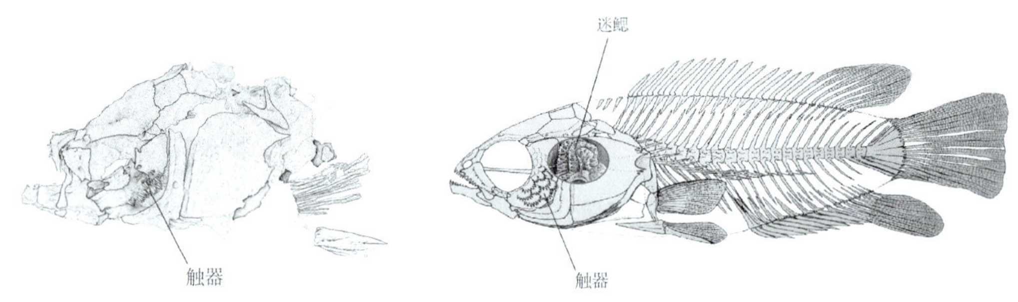

◁△西藏始攀鲈的骨骼复原（显示迷鳃的位置与形态，上右）及其副模头骨素描（上左）（吴飞翔 / 绘）。这个标本眼眶后下方的刺就是触器，这是几种现代雄性非洲攀鲈特有的结构。雌雄攀鲈交尾时，雄鱼用这个结构刺激雌鱼，使它产出更多的卵（下，吴飞翔 / 绘）

▷西藏始攀鲈和现代亚洲的攀鲈（*Anabas*）迷鳃对比。上左：扫描电镜下显示的西藏始攀鲈迷鳃结构，注意薄片上的圆形穿孔；上右：保存了迷鳃结构的西藏始攀鲈化石；下左：现代亚洲攀鲈迷鳃 CT 扫描成像；下右：保留在头骨原位的现代亚洲攀鲈完整迷鳃

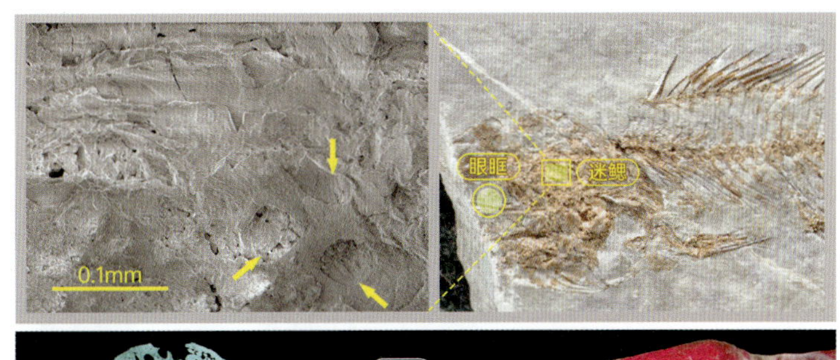

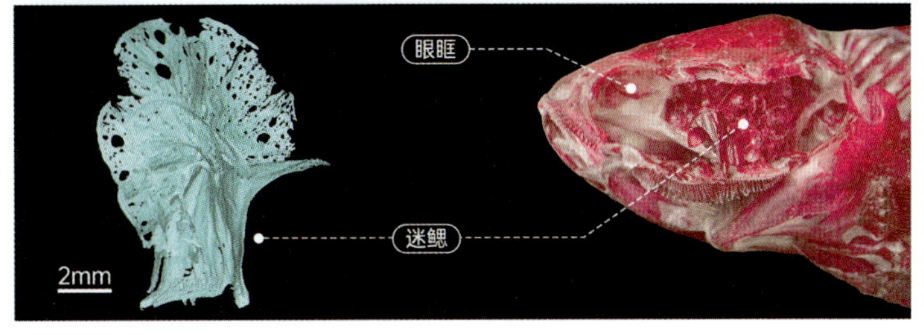

全吻合。这对我们的研究太重要了，只有确定了这个器官的存在，我们才能说，除了形态上的相似，西藏攀鲈的生态习性和今天的攀鲈也完全可以类比，并且极有可能更像呼吸能力最强的亚洲攀鲈。

所以，结合和攀鲈同层的植物化石，如棕榈、似浮萍叶、栾树、菖蒲等，可以推测这样的攀鲈和它现生同类的栖息地环境不会有太大的差别，因此，我们认为化石地点当时的古海拔应该在 1000 米左右。后来，古植物学同行通过对叶片形状进行复杂的定量分析，认定化石点当时的古海拔不超过 2300 米。尽管在古海拔结论上仍然需要讨论，但根据非生物学证据（如同位素地球化学方法）重建的高原历史有些却和古生物学证据严重不符，有地质学家认为这些化石生物栖居的地方当时已经是和今天差不多的又高又冷的地方。

因为今天的攀鲈分布在青藏高原之外亚洲、非洲的热带平原，所以它们的故事有很长一段应该发生在别处。

2017.12.5晚

◁西藏始攀鲈生态复原图（吴飞翔 / 绘）

▷攀鲈的亲戚们（其他迷鳃鱼类）（吴飞翔 / 绘）

无奈之前攀鲈家族确切的化石记录极其稀少，除了爪哇岛上更新世地层里的几个鳃盖化石外再无其他，关于它们的历史只有一些没有证据的猜测。而眼前的西藏始攀鲈，作为迄今已知最完整、最原始的攀鲈，促成了一段新的叙事。

现代攀鲈分布区地跨亚、非两地，中间隔着干旱的伊朗高原、阿拉伯半岛和撒哈拉大沙漠。动物地理学家一直在思考，攀鲈究竟起源于哪块大陆？亚洲和非洲的攀鲈什么时候分的家？有人认为它们起源于冈瓦纳大陆，大陆裂解后，攀鲈搭着印度板块的“顺风车”一路漂来亚洲；也有人认为，在大约 2000 万年前，非洲—阿拉伯半岛碰上亚欧大陆时，它们从一头扩散到另一头，之后北非和西亚地区的干旱，让亚洲和非洲的攀鲈从此分化。但这些假设都需要可靠的化石证据加以验证。用西藏始攀鲈校正攀鲈家族的“分子钟”，我们知道亚洲和非洲攀鲈约在 4000 万年前分道扬镳，因此，古远的“冈瓦纳起源”和新近的“中东陆桥扩散”假说都解释不了攀鲈的历史。祖先分布区的

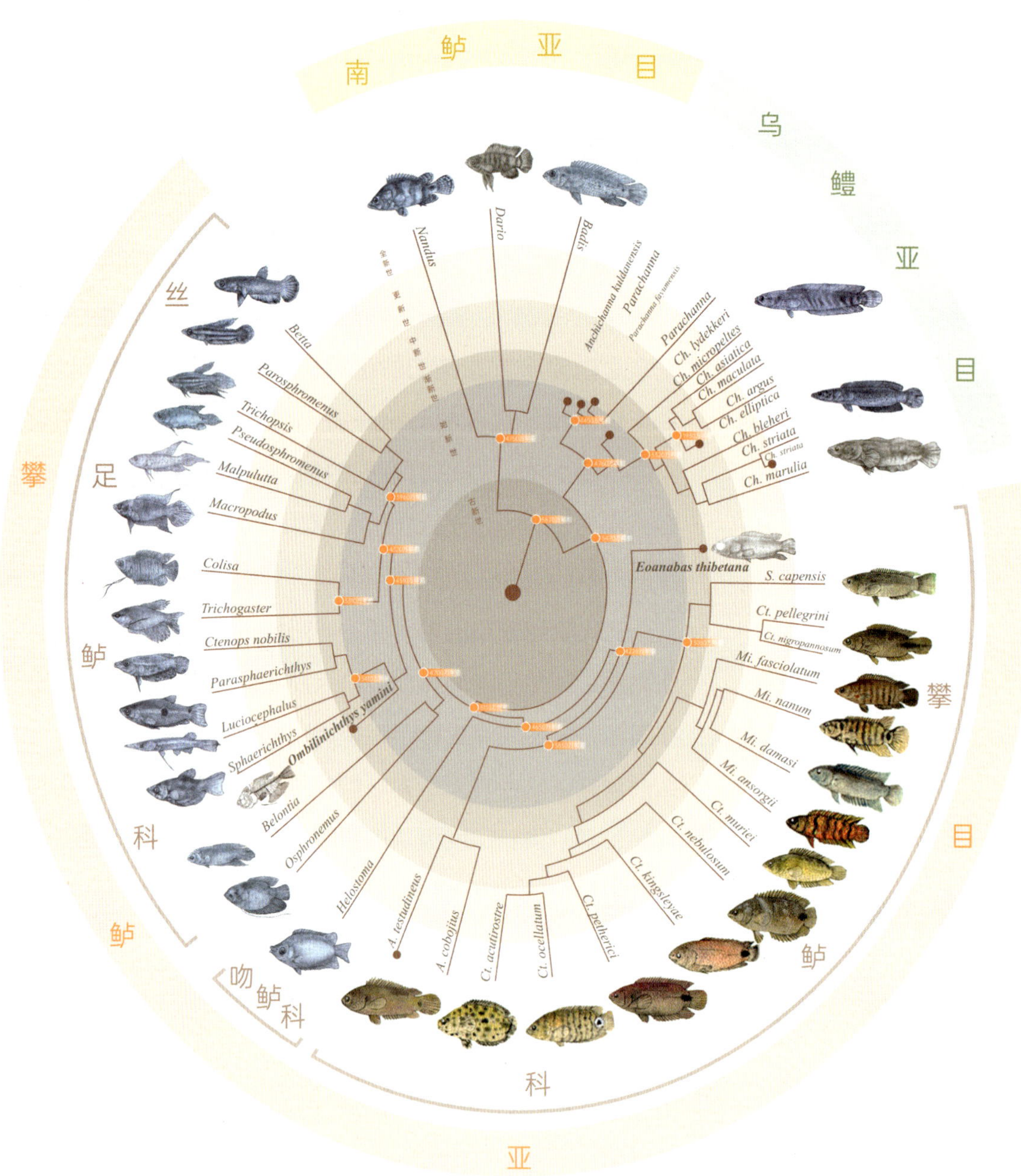

△攀鲈家族谱系图和演化时间线（吴飞翔 / 供图）

△现代攀鲈的分布区（淡蓝色区域）与青藏高原攀鲈化石发现地位置

重建显示，它们在东南亚起源后，一路扩散到西藏，再经印度，最终抵达了非洲大陆，并在那里发展得“风生水起”。今天非洲的攀鲈种类比亚洲的多得多，也漂亮得多。非洲攀鲈中的“梅花”（*Ctenopoma acutirostre*）、“西非天堂岛”（*Microctenopoma ansorgii*）等品种都是水族馆里的明星。

▽非洲攀鲈中的观赏鱼品种。左：*Ctenopoma acutirostre*，俗称“梅花”；右：*Microctenopoma ansorgii*，俗称“西非天堂岛”（图片来源：《热带鱼类 3 之 ANABANTOIDS 迷鳃鱼》，水族生态杂志社）

科学研究总是充满活力，没有止境。地质学同行最近发表了一组测年数据，认为达玉化石点的化石，包括始攀鲈的地质年龄，都比我们认为的可能要早 1000 多万年，或者说攀鲈到达西藏的时间比我们之前认为的要早。这个讨论还在继续，科学家正在趋近一个共识。若用这个新的年龄作为约束点重新推测攀鲈的起源（之前的结果是 4200 万年前，95% 置信区间：3200 万～5500 万年前）和从亚洲（印度次大陆）扩散至非洲大陆的时间（之前的结果是约 3900 万年前，95% 置信区间：3000 万～5000 万年前），可能要比我们已推测的结果要早。

而从另一个角度看，不断细化的攀鲈历史、可能更古老的化石年龄意味着我们需要寻找的“缺失环节”实际上比想象的更多。这真让人兴奋，和侦探一样追踪必定存在却又未知的东西，寻找化石的乐趣不正在于此吗？

羌塘的棕榈

2016 年，我们从阿里札达经改则、尼玛来到多玛乡的达玉，这是古脊椎所和版纳园古生态学课题组第一次合队进行野外科考。2016 年 7 月 30 日，我们到达目的地，发掘从第二天开始。这次先在达玉 1 号点开工，前一年正是在这里发现了一大片棕榈叶化石。不过这次却没有发现新的棕榈标本，鱼化石倒是有不少。

后来我带苏涛来到 2 号点，因为在这里曾出现过一块似浮萍叶化石，我们认为这个点或许更有价值，于是让主力转移到这里来。那天下午挖出的鱼不少，一共八九尾鲈

▷达玉2号点发掘现场（2016年8月3日，吴飞翔/摄），这里就是前文提及的“富坑”，可对照2011年同一位置的照片

形鱼类，鲤科鱼类更多，甚至一个小板上有3条鱼，很多标本细节保存得很精美。

古植物的收获也相当喜人，椿榆、伞形花科、鼠李科、菖蒲的标本都有。其中最奇特的是一种大型植物的根标本，根系发达，次生根很多，但是很难鉴定，我们打趣说就叫“水萝卜”吧。2号点不愧是个富坑，“水萝卜”只是预热，第二天，重头戏来了。

▽一块大石板被劈开，两片菖蒲叶赫然印在岩石面上（2016年8月2日，吴飞翔/摄）

◁奇怪的“水萝卜”化石，主体臃肿，根须纤细，看着有些滑稽（2016年8月3日，吴飞翔/摄）

不过，那天（8月4日）刚开始却不怎么走运。南古所的李建国和张海春老师当时和同事也在伦坡拉工作，和我们一样住在村里。大家约好当天同去论波日采样、踏勘剖面。不料刚到剖面就遇上大雨加冰雹，王世骐老师领着一队人沿着剖面走得比较远，回到车跟前时已经全身湿透。因为地面的冲沟和铁丝网，越野车无法开进草场去接他们。

论波日已经无法工作了，南古所的同事回驻地整理样品，而我们的两辆车折往达玉去找还在那里发掘的黄健等人。等到了才发现，尽管与大雨倾盆的论波日相距只有几千米，这里竟然没下几滴雨。眼看天没有放晴的意思，王

△黄健挖到的“画”石最多（2016年8月3日，吴飞翔/摄）

▽刚揭开的石板上出现了鱼化石，它的背鳍短小，还有一根带锯齿的鳍刺，是一种鲤科鱼类（2016年8月3日，吴飞翔/摄）

▽▽3条鱼保存在同一块石板上，靠下位置的那一条甚至还弯曲了身体，似乎在蹦跳挣扎（2016年8月3日，吴飞翔/摄）

世骐、李春晓和邱瑾坐车先回驻地，我和苏涛、毕黛冉留下，继续发掘。我们打出了两个非常精美的栾树果苞，攀鲈也有八九尾，我打到非常好的标本，鱼和一只水龟保存在同一块石板上。

虽然上午遇到大雨有些沮丧，但下午发现的化石让我们的心情和当时的天气一样“雨住转晴”。眼看今天起的层往里快推到盖层，再往里掏单凭人力很难再敲动化石层的岩板了。突然，黄健压低声音叫了一声，招呼旁边的苏涛和我，示意出东西了。看他脸上那意味深长的笑，就知道他那儿遇着好货了。

苏涛和我也尽量压慢步伐，平抑一下情绪才跳到掘坑里。打开上面的盖板，只见一团比巴掌略大的棕黄色印痕清楚地铺在底板上，一头是粗壮的黑色叶柄，另一头是发散状的纤维结构，看来化石保存的是叶片已经腐烂的状态。我们在坑里用刷子轻轻地扫去碎石渣，一边研究标本周围的岩层情况，同时检查是否还有没露出来的部分。仔细观察那个叶柄时，才猛然意识到，之前挖出的一些黑色的长杆印子应该就是这个大棕榈叶子的柄，因为没有任何结构，被当作植物碎片扔在了一边。等我们扒拉着废料，从碎石堆里把那几块黑杆找回来拼在一起，七八十厘米长的叶柄、叶片就几乎被完整地复原了。由于叶片被埋藏之前就已经腐烂，只剩下接近叶基的部分，因此只有稀稀落落、长短不齐的一级叶脉。顺着棕榈化石这层再往里是一个岩层断裂后留下的缺口，看来也没有保存其他有意义的结构了，否则还要移去厚厚的盖层，这就不是当天能完成的事了。等把标本全部起开，再用保鲜膜、卫生纸和硬纸板进行特殊保护，这些程序做完已经过了晚上 7 点，收工回驻地。

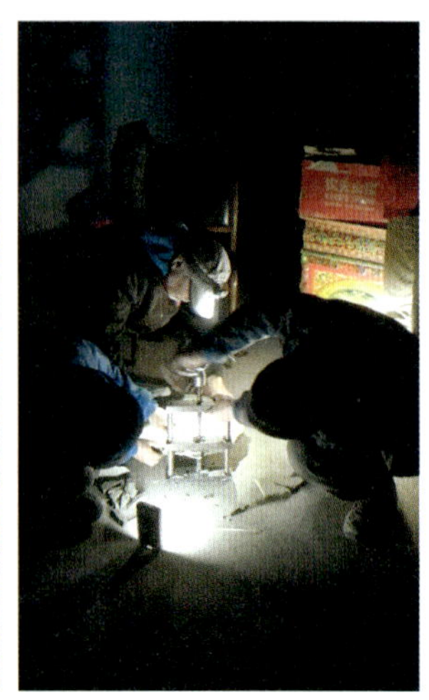

▽ 棕榈化石面世瞬间（2016 年 8 月 4 日下午 3 点 33 分，吴飞翔 / 摄）

△ 切断岩板取棕榈化石，图中人物（从左到右）：黄健、本书作者、苏涛（2016 年 8 月 4 日，陈银芳 / 摄）

◁ 夜晚在住地处理标本，因为装箱困难，要将大标本上多余的边角切去（吴飞翔 / 摄）

很庆幸，取棕榈化石的时候没有下雨。

化石来之不易，所以对化石的保护，要从发掘现场一直做到实验室。这次的棕榈叶柄在发掘时被敲成了几段，所以比较破碎。再加上标本距离地表不远，水分的浸泡也让保存化石的石板有些绵软。苏涛工作室所在的版纳园，终年温暖湿润，和化石点的环境反差极大，为了避免化石开裂或者表面起层剥落造成破坏，标本运回云南后，我推荐陈银芳去帮忙做了石膏托板，将拼接起来的几个断板在底部和四周用石膏固定再做木框，这样化石在保存和搬动过程中会安全很多。后来，我们在中国古动物馆组织青藏高原古生物展（展期从 2019 年 12 月底至 2021 年 3 月底），这件棕榈化石就曾千里来赴展。李航坐动车带着标本在昆明和北京之间往返，加固处理在这个时候就派上了大用场。

初见这个棕榈化石，高兴归高兴，我却没有古植物学同事那么亢奋，因为前一年我已经提前在这里经受过棕榈的“视觉冲击”了。

2015 年，当时我和苏涛还不认识，更谈不上合队进行

▷ 2016 年 8 月在达玉 2 号点发现的西藏似沙巴棕（*Sabalites tibetensis*）正模标本及其素描（吴飞翔 / 绘）

野外考察。那是在古脊椎所发掘经费的支持下，我第一次带队来西藏进行野外考察。这一次古脊椎所有六人进藏，时福桥、刘新正、陈银芳、董丽萍、戎钰芬和我，加上夏加和多吉两位司机一共八人，后来王世骐也加入了这次考察。小戎当时在古脊椎所攻读硕士学位，研究两栖动物的演化。这次和师姐董丽萍一起跟队上高原，希望能在伦坡拉达玉这个化石点找到两栖动物的化石。就已经发现的植物和鱼类来看，化石点当时应该是临近湖岸、水体安静的地方，存在两栖动物化石的可能性很大。实际上，我们在 2016 年的发掘中曾找到一块变态发育期的蛙类化石，产出位置正是小戎打出棕榈叶片的 1 号点，只是在 2015 年发掘时没有遇到。

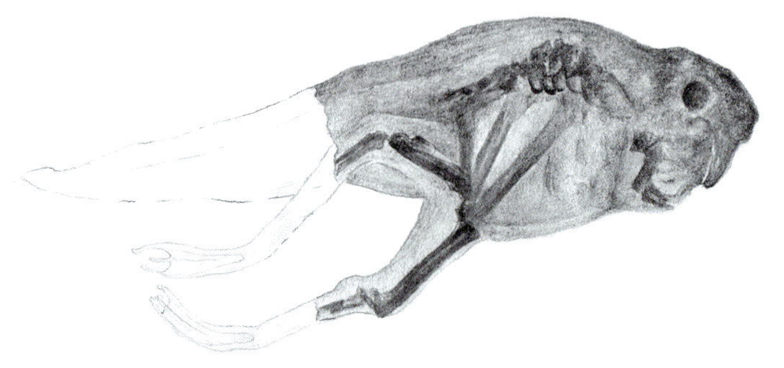

◁达玉1号点产出的蛙类化石（下）及其素描（上）（吴飞翔/绘），采于2016年7月

小戎身体素质不错，一路上来没有太明显的高原反应，在化石点上打化石，也很在状态，手里不断蹦出精品。说来也有趣，就个人的经验来看，很多第一次来西藏的新人，特别是身体状态好的新人，打到好化石的概率似乎比老队员高一些。他们更有新鲜感，更好奇，也更活跃，不管是撒开跑找化石，还是定住打化石，心里的动力可能都更强劲些。

小戎打开岩面时露出的棕榈化石，虽然只是露出叶片的一部分，但从保存的部分来看，叶片最长处达1米左右是完全可能的。比较清晰的是发散状的狭长小叶和主叶脉。第一眼看到这种样式，我们起初并没想到是陆地上的棕榈，而以为是水里的王莲、荷叶之类的大叶子植物，毕竟同一层鱼类标本很多。我当时正在撰写攀鲈的论文，从鱼群的组成和其他一些植物推测化石点曾是低海拔的温暖湿润气候，有了这片大棕榈叶，就更有把握了。

全球棕榈科植物有 188 个属，约 2600 种，它们集中分布在热带和亚热带地区。在地质历史上，棕榈科植物也是很常见的化石，目前已记录的棕榈化石有 300 多种。在新生代早期的极热期，棕榈甚至能分布到南极和北极地区。

尽管前人报道曾在伦坡拉盆地和比如县的布隆盆地采集到棕榈的孢粉化石，但眼前的这些棕榈叶片的化石在藏北的羌塘高原还是首次出现，其价值不言而喻。那么，这些化石材料怎样才能在复原高原古环境（古海拔）的研究里物尽其用呢？常见的方法有类群共存分析法和湿静态能分析法。英国开放大学教授罗伯特·斯宾塞（Robert Spicer）等人在 2003 年对西藏南木林、苏涛团队对藏东南芒康盆地古高程的重建运用的就是湿静态能分析法，而孙继敏等人利用孢粉数据、我和同事利用与攀鲈伴生的古植物重建伦坡拉盆地的古高程时使用的是共存分析法。

共存分析法存在一定的缺陷，它忽略了演化过程中植物对环境的耐性可能发生的变化。而利用湿静态能重建古高程的方法则不同，如果能得到化石产地的热焓值，就能

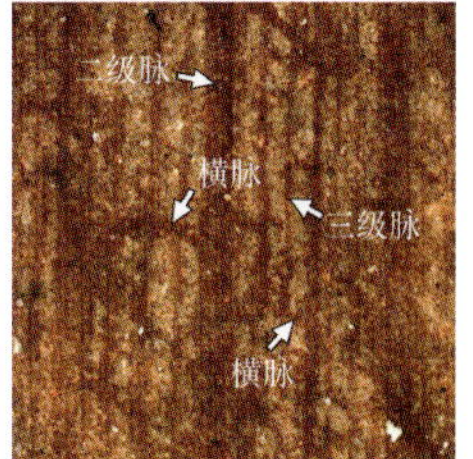

▷左：还在岩层里的棕榈叶片化石（2015 年，吴飞翔 / 摄），基部连同叶柄还深埋在岩层里；右：实验室显微镜下拍摄的这个棕榈叶片化石的细节

通过一定的公式推断当地的古海拔，但这要求足够的化石数据，比如化石材料中至少要包含 20 种双子叶的植物形态。苏涛团队对新采到的棕榈化石开展研究时（2018 年），我们在化石点尚未积累足够多的叶片形态数据，因此无法得到当地的古热焓值（paleo-enthalpy），因而湿静态能法不适用，只得另寻他法。

还有一种看似简便的办法，即利用海拔和气温的负相关关系反推化石地点的海拔。这种方法可以简化为一个公式：

Z（化石点古海拔）=T（同时代海平面古温度）–T（化石点古温度）/ γ（气温直减率）

其中气温直减率（temperature lapse rate）是指海拔每升高 100 米游离大气温度的降低值。这是一个理想化的公式，在地质历史中的应用面临极大的困难，因为这个公式中的三个变量会有很大的不确定性。比如当时海平面的古温度因地而异，必须找到合理的参照地点；由于化石材料的限制，化石点的古温度目前也无法得知；而当时当地的气温直减率更是充满变数，陆地上的情况实在太过复杂，纬度、地形等因素无一不影响陆地上实际的气温变化率，况且在不同地质历史阶段，气温随高度而变化的规律也不相同，因此不能直接使用游离大气中的指标。总而言之，简单地套用这个公式看来不一定总行得通。

他山之石，可以攻玉。随着国际气候学研究特别是气候模型的完善与发展，借助计算机通过数学方程来模拟气候变化，逐渐打破了传统研究方法的瓶颈，这也为古气候学的研究带来了强大的助力。英国气象局哈德利中心开

△ 2600 万年前的藏北伦坡拉盆地生态复原图（吴飞翔 / 绘）。根据这十年间找到的化石，我们知道当时的藏北是一片温暖湿润、林草丰茂的低地（海拔不超过 2000 米，甚至更低），湖里鲈鲤成群，湖边昆虫喧闹，一派鸟语花香的景象。图中古生物分别为：
①张氏春霖鱼（*Tchunglinius tchangii*）；②西藏始攀鲈（*Eoanabas thibetana*）；③鲤科鱼类新类型；④鲤科鱼类新类型；⑤鸟类（猛禽和鹛类，古脊椎所李志恒鉴定）；⑥伦坡拉大黾蝽（*Aquarius lunpolaensis*）；⑦伦坡拉栾树（*Koelreuteria lunpolaensis*）；⑧西藏似沙巴棕（*Sabalites tibetensis*）；⑨大果臭椿（*Ailanthus maximus*）；⑩长莛似浮萍叶（*Limnobiophyllum pedunculatum*）

发的大气环流模型（General Circulation Model）——HadCM3 模型，可以通过古经纬度推算地质历史时期某地点的气温直减率，因此我们化石点的气温直减率这个指标可以通过这个模型模拟出来。另一方面，关于同时代的海平面温度，与棕榈化石同时代的印度东北部阿萨姆（Assam）特拉普（Tirap）化石点已有的推算值是比较理想的替代指标，由此上述公式中的三个变量里只差化石点的古温度值有待确定。

既然直接的古温度数据目前难以获得，棕榈本身的生物学特性就成了解决这个问题的突破口。在棕榈化石的研究过程中，古植物学家收集了上万条现代棕榈的分布数据，试图通过最近亲缘种的生态幅约束化石点的古环境与古海拔。巧合的是，国外也有一个团队正在进行类似的分析棕榈科生态幅的研究，不过对方研究的是现代棕榈的生物学问题。他们认为棕榈生存的一个至关重要的边界条件是最冷月均温（CMMT）不能低于 5.2℃，这为利用棕榈化石重建古海拔提供了很好的参数——通过限制棕榈生存的最冷月均温这个最低门槛，来推算棕榈化石所代表的最大古海拔。

思路确定之后就可以进行古气候模拟中复杂的敏感性实验——主要是通过设置一些边界条件得出各种模拟值，再根据其合理性进行取舍。在棕榈的研究中，我们通过设置 13 种不同的青藏高原地形地貌指标，分别模拟不同情景下的化石点的古温度、气温直减率以及代表海平面温度的特拉普化石点古温度等。最后我们发现，将包含化石点的高原中部地区设定为海拔 2000 米、东段封闭的峡谷时得出的模拟值最为合理，既符合棕榈生存的温度条件和当时化石点的气温直减率，也符合特拉普化石点古温度变化范围，并且这样的模拟结果也符合其他方面的证据。

在这样的指标下测算的化石点古海拔不超过 2300 米。

因此当时认为晚渐新世（约 2600 万年前）青藏地区整体地形最有可能是下面的情景：西藏沙巴棕分布在海拔不超过 2300 米的东西向的峡谷中，峡谷两侧是海拔超过 4000 米的冈底斯山脉和羌塘山脉（高原中央分水岭山脉），峡谷的东段封闭。这个研究结果与其他古生物证据趋于一致，却明显有别于同位素古高度计推测的结果，可见青藏高原地形地貌比以前的推测要复杂得多。也有地质学同行认为，棕榈和其他化石的地质年龄应该是距今 3900 万～3800 万年。在这样的情况下，科学家需要重置化石点的古纬度、气温直减率，选取同时代海平面古温度指标，然后再次进行模拟分析。

鲇鱼破石而出

虽然年年进藏都手不落空，但从新类型的产出来看，化石增量也分大小年，2016 年就是一个“大年”。除了上文提到的棕榈叶片化石，这一年还收获了一尾鲇鱼化石，以及高原上第一件林跳鼠的骨架化石。林跳鼠骨架化石在后来实验室整理标本时才被发现，而鲇鱼化石在发掘现场就被认了出来。

▽达玉化石点（2 号点）的林跳鼠化石骨架及其素描（吴飞翔 / 绘）

◁ 现代跳鼠（*Jaculus jaculus*）的骨架（吴飞翔 / 绘）

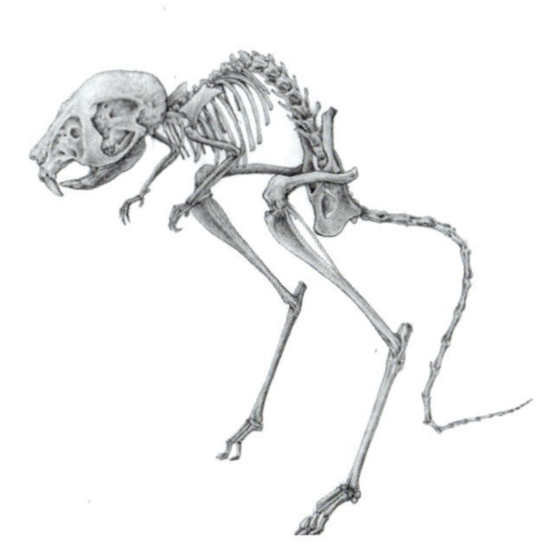

2016 年 8 月 5 日，黄健挖到棕榈化石的第二天早上，王世骐在与南古所的李建国等人道别后，带领一辆车去达玉东南边测剖面，其余的队员则继续去 2 号点碰运气。

上午没太多兴奋点。我打到几片叶子，包含一片灌木型的蔷薇科的叶子。黄健在昨天打到棕榈的位置旁边打到几尾鲤科鱼类，还有几条攀鲈，其中一个小攀鲈的头部细节保存得很精致。板子后面还有一个枝叶较完整的禾本科植物的化石，只是板子无法再打薄而将鱼和植物分成两半，

◁达玉 2 号点发掘现场。当时还是北京大学医学部学生的古生物爱好者房庚雨（前一）正在取一尾攀鲈化石，2 个多小时后，一条鲇鱼在他身后被苏涛（前三）的地质锤"赶"了出来。房庚雨 2017 年被保送到本书作者所在的课题组，2019 年赴英国留学（2015 年 8 月 5 日，吴飞翔 / 摄）

△“鱼贯而出”的攀鲈化石。左：鳞片散落而露出骨架的攀鲈化石；右：头骨和背鳍刺露出而尾巴还藏在围岩里的标本（2015 年 8 月 5 日，房庚雨 / 摄）

苏涛把化石留给了我。房庚雨的收获不错，除了两块骨骼散落的标本，在比较靠坡下的位置还打到一块比较大的攀鲈化石。覆盖头部的岩石已经崩开露出骨骼，而头后的身体部分还在围岩里。藏民老乡过来撬开盖板，我们看着断口找出来躯干前半段，然后尾部和躯干的大部分也陆续收齐了。

突然，旁边的苏涛喊了我一声，他手里两块石板上是一个黑色的鱼头，这尺寸一看就是整个达玉剖面已发现的最大的鱼了。仔细看，这是一个腹面保存的横宽的鱼头，下颌骨上有密密的小尖牙，长长的角鳃骨，连接着七八根细细的鳃条骨。根据这些特点可以肯定，这既不是鲈更不是鲤，而是一件新东西！大半个头已经在手，但其余的部分还在岩层里，通过比对鱼头标本所在石板的形状陆续取出其余部分，一共 4 块，其中尾部的那块因为断口最不清楚，在碎石堆里费了好些时间才找到。最后等带胸鳍刺的躯干和长臀鳍的身体后段露出来，与最先找到的头部拼起，

标本全长超过 30 厘米。这真是让人高兴的收获！

这块标本的发现还牵出来另一块“隐居”了两年的鲇鱼标本。2015 年，我们在达玉背斜的南翼一个坑里发掘时，挖出一块岩板比较厚的标本，但是鱼只露出右侧头骨和胸鳍附近的部分，胸鳍最前面的鳍条露出的一段不见锯齿，但明显比后面的鳍条粗壮。当时并没太在意，也因为岩板厚实，没有下决心立即修复。直到 2017 年陈银芳将苏涛找到的那条大鲇鱼全部修出来之后，我才猛然想起这可能也

△最先出现的鲇鱼头，下颌骨、筛骨和连接着鳃条骨的角舌骨清晰可辨（2016 年 8 月 5 日，吴飞翔 / 摄）

◁ 跳下坑里寻找其余的化石断块，一定可以拼全一条整鱼（2016 年 8 月 5 日，房庚雨 / 摄）

▷躯干部分找到了（吴飞翔 / 摄）

△ 最后一截——尾巴部分也找到了（吴飞翔 / 摄）

△修复前的伦坡拉盆地鲇鱼化石

是条鲇鱼，因此开始处理这块标本。等化石清理干净之后，一看左右伸开的带刺的胸鳍和肚皮上修长的臀鳍，果真是鲇鱼！不仅如此，还有两条攀鲈和一条小小的鲤科鱼类静静地趴在鲇鱼旁边。不过可惜的是，这个层位的岩板泥质偏多，板子偏软，骨骼大多很松碎，细节不易识别。

2017 年夏天，色林错对岸的尼玛盆地也“蹿”出来一条鲇鱼。那年的标本回到北京后，在打开箱子整理标本时，我看到一个标本臀鳍部分的痕迹，这部分既没有攀鲈一样的很多刺，也不是鲤科鱼类的三角形臀鳍，因此肯定是个新类型。只不过标本的头部却不见了，看断口并不新鲜，可能是露出地表被风化破坏了。通过陈银芳的清理，更多的细节展现出来。从它小小的背鳍、狭长的臀鳍再加上尾骨骼的特点来看，这肯定又是一条鲇鱼。

这样，色林错东西两侧相距 200 千米的地点都有了鲇鱼的记录。不过我们暂时还不知道，这两个地点的鲇鱼是否属于同一时代，也不知道是否是同一物种。

◁在藏北尼玛盆地考察时，研究生毕黛冉坐老乡的摩托车下山。藏族老乡们不分男女，都能骑着摩托车放牧。他们车技极为娴熟，在草场上翻坡过坎，如履平地（吴飞翔 / 摄）

◁ 2010 年尼玛盆地考察，寻找化石的我们就像五线谱上的音符（邓涛 / 摄）

△ 2011 年尼玛盆地考察，董丽萍正在处理标本，远处的雪山是木嘎山，主峰木嘎岗琼，海拔 6081 米，由侏罗纪时期的岩石构成（王世骐 / 摄）

椿榆的“乌龙”

1887 年，有人在美国丹佛市附近发现一块长着一对角的动物头骨化石，化石不完整，只有颅顶连着角的一部分残骸。人们把化石交给奥赛内尔·查利斯·马什（Othniel Charles Marsh），这是位因研究北美白垩纪海怪而闻名于世的传奇人物，他最令人津津乐道的故事是他与古生物学家爱德华·德林克·库普（Edward Drinker Cope）关于蛇颈龙头骨位置的争论，他也是最早识别出始祖马是马类祖先的人（见第六章三趾马一节）。马什认为丹佛这件长角的化石属于一种已经灭绝的巨大的北美野牛，于是给它取名长角北美野牛（*Bison alticornis*）。直到 1888 年，人们发现了更完整的角龙头骨化石时，才发现“长角北美野牛”其实是头恐龙！其实，早期的古生物研究中这样的“乌龙”

并不少见。最早被科学描述的恐龙——斑龙，最初的化石材料包含股骨断块，因为保存了两个明显的髌骨突起，这些材料曾被认为是巨人的腿骨化石，甚至因研究者不同寻常的联想而被冠之以学名*Scrotum humanum*，意为“人类的阴囊”，换言之，这是恐龙的第一个科学命名。

由于标本不全而造成的“张冠李戴”，在古植物学研究史上也不少见。在大多数情况下，植物的果实、叶片会分别保存成化石，所以在连接果、叶的小枝被发现前，果和叶有时候会被分类在毫不相关的家族里。椿榆（*Cedrelospermum*），这种已经灭绝的榆科（Ulmaceae）植物，它的分类历史就是一个很典型的例子。

单看叶子，椿榆和现代杨梅（*Myrica*）、柳（*Salix*）、榉（*Zelkova*）各有几分相似，所以自 1889 年之后的 100 年时间里，古植物学家曾把早期发现的椿榆叶片化石归入过这些类群。椿榆翅果化石的身份也几经变更，曾被分类到山龙眼科（Proteaceae）和其他一些非榆科的植物里。佛罗里达大学的斯蒂夫·曼彻斯特教授在 1989 年研究了北美始新世（距今约 5000 万年）和渐新世（距今约 3000 万年）带果和叶的椿榆小枝与花粉化石，才将以往分别记述的果和叶联系起来，终于确定这类植物为榆科的成员。

从 2013 年开始，西藏伦坡拉盆地的达玉化石点陆续产出一些椿榆翅果和叶片的化石，但古植物学家并不能确定这些材料是否来自色林错同一物种。2019 年夏天，一段长着翅果和叶片的小枝在附近的新化石点出现了，等古植物学家将化石表面的岩层揭去，比较一下所有化石的叶脉或翅果结构之后，或许就能解答这个疑问了。

▷ 西藏椿榆（*Cedrelospermum tibeticum*）的翅果（吴飞翔 / 绘）。尽管形状有些差别，但为谨慎起见，研究者还是将其认定为同一个种的标本。在现代植物中，由于环境差异和养分不均等原因，同一种植物的翅果也存在个体差异，但这些特征的差别和变化是连续过渡的，不存在形态上的间断，化石的研究参照了这种情况

▷▷ 西藏的椿榆小枝化石，有叶有果，刚从尼玛盆地的岩板中取出（张馨文 / 摄）

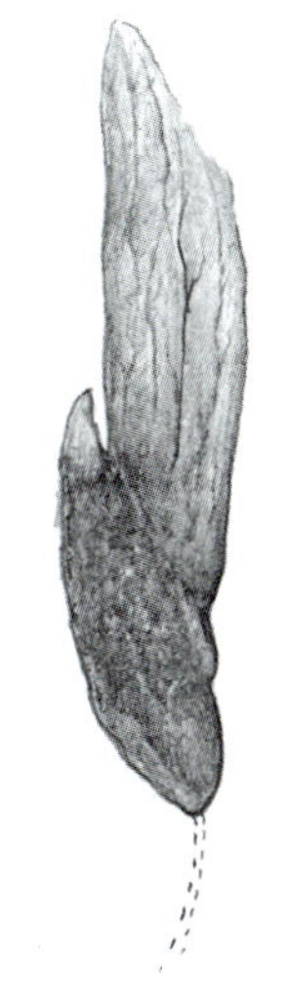

所以只有果叶连枝的标本才能确定二者是否同类，而这种解惑的机会，其实来自植物的一个“小动作”——自我修枝：在枝叶长得太过密集的地方，有些植物会自动脱落一些小枝，这样留下来的枝叶可以更充分地接受阳光而进行光合作用。椿榆所属的榆科（Ulmaceae）以及壳斗科（Fagaceae）和杨柳科（Salicaceae）植物就有这种“断舍离”的本事，所以在这些类群的化石里，枝上带果、叶的标本比其他植物更常见。

从生物地理学的意义上看，椿榆化石先后在云南（2015 年，马关）和西藏（2018 年）被发现，把这类植物曾经的分布区域补上了亚洲这个缺块。从之前的证据看，椿榆在气候比今天温暖得多的始新世，曾在北美和欧洲大陆上开花结果。但奇怪的是，直到中新世之前，它们好像没有来过亚洲，直至在欧洲灭绝。现在看来，其实它们在亚洲曾有很成功的扩散，甚至在古近纪末期到达了这块大陆的南部，不过它们的散播可能止步于冈底斯山，并未跑

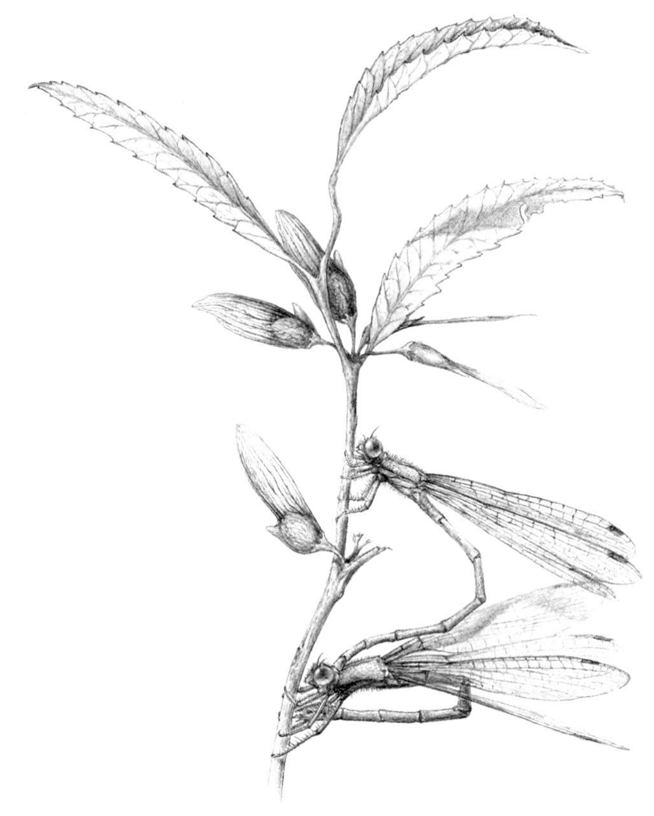

◁ 3000 万年前藏北伦坡拉尼玛盆地一对豆娘在椿榆枝上“约会”（吴飞翔 / 绘）

到印度次大陆上去。

西藏和云南的椿榆果实有一大（主）一小（副）两个翅，从现在的化石记录看，这是从北美传入的样式。椿榆最早出现在早始新世的北美，那时的果实是只有主翅的单翅型。这种类型的椿榆随后经由北大西洋陆桥传播到欧洲，并在那里一直延续到中新世。而在椿榆起源地的北美，新的演化方向也在慢慢萌生。进入中始新世，双翅型开始在北美出现，但单翅果仍占优势。直到中始新世后期，双翅型果实开始兴盛，单翅类型已不常见。双翅型椿榆这个时候从北美出发，通过白令陆桥和近岸的洋流往亚洲扩散。到始新世晚期和渐新世，双翅型椿榆已经出现在我国的云南和西藏。而在始新世晚期，在椿榆的故乡北美，单翅的椿榆已经绝迹，仅剩双翅类型的椿榆一直撑到了渐新世。

似花似叶栾树果

在欧美，栾树因为花的鲜亮色彩而被称作金雨树（golden rain tree），而在我国它们因果实的形色而得名灯笼树。清代状元吴其濬的《植物名实图考》中有句“绛霞烛天，单缬照岫。先于霜叶，可增秋谱”，写的就是栾树“似花似叶”的蒴果。淡绿色的蒴果在秋风里被慢慢染红，等到中秋过后，蒴果红透，秋意就要渐渐浓了。

栾树在中国人眼里有着特别的文化气质。除了古代被栽种在士大夫的墓地以彰显墓主身份外，一些传说神话里也有它们的影子。先秦时期的《山海经》有这么一段：“大荒之中，有山名死涂之山，青水（注：一说此水为澜沧江）穷焉。有云雨之山，有木名曰栾。禹攻云雨，有赤石焉生栾，黄本，赤枝，青叶，群帝焉取药。”这段话的意思是，在茫茫洪荒之地，在澜沧江的源头，有两座山，大禹在治理那座云雨山时，看见红石头上长着青叶红枝的栾树，天帝们知道之后都来这里，在栾树上摘取仙药。可见中国人很早就注意到也很看重这种树木。那么，这种树是从哪来的呢？从已知的化石证据来看，它们的故乡可能就在澜沧江的源头——青藏高原，当然，是在高原还没形成的时候。

栾树是无患子科植物里一个种类较少的属，包括分布在我国安徽、甘肃、河北、河南、辽宁、陕西、山东、四川和云南等地以及韩国和日本的栾树（*Koelreuteria paniculata* Laxmann），分布于我国华南和西南地区（广东、广西、湖南、湖北、云南、贵州、四川）的复羽叶栾树（*Koelreuteria bipinnata* Franchet），原产于我国台湾的台湾栾树（*Koelreuteria henryi* Dümmer）以及原产于斐济瓦努阿莱武岛和维提岛的纤细栾树（*Koelreuteria elegans* Seemann）。

栾树在无患子科内部的分类位置一度备受争议。栾树果实室背开裂，膨胀的蒴果每一个小腔具有两枚胚珠，似乎可归入车桑子亚科（Dodonaeoideae）。但这两个胚珠只有一枚最终完全成熟，所以栾树也可能是车桑子亚科和无患子亚科（Sapindoideae）之间的一种过渡类型。后一种认识和分子学的证据比较接近。分子学研究认为栾树属是无患子亚科较早分化的支系，因此不属于车桑子亚科，同时推测栾树最早出现在约 3700 万年前（晚始新世）。而我们在西藏新找到的化石（班戈蒋浪生物群，约 4700 万年前）说明栾树的历史要比分子学的推测更久远。

栾树的化石在北半球比较常见，化石包含从孢粉、叶片、木材到蒴果果瓣的各种类型。栾树在古近纪（距今 6600 万～2300 万年）曾广布于欧洲、东亚和北美西部，其中最古老的化石（果瓣）来自美国怀俄明州的早始新世（距今约 5200 万年）。然而，南古所李建国等人在西藏日喀则晚白垩世地层中发现了与现生栾树相似的花粉化石，说明栾树可能起源于亚洲大陆的南部。在隔洋相望的另一侧，正在靠近的印度次大陆即将送来一种重要的植物——臭椿

▷落“花”惊鱼：2600 万年前，一个栾树果瓣（古全缘栾树）和一条小鱼被埋藏在一起。标本于 2015 年 7 月 18 日采自达玉背斜南翼 4 号点，2010 年董丽萍最先发现这个点（吴飞翔 / 摄）

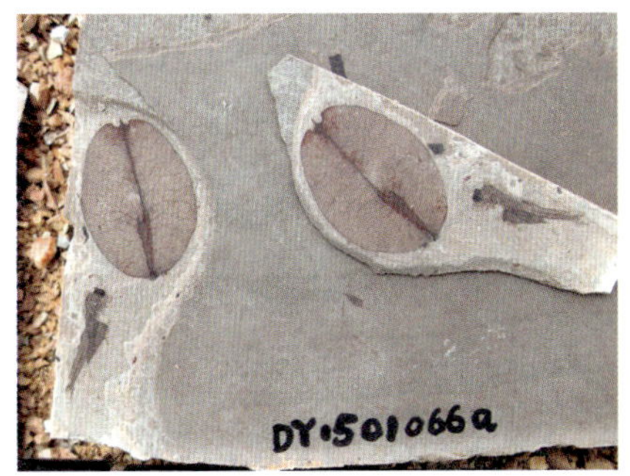

▷▷伦坡拉栾树苞片化石，果瓣顶端有一个明显的凹缺

（见前文臭椿一节），它将随着陆地的连接进入亚洲并与栾树杂生在一起。有趣的是，由于某些未知的原因，栾树却没能扩散到对面的印度次大陆，而是在起源地这一侧派生出很多后代来。

在西藏最先被发现的栾树果瓣来自伦坡拉盆地的达玉剖面，这些保存得极为精美的蒴果果瓣代表了两种栾树：伦坡拉栾树（*Koelreuteria lunpolaensis*）和古全缘栾树（*Koelreuteria miointegrifoliola*）。第一种栾树果瓣形状很不对称，虽然看着有些别扭，但这不是埋藏造成的结果，因为不止一块标本显示这样的特点。它

▷栾树化石的现代近缘种——复羽叶栾树（*Koelreuteria bipinnata*）（黄健 / 摄）

的顶端有个小凹或者浅浅的裂口，这与所有现生栾树和其他化石栾树都不同，因而代表一个已灭绝的种类。而古全缘栾树与现今的复羽叶栾树非常相似，这种类型的栾树在始新世我国东北、俄罗斯远东和北美西北部中纬地区广泛分布，在中新世（距今约 2000 万年）山东临朐和日本本州也有记录，而伦坡拉的发现将这种栾树的历史拓展到了距今近 3000 万年的西藏。

记录在不断被刷新。我们在藏北班戈县城附近更老的中始新世（距今约 4700 万年）地层里又找到不少栾树果瓣。这些材料还在研究中，虽然现在不能确定属于什么类型，但这些化石说明栾树家族曾在藏北存续了 2000 多万年。

青藏高原上的远古栾树，除了藏北的发现，还有青海省泽库县早中新世的果瓣化石。伦坡拉的古全缘栾树属于现生复羽叶栾树型，而青海的种类则属于现生栾树型，这说明始新世—中新世现生栾树的两个类群在青藏地区都已经出现。这里曾是栾树重要的演化舞台，但栾树在今天青藏高原的大部分地区已无踪影，仅留在其东南一隅点缀着山林。

浮萍“瘦身”史

2021 年新年刚过，版纳园星耀武研究员收到一封非常简单的电子邮件：Nicely Done. Congratulations. Gar Rothwell.（干得漂亮。祝贺。加尔·罗斯维尔致上）。邮件前面附的 doi 号（注：doi 全称是“digital object identifier”，意为数字对象的唯一标识，被喻为“科技论文的身份证号”，通过它可以方便、可靠地链接到论文全文）链接的是报道西藏似浮萍叶化石的论文。已荣退的加尔·罗斯维尔（Gar Rothwell）教授原供职于美国俄亥俄大学，是位著作等身的植物学家。他是用分子生物学方法探索天南星科植物分类和演化的先锋人物，也曾研究过北美的浮萍类卡班叶（*Cobbania*）化石。退而不休的他一直在关注着浮萍类植物的研究动态。

罗斯维尔教授点赞的文章的确值得祝贺，它宣告了这类灭绝的天南星科植物似浮萍叶（*Limnobiophyllum*）第一次出现在青藏地区，在这之前它们仅在北美、远东和欧洲有过化石记录。尤为难得的是，这项研究结合化石和现代类群的分子序列，重新确立了浮萍家族的谱系，还原了这类植物自恐龙时代以来的演化历史。

浮萍家族在水面的演化取得了巨大的成功，就分布范

▷刚从岩层取出的似浮萍叶化石［长莛似浮萍叶（*Limnobiophyllum pedunculatum*）］，娇嫩的叶片留下了灰色的印痕，叶脉舒展，清晰可辨。研究人员通过扫描电镜，还能观察到它的果实（2016 年 8 月 3 日，吴飞翔 / 摄）

◁寻找化石，复原一个小生境。长莛似浮萍叶（中）、西藏始攀鲈（下）和伦坡拉大黾蝽（俗称“水黾”或“水蚊子”，上）（吴飞翔/绘）

围而言，它们绝对是天南星科植物里的佼佼者，从热带到温带的各种低洼安静的水体里常有它们的踪影。在水面近8000万年的演化积累，也让各类浮萍与陆生天南星科的同类渐行渐远，形态和生态上的巨大分异让它们之间的谱系关系变得模糊不清。为了弄清这个疑问，植物学家争论了近20年。在涉及分类和演化的问题上，这种疑难并不罕见，因为一些过渡类型的灭绝抹去了早期演化过程的线索。

所以，一些植物学家将目光投向了化石。似浮萍叶就是一座相当理想的“桥”，它们将浮萍家族与陆生的天南星同类连接了起来。似浮萍叶各部分通过匍匐茎相连，根系从退化的茎节点长出，所以是自由漂浮的水生植物。它们的色素细胞和气室与今天的紫萍（*Spirodela*）相似，而叶脉和根系却还保留了一些陆生天南星植物的特点。无独有偶，与似浮萍叶关系密切的另一种化石浮萍——卡班叶

（*Cobbania*）身上也“镶嵌”了这两类植物的特点。浮萍家族这两类原始支系带来的启示显而易见：现代浮萍和其他天南星科植物的形态之间并不存在不可逾越的“鸿沟”。

在 2016—2019 年的发掘中，在达玉背斜北翼最早发现似浮萍叶的坑（2 号点）里，我们陆续采到了棕榈、椿榆、栾树和菖蒲等化石，同时出现的还有多到无法全部带走的水黾、数十条攀鲈、数百条未知的鲤科鱼类和高原上第一尾鲇鱼化石。

化石能发挥的作用并不限于此。相比于根和叶等营养器官，在演化上更为重要的繁殖器官（如花和果）在化石里保存极难，特别是像浮萍这样娇嫩的水生植物更是如此，而西藏的似浮萍叶却意外地保存了十分精美的果序与种子：球形的果序、果序轴上的种子数目以及保护花果的佛焰苞一览无余。有了这样的化石，这类植物适应水体生境的历史变得更加清晰起来。从生于潮湿陆地的天南星科近亲开始，经过似浮萍叶和卡班叶的过渡，浮萍植物种子的数目不断减少，花梗越来越短，果序结构也越来越简单，现代浮萍甚至丢失了保护花序和果序的佛焰苞，种子也只剩下 1 ～ 4 颗。与此同时，它们的营养器官也在朝着同样的方向发展：叶子变得更小，茎干不断缩短，根系也越来越简单，演化到无根萍（*Wolffia*）时已经完全丢掉了根系。这些变化让整个植株变得愈加轻盈，更好地适应在水面自由漂浮的生活。

浮萍植物在水面的成功演化不仅在于外部器官的改进，它们的生理系统也可能为此做过一番调适。不同于陆生植物，浮萍免疫系统里的某些抗病基因重复扩增且组成型表达，增强了机体对病原体和微生物的抗性，使浮萍具备了对水生环境的适应优势。只不过我们无从知道这样的特性在何时形成，从陆地走向水面的浮萍先驱是否已经具备这种特性？不管怎样，在白垩纪晚期(距今约 8000 万年)最早出现后不到 3000 万年的时间里，化石浮萍（卡班叶、似浮萍叶）从北美经白令陆桥和远东一路扩散到西藏，之后到达欧洲，直至晚中新世（距今约 1000 万年）灭绝，而它们的后裔今天几乎遍布全球。

延续到今天的浮萍与人类工业文明的不期而遇，似乎让它们走到了另一个演化的转折点。因为生长快、分布广、适应力强的优良特性，小小的浮萍被人类寄予了厚望，人们期望它们可以帮助解决日益严重的水体富营养化和重金属污染的问题。然而，这于人类极其有利的事，对于浮萍来说，却是一种它们演化史上从未遭遇过的环境胁迫，甚至需要 DNA、RNA 和蛋白质代谢的参与来应对。而在其他科学家眼里，它们可能更加重要。这种蛋白含量比大豆还高的“水中小扁豆”，或许正是解决人类未来粮食危机的答案之一。从这一点上看，浮萍和人类未来命运之间的关系，可能比多数人的想象要更加紧密，它们接下来的演化可能将与人类的强势干预交织在一起。

藏北水上漂

水黾是一类活泼可爱的小昆虫，俗称水马。这类昆虫最大的特点是拥有“水上漂”的绝技。科学家对此非常着迷，甚至仿照它的模样造出了一种可在水面蹦跶的机器人。

水黾学名叫黾蝽，分类上属于半翅目的黾蝽科，是蝉同一个目的“远房亲戚”。现生黾蝽科中较为常见且广布的有3个属：*Aquarius*、*Gerris* 和 *Limnoporus*。

黾蝽（或水黾）是典型的半水生昆虫，池塘、湖泊、河流里常有它们的踪影。这类虫子全身有很多“高端配置”。它们的腿上除了有让它们浮在水面的微细刚毛外，腿关节处还另有“机关”：这里有一层特殊的薄膜，膜上有大量感震细胞，所以水面一有轻微震动，它们就能准确感知，一哄而散。这类虫子个头虽小，却是真正的肉食者，一般捕食小型的无脊椎动物，比如落到水面的昆虫（蚊虫等）或在水中生活的蚊子幼虫，一时性起也可能抱着死去的鱼和青蛙啃咬，吸食体液。所以，若图中化石呈现的情景真是一只螽斯掉到水里，可能过不了多久就会有水黾围过来瓜分“点心”。

这个化石只是我们在色林错周边采集到的数百块水黾化石里的一块，可以想见几千万年前的水黾和今天的后代

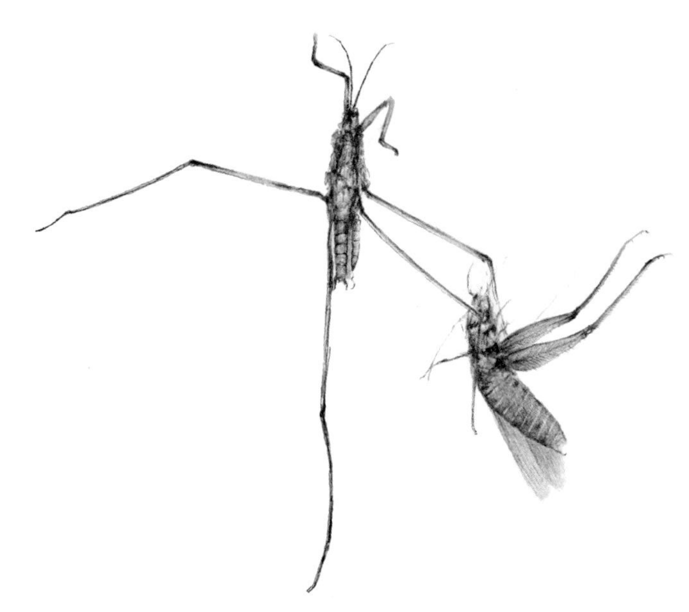

▷水马“踢”螽斯（吴飞翔/绘）。一只伦坡拉大黾蝽和一只未命名的直翅目螽斯科昆虫保存在一起，后者好像被水黾一脚踢翻。实际上，这两只昆虫化石保存在一起，很可能是个意外，毕竟水黾生活在水面，而螽斯则在陆地上蹦跶。它们的化石保存得很完整，不见腐烂和被搬运的痕迹

一个秉性，喜欢扎堆地聚在平静的水面上。

因为标本数量多、保存精美，我们可以观察到很多生物学信息。这些水黾个头较大（长 1.5 ～ 2 厘米），触角第一节很长，腹部后端有发达的臀后刺，属于现生的大水黾（*Aquarius*）。这是目前已知的现代水黾支系里最古老的记录，距今约 2600 万年。

现生的黾蝽（水黾）都能在水面上快速滑行，甚至从水面弹跳而起。因为它们的腿上有大量定向排列的微米级刚毛，刚毛上螺旋状的纳米级沟槽形成阶层结构，吸附空气而形成一层稳定的气膜，以防止腿部被水润湿，因而具有超疏水特性，这样水黾可以安全地浮在水面上。另外，正是由于这种特性，水黾在行走时利用多毛的长足，在水表面造成螺旋状的漩涡，借助这些漩涡的推力而快速地向前滑行。通过仔细观察可以看到，西藏的水黾化石和现生水黾一样，体表覆盖着密密麻麻的小毛，尤其在腿部细毛更为密集。尽管不能根据这些印痕化石确认腿部刚毛上的纳米级阶层结构是否存在，但可以推测，在化石水黾腿上发现的小毛与现代水黾一样，很可能也具有疏水功能。再加上化石水黾和现生种类几乎一样的体形和腿部特征，这类远古水黾应该也能在西藏的古湖水面玩转“凌波微步”的特技。

西藏的材料因为采得多，所以除了昆虫本体的化石外，还有些特殊标本，比如变态时期若虫的蜕壳，不仅凑齐了一个水黾个体发育的序列，还了结了一桩分类学上的公案。

在 20 世纪 70 年代第一次青藏高原综合科考期间，科考队在伦坡拉盆地采到两块化石标本。1981 年，南古所林启彬老师对标本进行了研究，建立了两个属种——伦坡拉黾蝽（*Gerris lunpolaensis*）和班戈海黾（*Halobates*

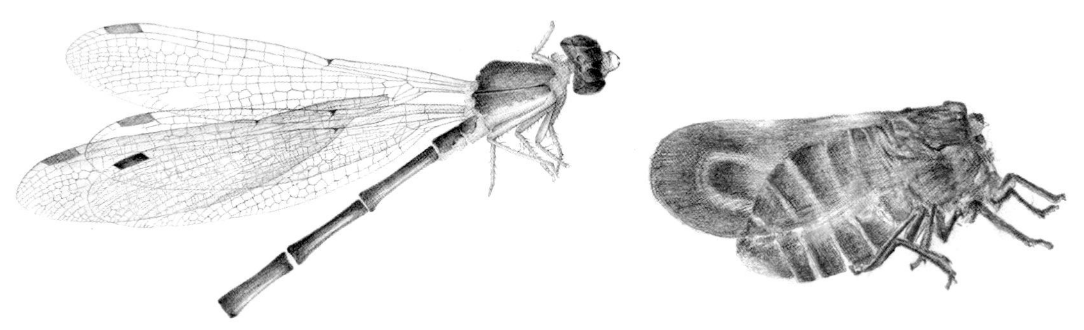

△色林错附近的蜻蜓 Lestidae(Odonata)(尼玛盆地)和蜡蝉(Fulgoridae)(伦坡拉盆地)化石(吴飞翔/绘)。可以想象，伦坡拉大黾蝽在水面滑行时，蠡斯在陆地上弹跳，蜻蜓不时从空中飞过，而蜡蝉则在水边的树干上不紧不慢地爬着

bagonensis)，这两个属均为现代分布很广的属。然而，丹麦昆虫学家斯文德·奥拉夫·安德森(Svend Olav Andersen)教授后来(1998年)认为班戈海黾可能是伦坡拉大黾蝽[*Aquarius lunpolaensis*(Lin)]若虫的蜕壳，也不是体形较小的黾蝽属 *Gerris* 种类。另外，他根据当时的黾蝽科分类系统，正式将伦坡拉黾蝽更名为伦坡拉大黾蝽，也就是说，当年在伦坡拉盆地采集的两个标本有可能只是一个种类的不同发育阶段的标本。通过对比3个不同发育阶段的幼虫标本，最新的研究确认了安德森20多年前的推测，最初定为“班戈海黾”的模式标本其实是伦坡拉大黾蝽五龄幼虫的蜕壳。

伦坡拉大黾蝽代表大黾蝽属迄今已知最古老的、也是唯一的化石记录，而且可以较为可信地归入现生 *Aquarius najas* 种组中。这个种组目前仅分布在古北区西部地带，如乌拉尔山脉以西、巴尔干山脉和黎凡特地区，包括保加利亚、希腊、土耳其、塞浦路斯、黎巴嫩和以色列等国以及地中海以西的法国、意大利、葡萄牙、西班牙、摩洛哥等地。西藏的化石说明这个水黾族群在2600万年前的分布范围比今天广阔得多，并且可能曾经历过向西退缩的过程。

这或许和青藏高原的隆升以及由此造成的水系变化有

关。高原的持续生长，改变了包括水龟在内的所有藏北史前居民们的命运。它们中的大多数注定将在这里消失，或者迁往别处，或者不幸灭绝，而那些伴随高原的生长而就地演化的留守者，将继续作为见证者和参与者，成为世界屋脊生命长河中的朵朵浪花。

第五章

远去的犀牛

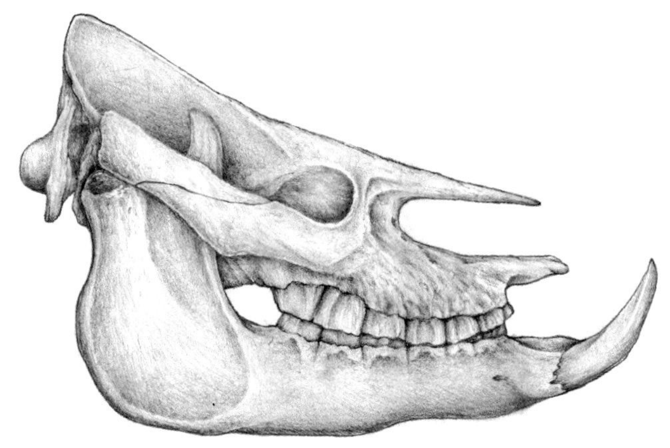

在飞往西藏的航班上，如果仔细看一看杂志上标记航线的高原地形图，你或许会注意到，高原最中心的地方似乎有一条浅浅的沟，它西起班公湖，依次串起改则、尼玛、色林错、那曲、比如、丁青这些地标，往东一直延伸到怒江。这就是白垩纪早期拉萨地块和羌塘地块碰撞拼接的地方——班公湖-怒江缝合带。在新生代的大半段时间（6600 万—2000 万年前）里，这条横贯东西近 2000 千米的“玉带”，曾经串起 20 多个大大小小的湖泊。随着高原的生长和抬升，这些湖泊逐渐干涸，成为一个个盆地，湖底的淤泥固结成岩，暴露于地表，岩层里由生物遗骸形成的化石，成了我们追寻那个远古世界的线索。

今天狂野的荒原之上，野牦牛绝对是令人胆寒的存在，它们身形庞大却又机敏灵活，充满蛮力而且易怒好斗。而在野牦牛出现之前，这里的巨无霸却是另一类动物——犀牛。3000 多万年以来，多种犀科动物在青藏高原依次登场，其中有体重 20 多吨的巨兽，有嘴长獠牙的“怪咖”，有不长角的低调角色，还有身着长毛的披毛犀。它们伴随着高原的生长而演替，在记录各自生命历史的同时，也留下了古环境变化的密档。

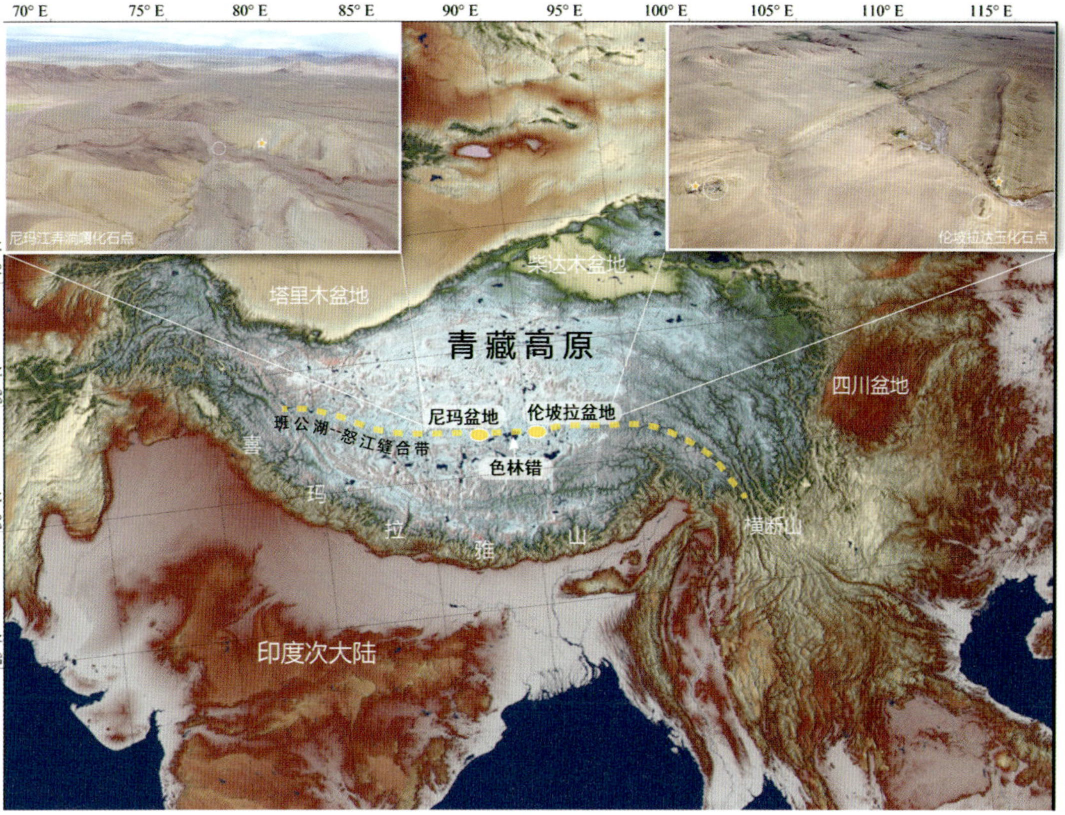

△班公湖–怒江缝合带横贯青藏高原，东西延伸2000多千米。几千万年前它串起一系列大大小小的湖泊，而今天的它则联结着一个个藏有丰富化石的盆地

▷伦坡拉盆地的论波日山，主要由泥岩和纸状油页岩组成，产出大头近裂腹鱼、近无角犀、鸵鸟（蛋皮）、蜥蜴（牙齿）和双壳类、腹足类等动物的化石，图中白色箭头所指为发现近无角犀化石的位置（2019年6月，吴飞翔/摄）

漫步伦坡拉

1976 年，青海省生物研究所（现中国科学院西北高原生物研究所）武云飞老师从藏北无人区科考途经的伦坡拉盆地带回来一些鱼类化石标本。1977 年，西藏地质四大队也采集到一些标本。为了采集更完整的材料，1978 年，武云飞和陈宜瑜两位再回现场补采化石。这些化石于 1980 年被发表在《古脊椎动物学报》上，成为藏北高原第一例新生代鱼类的正式报道，这也成为我们最初进入伦坡拉盆地考察最重要的驱动力。

2009 年 8 月初，邓涛老师带队进入伦坡拉盆地，任务之一就是寻找并实地考察这个产鱼的化石点。出发前，考察队在区域地质报告中查到论波日有一大片丁青组的露头。这里可能就是当年发现鱼化石的地点，而伦坡拉盆地或许就是因这个藏语地名的音译而得名。队伍从扎加藏布河边的多玛乡四村驻地出来，不知道路怎么走，就照 GPS 的指引从山坡上硬闯过去。

我们很快驶入了通往论波日的沙土小路，看起来很久都没有人走过，但路径还是非常清楚。远远地已经能够看见论波日的露头，就在蓝波闪耀的纳卡错畔。这时离剖面尚有 10 多千米的路程，可见高原空气的通透。

四野静悄悄，见不到一个人，偶尔有几匹马或者野驴跑过。这里是典型的丁青组油页岩分布地带，强烈的阳光照射在剖面上，岩层亮得刺眼，看一会儿就觉得眩晕，要是没有墨镜，眼睛一定会被灼伤。原来在文献资料里读到“纸状油页岩”的描述，以为只是形容其薄，现在才见识到什么是“纸状”的油页岩，它不仅薄如纸片，而且非常有

▷论波日山上的油页岩层。因为含油率高，在室内你甚至能把它点燃（上：邓涛/摄，下：吴飞翔/摄）

韧性，你可以一页一页地撕起、翻开，甚至把一叠油页岩轻松地卷起来。不过这并非它的本来面目，千层纸一样的外表是风化作用的产物，而更深的新鲜岩层却是整块的，并没有地表部分的细密分层。油页岩如此的“表里不一”，源自岩层里脆性矿物和黏土矿物含量的差异，厚重的岩石露出地面后历经风化，竟能叠纸成书。

这书页里藏的正是我们心心念念要寻找的化石。功夫不负有心人，第一块鱼化石出现了，但并不是在之前记录的油页岩里，而是在薄板状的钙质粉砂岩里，这些粉砂岩夹在大套大套的纸状油页岩里。有了第一条鱼，紧接着就一发不可收拾，化石一块接一块地被发现，有鱼的断块，也有完整的个体。后来在油页岩中也找到了鱼化石，跟原来描述的一样，甚至保存得更好，可以见到立体的状态，鱼的头骨和椎体在柔软的油页岩表面鼓起，显出了清晰的骨架轮廓。

◁ 2010 年论波日定点发掘，远处的湖泊就是纳卡错 （邓涛 / 摄）

◁ 2010 年发掘到的较完整的大头近裂腹鱼化石 （吴飞翔 / 摄）

我们又去了更远的一个地点继续采样，化石太多了，搬不到集中地点。于是，翻山到停车处想把车调来装运化石，这可是在海拔近5000米的地方登山，可把人累瘫了。虽然人累得够呛，心中却充满了喜悦！回程已经过了晚上7点，天色逐渐暗了下去。一群秃鹫聚集在路旁，大概附近有什么动物尸体供它们饱餐一顿。它们被我们的车惊动，远远地跑开了。

▷爬错剖面，流水切开了岩层，也开启了尘封的世界（2020年，吴飞翔/摄）

▷爬爬东侧的爬错，蓝色的镜面映照着流动的白云（吴飞翔/摄）

◁在爬爬剖面寻找化石，和云同伴，走走停停，停停走走。左：刘姝敏；右：吴倩（2020 年，吴飞翔 / 摄）

藏语叫爬爬、汉语叫长山的地点以前也出现过鱼化石，我们在地质图上确定了经纬度，输入 GPS，就驱车前往了。早上的阳光特别好，斜照着大地，给草场抹上了一片光亮。两只藏原羚与我们的越野车赛跑，上演了惊险的一幕。前面出现了围栏，路的位置有一道门，车可以穿门通过，而羚羊的前方却是铁丝网。羚羊跑得飞快，转眼间就超过我们，正在担心它们要撞上围栏时，它们却突然在越野车前横切过去，贴着围栏奔驰而过。正当我们为羚羊的精彩转身惊叹时，猛然发现，围栏的门居然没有打开，但已来不及刹车，在一阵惊叫声中，越野车轰地撞上了铁丝网。好在车窗玻璃没有破，但大家着实吓出一身冷汗。而那两只羚羊，正停在山坡上看我们的笑话呢！

已经接近爬爬，可在过一条沟时，车陷入了泥沼。只能让另一辆车来拖，但拖车绳断了几回，从车前从车后拖了几次，都没有成功。最后我们把绳子拧成一米的长度，又放在水里充分浸泡，车在前面拖，我们在后面推，车终于逃出泥淖。我们按 GPS 的指引到达目标位置，可完全看不到丁青组的露头。我们有些疑心地质队填错了图，但不至于啊！没有办法，只好再向东面寻找。正往前走着，回头一看，原来爬爬的露头就在刚才我们的脚下。实际上我们爬到了台地的顶面，自然看不见露头，只能看见第四纪的沙砾层覆盖。地质队填图时常把薄层的第四纪覆盖都忽略不计，这样一来，在实地常常见不到地质图上标出的地层，丁青组和牛堡组都有这样的情况。我们立刻掉转头，在没有路的地方直接向剖面开去。可在一处洼地又陷车了，柔软的淤泥把车轮完全埋住，过一会儿甚至开始渗水。拖了一阵车，困车几乎纹丝不动，车轮空转之后反而越陷越深。最后只能到远处的牧民家借来长柄铁锹挖掘，最后终于把车轮掏出来。这时有牧民前来帮忙，我们也拼尽全力，喊着号子前拖后推，一阵翻腾。等车出来时，人都瘫软在了地上。

▽ 2009 年，车陷在爬爬附近。图中人物（从左至右）：王世骐、本书作者和赵敏（邓涛 / 摄）

▽▽ 往爬爬方向探进，沿途对比地层。图中人物（从左至右）：苏涛、本书作者和昆明理工大学张世涛老师（2018 年，袁勇伟 / 摄）

△ 爬爬剖面的鱼类椎体化石，根据结构可知这是躯干部分的椎体。椎体直径与食指尖相当，据此可以推测鱼的大小（吴飞翔 / 摄）

◁古植物学研究人员在爬爬剖面采集孢粉化石样品（2020年8月，苏涛／摄）

2018年，苏涛、张世涛老师和我，还有两位藏族司机和摄影师袁勇伟从达玉方向来到爬爬附近踏勘地层，车进了草地找不到靠近露头的路。从一户牧民家走出来一位老人给我们指了路，她对我们这群古怪的来访者相当好奇，不解我们照着石头敲敲打打在做什么。2020年我们再来爬爬采样时，已经有了一个铁丝网从山顶经过，这些铁丝网是划分草场的界线，铁丝上停满了岩燕。见到我们到来，岩燕们叽叽喳喳地飞走了。坡顶的风很大，岩燕就在风里翻飞着，就像顺风飘舞的一片片叶子，轻盈得很。

△给我们指路的藏族老妈妈，有一种遗世独立的优雅（袁勇伟／摄）

尽管伦坡拉盆地里地广人稀，但还是有许多事需要与各路人士打交道。记得2009年那次，刚到车布里的第二天，村民就来通知，我们需要到多玛乡政府去办相关的手续，因为这里是羌塘自然保护区，开展考察工作需要得到林业部门的批准。多玛在80多千米外的果根错畔，从车布里出发过了扎加藏布上的木桥，往北过去只有依稀可辨的土路，不得不找了村民带路。等办完手续回车布里时，

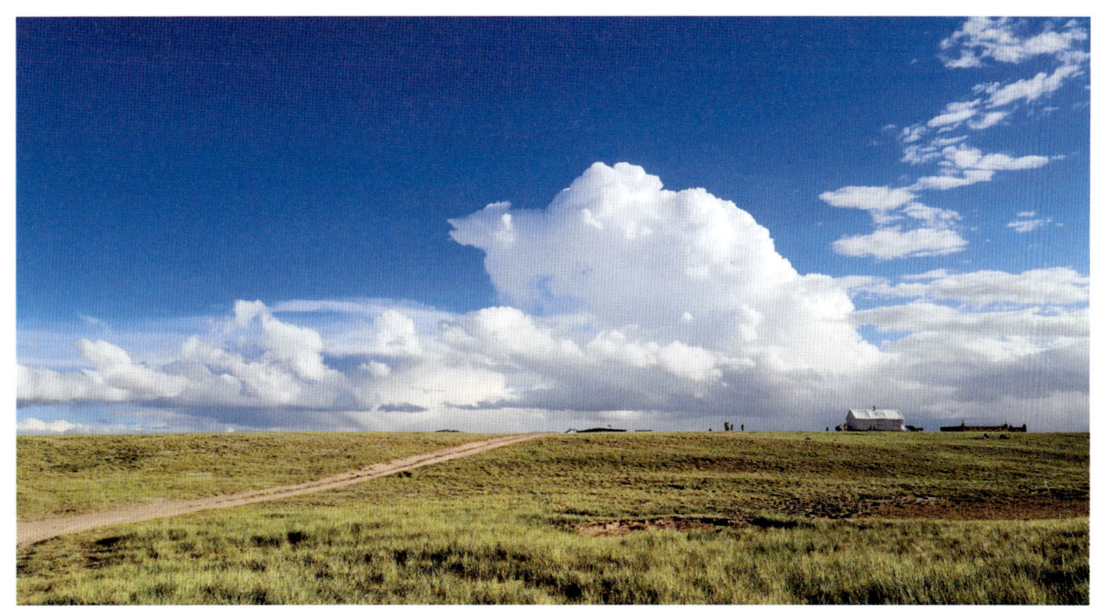

△爬爬山下的牧家，任谁见了都不想离开（2020 年，吴飞翔 / 摄）

越野车上挤了 5 个村民，除了带路的那个，其余的都是搭顺风车的村民。运气还算不错，乡里可以加油，司机把汽油先从油桶抽进塑料桶，再加到车的油箱里。在驻地的名目更多，村民不断来收钱，房费、过桥费、零工费、采样费、草场赔偿费，等等，这些事主要是妇女们来做，而她们总是要求一天一结。几天过去，我们的驻地成了村里的一个新“景点”，当地人和过路人都来观望，也到屋里来东看西看，还跟我们坐在一起聊天，总是嘿嘿地笑着听我们说话。

结束了在车布里的工作，我们准备奔赴下一个野外地点。收拾东西很费事，而村民们却觉得很有趣，全程都在看我们忙碌，对每件物品他们都非常感兴趣，特别是我们的地质锤，村民们很想要，还曾有村民不止一次地或明说或暗示地来讨要，但这是我们“吃饭”的家伙，怎能轻易送人？不过，多余的蔬菜、米面、油盐酱醋和辅料我们每回都留给了主人家。

收队日前天晚上的大雨让扎加藏布的水位涨了许多，洪流在桥下汹涌澎湃，桥似乎更加摇摇欲坠，让人心惊。前几天来了一个工程队到桥边踏勘，说马上要开工建设一座正规的桥梁（前文提到 2011 年我们再进来时，桥已建好）。早上出发前我们来到桥上，想拍几张日出的照片留念。等了半个多小时，太阳终于从天际线上涌出，出人意料的是，由于高原上的空气太过清澈透明，眼前的不是一轮红日，而是光线强烈的“白炽”太阳。

西藏的古犀牛

反刍动物是哺乳动物演化史上非常成功的类群——凭借着复杂的消化系统和强大的吸收能力，它们成功逆袭，最终代替了新生代早期风光无限的奇蹄动物。这种此消彼长的背后，是气候环境变化这只看不见的推手，它改变了地表的植被类型，悄然决定了这两类动物的命运。而经历了从热带低地到高寒冰缘的青藏高原，这种演替显得更加彻底。

在青藏高原的现代哺乳动物区系中，偶蹄类种类繁多，包括野猪、林麝、黑麝、高山麝、喜马拉雅麝、毛冠鹿、林麂、赤麂、水鹿、梅花鹿、白唇鹿、马鹿、狍、印度野牛、野牦牛、野水牛、藏原羚、普氏原羚、鹅喉羚、藏羚羊、羚牛、斑羚、赤斑羚、鬣羚、喜马拉雅塔尔羊、岩羊和盘羊，共 27 种，其中绝大部分是反刍动物，而奇蹄类却仅有藏野驴（马科）1 种。但在数千万年前，这里的奇蹄类动物却强势得多。

▷怒发冲冠：羌塘的野牦牛（林根火/摄）

在5600万～3400万年前的始新世，奇蹄类（现生成员包括马科、貘科和犀科）是地球上主要的有蹄类动物，那时候的奇蹄动物还有已灭绝的雷兽和爪兽。从已有的证据看，除了貘科，马科（见第六章三趾马一节）和犀科都曾在青藏地区生存过（疑似雷兽的化石正在研究，尚未最终确定）。其中犀科动物的种类最多样，存在的时间也最长。从地质时代由新到老，分别有披毛犀、独角犀、大唇犀和近无角犀。

实际上，除了上述几种犀牛，在高原面上我们还在等待另外一类犀牛化石的面世，那就是地球历史上存在过的最大的陆生哺乳动物——巨犀（Paraceratheriidae）。它们站立时肩高可达5米，头颈伸直可至7米高，体重可达24吨，相当于4头最大的非洲象的体重总和。这种庞然大物在始新世中期（距今约4200万年）起源于蒙古，到中新世早期（距今约2100万年）灭绝。在2000万年的历史里，巨犀纵横欧亚，特别是在渐新世时期，它们穿过尚未整体抬升的青藏地区，往来于亚洲腹地和南亚次大陆之间。

△巨犀走高原。巨犀是犀牛的近亲。最近古生物学家发现在渐新世晚期巨犀曾在青藏地区的南北两侧来往迁徙，说明当时的青藏地区还没有足够强大的地理障碍阻隔这类庞然大物的扩散交流（吴飞翔/绘）

从化石记录来看，青藏高原南北两侧的巨犀近亲已经就位，就等高原这最后一块巨犀“拼图”了。

在青藏高原已有的犀类化石记录中，西藏披毛犀是披毛犀家族最早、最原始的成员，它们的后代在冰期来临时走出西藏，成为冰期大型哺乳动物中的代表物种。披毛犀可能是高原上最后的犀科动物，它们的故事和最早的雪豹、北极狐等其他冰期动物祖先放在一起，连同 19 世纪博物学家记述的札达盆地的独角犀，将在后文介绍。

大唇犀（*Chilotherium*）和今天的犀牛不同，雌雄个体都不长角，下颌前端向侧面强烈扩展，这个位置还长有两枚锋利的巨大獠牙，而上颌前部没有门齿，从解剖结构判断可能存在膨大的“上唇”。大唇犀类的祖先可能在中中新世生活于南亚的西瓦立克，随后迁徙到中国、中东和欧洲。晚中新世早期，无角犀族的大唇犀开始出现，随后个体数量快速增加，成为当时动物群中的优势类群。在中国不仅广泛分布于西北地区，也曾来到青藏高原。晚中新世晚期是中国地质历史上犀科动物的全盛时期，大唇犀广布于整个欧亚大陆。随着中新世的结束，中国的犀科动物由盛而衰，高原之上大唇犀最终也被后起之秀披毛犀取代。

大唇犀在西藏有 2 个化石点，一个在藏北那曲地区比如县的布隆盆地，另一个在藏南日喀则的吉隆盆地。比如县布隆现今海拔为 4560 米，化石时代为晚中新世早期，距今约 1000 万年。这里的大唇犀为唐古拉大唇犀（*Chilotherium tanggulaense*），与它伴生的动物有西藏三趾马（*Hipparion xizangense*）、竹鼠、巨鬣狗、后猫、野猫、萨摩麟（一种原始的长颈鹿）和羚羊等。这些动物中有不少偏好湿热条件的物种，特别是低冠竹鼠，主要栖息在落叶阔叶林中。除了动物化石，植物的孢粉化石和沉积环境分析结果也显示，当时这里森林密布（孢粉化石说明可能长有棕榈），河湖发育，雨量充沛，土壤处于湿热的氧化环境中。这样的环境与今天这里的高山草甸和高寒干燥的气候环境迥然不同。

西藏南部吉隆县沃马（见第六章吉隆故事）的现代海拔为 4384 米，一种年代更晚的大唇犀就来自这里，它的时代为晚中新世晚期，年龄经古地磁测定为距今 700 万年。吉隆的大唇犀名为西藏大唇犀（*Chilotherium tibetanensis*），它生活在一个多样性也很高的群落里，其他动物有福氏三趾马（*Hipparion forstenae*）、仓鼠、跳鼠、鼠兔、鬣狗、后麂、古麟（一种原始的长颈鹿）和羚羊等。这些动物的生存环境为森林和草原各占一定比例的疏林地带，古海拔不超过 3000 米。

另一例犀牛化石来自高原腹地色林错东侧的伦坡拉盆地。基于 2009 年的考察线索，第二年我们重返伦坡拉，集中在论波日山附近顺层寻找化石。在沿着地层往北（地层年

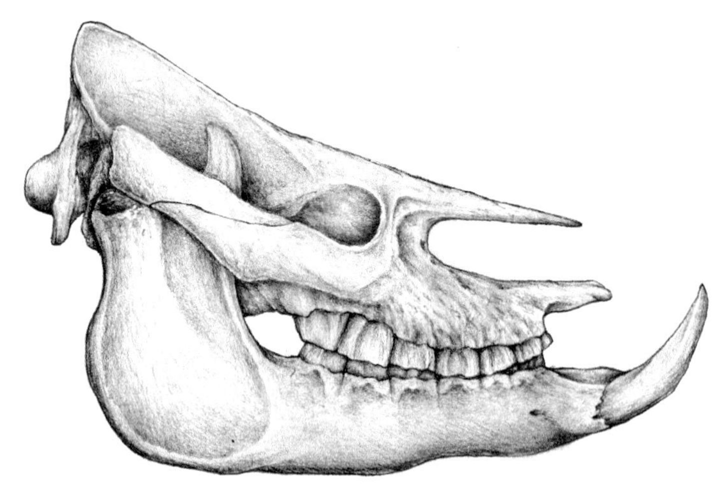

◁吉隆盆地的西藏大唇犀头骨复原图（吴飞翔 / 绘）。标本发现于 1975 年，当时正值第一次青藏高原综合科考期间

龄更年轻的方向）勘查的过程中，藏族司机在一层紫红色泥岩表面看见了一块很扎眼的灰白色“石头”，那是一块犀牛的肢骨残块。大家围着这个化石周围仔细翻看，却没能找到其他的骨骼化石。但不管怎样，这是伦坡拉盆地新生代沉积物中出现的第一件哺乳动物化石，让人欣喜。

尽管残缺，这块犀牛化石保存的却是一个相当关键的部位，提供了足够的鉴定信息。这是一块前肢的肱骨标本，远端滑车内髁自内向外逐渐收缩，内髁内侧边缘不突起，内上髁发达，向后强烈地伸展，与内髁关节面之间以沟相隔，这些完全符合犀科动物的特点。再与犀科其他属种进行详细对比，根据内髁的形状、内侧副韧带窝和结节的发育程度等特点，可以确定这是近无角犀（*Plesiaceratherium*）的残骸。

近无角犀是中型到大型的原始无角犀，肢骨细长。在中国，近无角犀此前仅见于 2 个地点，即山东省临朐县山旺和河北省磁县九龙口。近无角犀的另一个分布地区在欧洲，化石地点有 5 个，分别是德国的 Sandelzhausen

▽论波日山上的近无角犀化石（邓涛 / 供图）

和 Voggersberg、法国的 Pont du Manne、葡萄牙的 Charneca de Lumiar 和西班牙的 Can Julia。中国产近无角犀的山旺和九龙口动物群的时代是早中新世的山旺期（距今 1800 万—1600 万年），而欧洲的化石地点时代也处于早中新世晚期（Orleanian 期），与中国化石的时代相当。

当时这件化石对确定伦坡拉盆地这套地层的年代提供了有力的证据。近无角犀化石显示这套地层（丁青组）的上部已经进入中新世。这和化石点附近层段的无脊椎动物化石（介形虫）组合所指示的年代一致。后来，地质学同行在这个剖面上比犀牛化石更低（老）的层位采集了火山灰，测得绝对地质年龄为距今 2400 万～2300 万年，与通过犀牛化石推测的年龄一致（犀牛化石的层位更高，指示的年代更年轻）。

近无角犀的存在对复原当时伦坡拉盆地的古环境也很有意义。近无角犀化石大量出现在山东临朐的山旺动物群

◁论波日近无角犀化石的发现地——红衣者（王宁）左侧的红色泥岩（2010 年，邓涛 / 摄）

中，与三角原古鹿（*Palaeomeryx tricornis*）和柯氏柄杯鹿（*Lagomeryx colberti*）都是这个动物群中的优势物种。除了丰富的哺乳动物化石，山旺化石群还含有鱼类、两栖类、爬行类、鸟类、昆虫、大植物、孢粉和藻类等化石，因此可以比较准确地恢复近无角犀的生活环境。

山旺的哺乳动物化石主要为栖息于森林边缘和沼泽地区的类型，尤其是原古鹿、柄杯鹿和各种松鼠等，而在草原生活的类型十分稀少，这说明当时的生态环境是亚热带或暖温带森林。从山旺的植物群来看，其中不少是亚热带常绿或落叶阔叶植物，也显示温暖而湿润的气候。临朐山旺所在的山东半岛中部海拔不超过 1000 米，山旺动物群的生态环境表明早中新世时期的海拔应与现代相差不大。近无角犀在欧洲也分布在低海拔地区（海拔低于 1000 米），享受着早中新世时期（距今 1800 万—1650 万年）温暖湿润的气候。由此可以看出，近无角犀

▽论波日山的近无角犀化石。左：残缺的肱骨素描图；右：近无角犀骨骼复原图。图中虚线圈出的是论波日化石所代表骨块的位置（吴飞翔 / 绘）

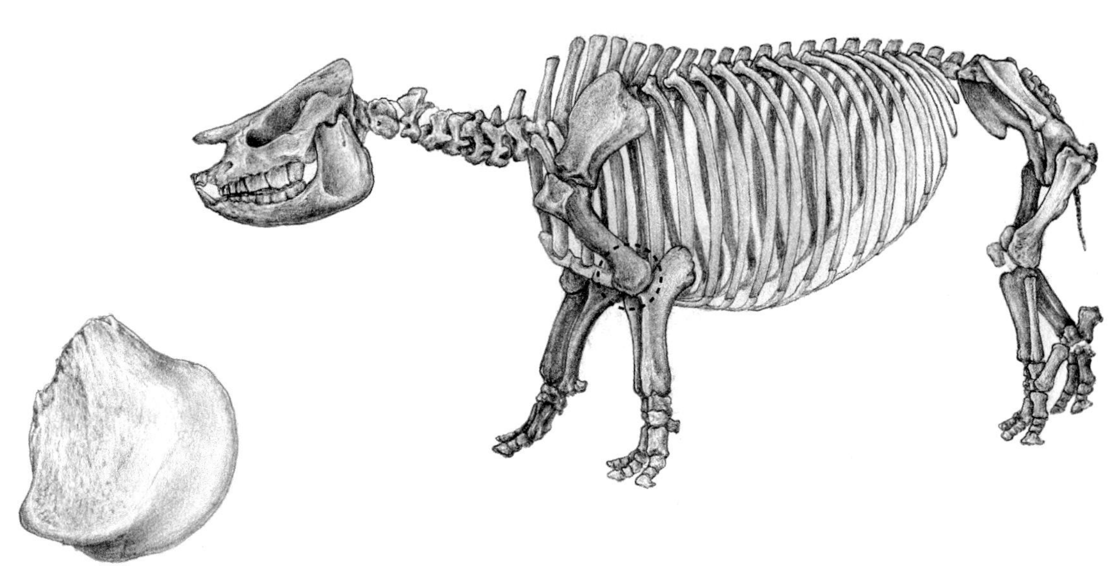

是一种生活于亚热带或暖温带森林里的动物，偏爱温暖湿润的环境。

那在近无角犀的时代，伦坡拉盆地的海拔有多高呢？这是一个仍在争论的问题，根据不同证据推测的古高度从1000 米左右到 4500 米不等。如果直接对比，近无角犀在山东和西欧分布区的海拔支持 1000 米左右的推测值。然而，更合理的推断还要考虑早中新世全球气候背景下动植物分布的上限，因为当时的气候比今天要温暖。

青藏高原南缘喜马拉雅山南坡动植物的分布随着海拔梯度而变化，呈现明显的垂直分带，常绿阔叶林带的分布上限为海拔 2500 米，气候温暖湿润，年降水量可达 2000 毫米左右，栖居在此的动物不但种类繁多，而且数量丰富。从动植物组合的特点来看，含近无角犀的山旺动物群以及伦坡拉近无角犀的生存环境都与之相似。

在全球气候背景下，近无角犀生活在早中新世两个变冷事件之间，但温度仍然高于现代，根据氧同位素计算的温度比现代约高 4℃。植物垂直带谱的分布与气温直接相关，由于气温直减率为 0.6℃ /100 米，因此，4℃的温度升高可使带谱界线上升约 670 米，即早中新世时适合近无角犀生活的常绿阔叶林带最高可分布于 3170 米的海拔处。

从犀科同类的情况来看，现代青藏高原南侧包括尼泊尔在内的南亚地区今天仍有犀科动物分布，印度犀（*Rhinoceros unicornis*）就生活于喜马拉雅山脚的森林和高草地带。在现生犀牛中，苏门答腊犀（*Dicerorhinus sumatrensis*）由于身体被毛，因此可以生活在海拔较高的热带森林环境中，栖息地海拔可达 1000 ～ 1500 米。爪哇犀（*Rhinoceros sondaicus*）最高的分布记录是海拔 2000

▷ 2000 万年前的藏北伦坡拉盆地生态环境复原图（吴飞翔 / 绘）。鸵鸟蛋皮仍在研究中，因此鸵鸟暂未画出。图中标注的古生物和环境要素：1. 大头近裂腹鱼(*Plesioschizothorax macrocephalus*)；2. 近无角犀；3. 阔叶林（根据地质所孙继敏老师团队发表的孢粉数据与我们采集的化石）；4. 针叶林（根据孙继敏老师团队发表的孢粉数据）；5. 蕨类苹（*Marsilea* sp.）；6. 火山活动（车布里剖面和论波日剖面存在凝灰岩和火山灰）

6
4
4
3
3
2
5
1

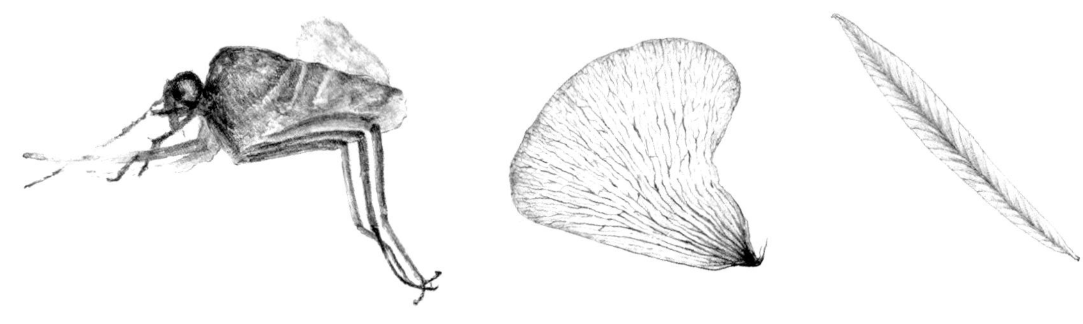

△伦坡拉盆地车布里剖面的双翅目昆虫化石（左）、蕨类苹（*Marsilea* sp.）化石（蕨类植物，中）和未知植物（右）的叶片化石素描图（吴飞翔 / 绘）

米。这些现代犀牛的生态适宜范围可作为推测近无角犀分布空间的参考，再综合植被分布上限的可能值，考虑早中新世较温暖条件下产生的 670 米的高差校正，可以推测近无角犀在伦坡拉盆地的栖息地古海拔上限接近 3000 米。

这样的林地自然不会被犀牛所独享。在找到犀牛化石的那一次考察中（2010 年），我们还采集到了鸵鸟（*Struthio* sp.）蛋皮的化石，可见鸵鸟也曾在这里繁衍生息。2014 年，我们回到这个化石点，在采集的近一百袋砂样中，古脊椎所李强研究员筛出了一些小型啮齿动物和爬行动物的牙齿化石。他是研究啮齿动物演化的专家，在阿里札达、昆仑山口、柴达木盆地做了很多啮齿动物化石的研究（见第六章）。除了这些小动物的牙齿以及已经识别出的孢粉化石，我们还采到了双翅目昆虫和挺水型蕨类植物叶片的化石。尽管这些只是当时世界的零星残片，但也够让我们畅想一番 2000 万年前藏北腹地的样子。

第六章

阿里古兽

新近纪的喜马拉雅山继续生长，直至形成今天的超级山脉。它带来的变化绝不止山体的崛起，更有生命勃发的契机——在冰缘环境的塑造下，复杂的山地形态和湖盆河曲提供了多样的栖息环境，动植物在竞争中博弈出各自的生存之道，既在眼前的境遇里各安其位，也能在后来的环境变局中另觅生机。这样的生命史诗剧目，以喜马拉雅山崛起为背景，以冰河世纪为续集，数百万年前曾在阿里札达盆地上演。你能看见西藏披毛犀正在掘雪探食；雪豹祖先伏在石间酝酿杀机；长着尖角的原始长颈鹿在四处张望；三趾马自视奔跑健将，欢腾着马蹄乱卷尘烟；而原始的藏羚羊和原羊总是紧张兮兮，时刻提防附近鬣狗的致命偷袭。待时间拉长，第四纪大冰期北半球的冰天雪地让已练就耐寒能力的西藏披毛犀、原始北极狐的后代们避开高原本土的强势竞争者，与雪豹和盘羊一起走出西藏，寻找更广阔的天地，延续着各自的传奇。

1839 年，旅居印度的英国博物学家法尔康那（H. Falconer）写了一篇短文，记述了到印度做生意的藏族商人随身携带的一些犀牛化石，这些化石是他们的圣物。商人们越过阿里地区的尼提山口前往加尔各答，而他们的化石圣物则来自山口北面的札达盆地。法尔康那文中还简单描述了来自同一产地的藏羚羊的祖先雪域库羊（*Qurliqnoria hundesiensis*）的化石标本。实际上，世人对这些标本早有注意，1823 年的一部神学著作曾提及这些化石，在 1839 年的一本画册里也有它们的图样。法尔康那的论文是中国脊椎动物化石第一次被作为科学材料进行研究，所以札达盆地对古生物研究者来说有着特别的意义。

△画中札达：左：尼提山口以南约 20 千米处的尼提村。右：冈仁波齐（Kailas）山下前往神湖（玛旁雍错）朝圣的信众。图为赫西上尉（Hyder Young Hearsey）水彩画（铅笔描底，1812 年），图幅有少量裁剪（来源：大英图书馆）

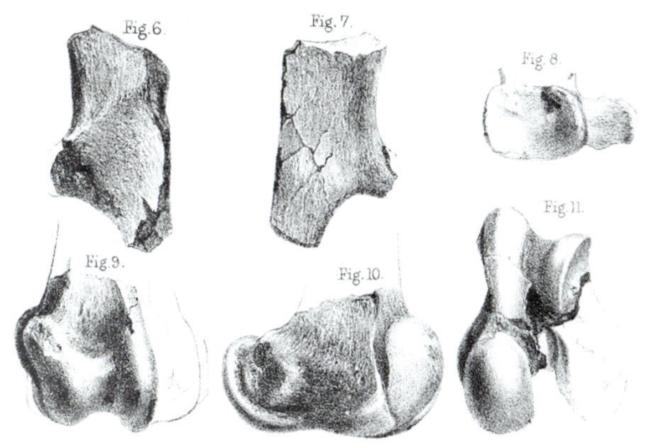

▷ 1839 年，英国博物学家法尔康那在论文里描述的来自札达盆地的犀牛化石（独角犀），这是关于中国脊椎动物化石最早的正式科学研究（来源：法尔康那 1839 年手稿）

◁ 2006 年 9 月 6 日，王晓鸣教授和同事们在札达香孜农场的一个化石点为董维霖教授举行了骨灰撒放仪式。撒放地布置了经幡和哈达，还摆放了董维霖教授深爱的中国白酒二锅头和香烟。照片中人物前排从左至右：王晓鸣，冯文清，竹内贤二 (Gary Takeuchi)；后排从左至右：曾志杰，李强（李强 / 供图）

札达也是一位地质学传奇人物的灵魂安息地。董维霖（Will Downs）是一位对中国有着极大热情的美国地质学家，一生酷爱漂流和古生物。2003 年罹患绝症前，他曾在柴达木盆地工作，当时他立下宏愿，此生一定要前往偏远的札达盆地做一番考察。奈何天不遂人意，无情的病痛和短缺的经费最终让他永远地错过了札达。董维霖教授逝世后，友人在征得他家人的同意后，将他的部分骨灰带到了札达盆地。2006 年秋天，美国洛杉矶自然历史博物馆的王晓鸣教授和古脊椎所的同事们在札达盆地的香孜农场为董维霖教授举行了骨灰撒放仪式。于他而言，尽管生前未能亲临札达，而灵魂却能在此安息，也算了却了一桩心事。也正是在此之后的十年时间里，古生物学家在这里发现了大量的化石，让沉寂多年的札达盆地又热闹了起来。特别是众多冰期哺乳动物的祖先齐聚札达，甚至改写了人们对冰河世纪生命历史的认识。这是古生物学家的荣幸，董维霖教授在天有灵，一定会感到非常欣慰。

札达盆地坐落在阿伊拉日居山与喜马拉雅山之间，构造上位于拉萨地块与喜马拉雅构造带的接触部位，然而群山的包围并没有将这里隔绝成孤地，象泉河（朗钦藏布）自神山（冈仁波齐）西侧海拔 5000 米的高地源出，往西穿过札达盆地，切开喜马拉雅山之后以萨特累季河之名汇入印度河，低缓的河谷成为早期探险家和朝圣者进出西藏的一个便利的通道。

由于地形的阻隔，从印度洋上吹来的水汽多被挡在喜马拉雅山南麓。只有强劲的夏季风才能带来集中降水。急促的降水与象泉河合力，在固结成岩的湖底沉积物上经年累月地冲刷，不仅蚀刻出千沟万壑的土林奇观，也冲出来许多几百万年前的古兽遗骸，于是一个失落的史前世界浮现在了世人眼前。

1975—1980 年，在第一次青藏高原综合科考期间，曾有古脊椎所前辈来到札达盆地考察，采集了三趾马等哺乳动物化石。自 2006 年起，古脊椎所高原队再次进入札达盆地寻找动物化石，此后又多次来此地进行科考，找到大量哺乳动物的化石。正是这些发现，让我们认识到青藏高原曾是披毛犀、北极狐等冰期哺乳动物的“摇篮”。一部耐寒动物“走出西藏”的冰河前传让依比岗麦山下这片广袤的土林更具魅力，吸引着我们一再回到这个奇特而又美丽的地方，寻找散落在时间里的故事。

2016 年 7 月，在进札达科考十周年之际，我们组织了一支大规模的队伍，再次开启了西行札达的旅程。这次除了古脊椎所的队员，还有版纳园、青藏所和中国科学院微生物研究所的科考队员同行。这是我们第一次与版纳园古植物学同事合队考察。

队伍从拉萨出发前往札达，逆雅鲁藏布江而上，途中

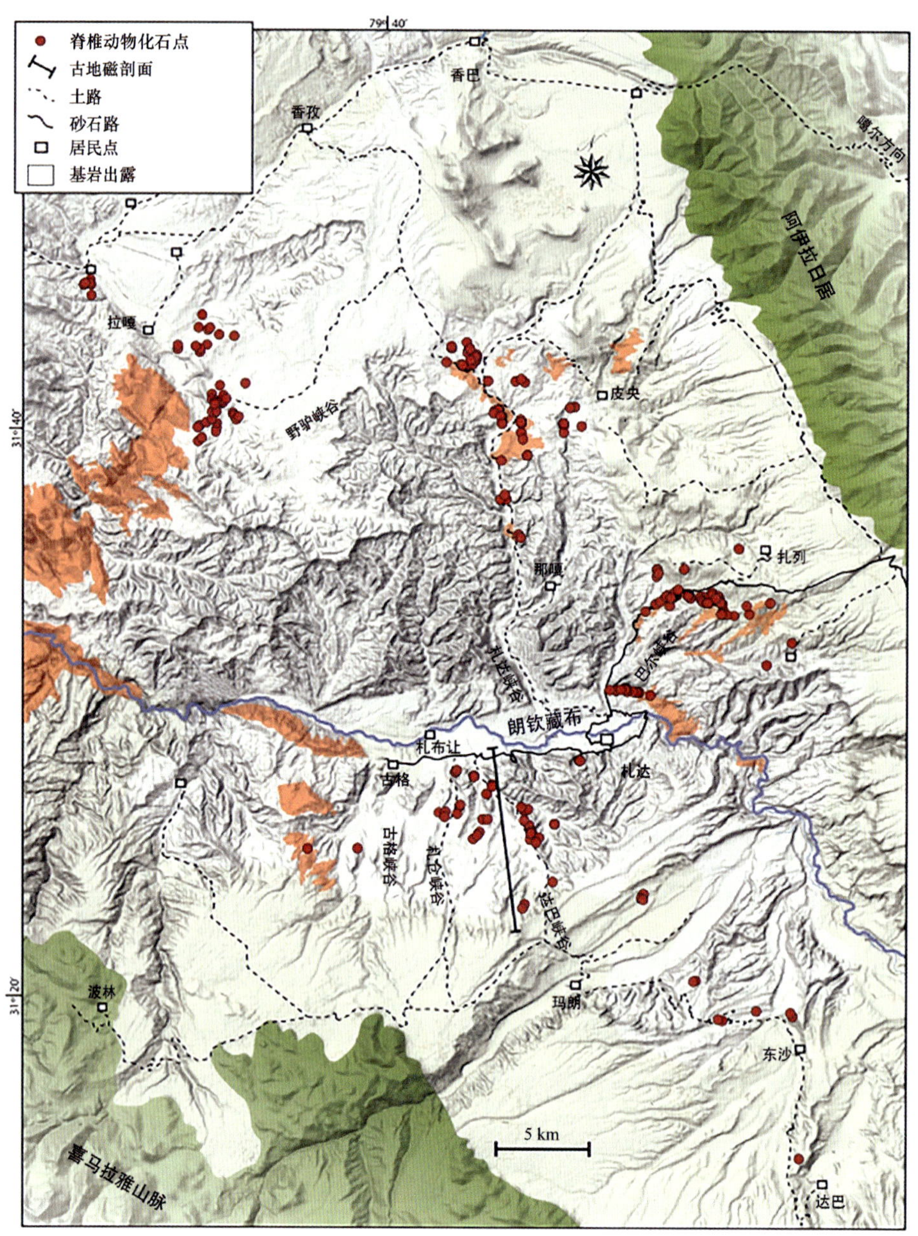

△札达盆地地理位置以及盆地内的脊椎动物化石点。札达盆地位于阿伊拉日居山与喜马拉雅山之间，东西长约 140 千米，南北最大宽度为 50 千米，其西宽东窄的格局，形似一个朝西开口的巨型喇叭。500 万年前，这里曾是一个大湖

△依比岗麦山下的札达土林，500万～400万年前的湖泊和河流沉积物里埋藏了众多冰期哺乳动物祖先的化石遗骸。通过这些化石，人们将冰河世纪生命历史的起点追溯到了青藏高原（赵光辉 / 摄）

必经吉隆，这里是高原古生物科考的一个重镇。1975年，古脊椎所科考队员在吉隆沃马盆地海拔4384米的地层中发现了著名的三趾马动物群，这是第一次青藏高原综合科考的三大成果之一。这次我们重访沃马，路上发生了很多故事，至今回味无穷。

吉隆故事

2004年，邓涛老师和同事从拉萨前往吉隆考察，要去日喀则。当时公路中断，不得不绕道羊八井，走302省道，翻越念青唐古拉山，赶往大竹卡渡过雅鲁藏布江再前往日喀则。就在荒野的土路上前途迷茫时，他们曾向一户人家问路，最后顺利走到江边渡口。当时邓涛老师有心，拍下了几张指路妇女和她两个小孩的照片。时过境迁，大竹卡早已有了跨江大桥，不知那户好心的人家可还在那里？

2016 年，我们去往大竹卡时，拐错了一座桥，走到了仁布火车站。再往前走过一座桥，重新跨过雅鲁藏布江到达北岸，才是当年问路渡江的地方。拍照片的位置找到了，只是当时路边的房屋早已废弃，而在高处有座新建的石头砌筑的藏式民居。邓涛老师和我带藏族司机上门询问，正巧就是这家人！而且当时指路的妇女和她的孩子们还刚好都在家。12 年之后的重逢，令人高兴又感动。看着照片，女主人还记起了当年指路的往事。这么多年过去，当年照片上的小兄妹现在已经是中学生了。邓涛老师拿出特意从北京带来的自己写的《追寻远古兽类的踪迹》送给他们。看着孩子们那好奇又开心的神情，真希望将来能多出一两个古生物学家来。

过了大竹卡，我们沿着 318 国道经拉孜和定日，继续西行向吉隆挺进。318 国道是当时中国最长的国道，从上海

◁与十多年前在大竹卡给科考队指路的老乡重逢，家里的孩子对客人赠予的图书很感兴趣，希望这些图书能燃起他们对自然和科学的热情（2016 年，吴飞翔 / 摄）

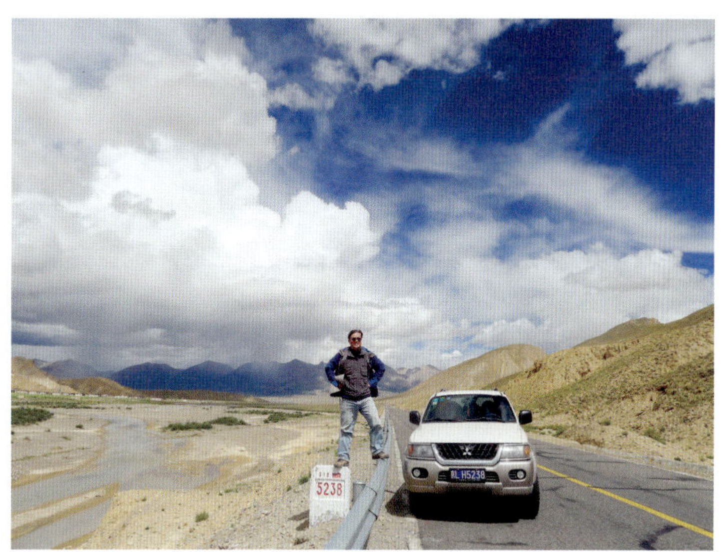

▷科考队领队邓涛在 318 国道 5238 千米里程碑处留影，路牌和我们的车牌（京 LH5238）是同一个数字（2013 年，侯素宽 / 摄）

人民广场到西藏聂拉木县樟木镇友谊桥全长 5476 千米（第二章喜马拉雅鱼龙一节也提到，318 国道途径鱼龙化石点）。7 月 16 日中午，全队在岗嘎检查站附近用餐。一下子坐进来二十几个人，店里菜蔬不够，老板只好临时去买些食材，最后将近 1 点才吃上饭。而且最早上桌的几个菜，还每桌端来了双份。临走前，见门口有两个在玩耍的藏族小女孩，队里的女士们征得她们同意后就将还没动筷子的新菜加上米饭打包留给了她们。

岗嘎是国道上的一个重要节点，从这里分出一条公路可去珠峰。当天天气不算晴朗，珠峰隐在云层里，只见卓奥友峰远远矗立。到珠峰北大门后，我们稍作停留拍了些照片。检查站路边有人在兜售化石，其中菊石最多。这里有菊石不稀奇，附近的中生代地层里菊石很多，在我们正要去的吉隆沃马剖面有一套侏罗纪的海相灰岩，里面菊石就不少。有意思的是，摊子上还有来自山东和湖南的三叶虫，小贩信誓旦旦地说这是本地产的贝壳。

到达吉隆县城后，我们休息了一天，然后出城沿着吉隆藏布往沃马化石点奔去。吉隆藏布往南流向尼泊尔首都加德满都，最后汇入恒河。产化石剖面前，早上河水浅可以蹚过去，中午因为升温，有冰雪融水注入，水位上涨，如果附近没有过河的地方，可能会被堵在对岸。在高原上常有类似的现象，因此我们在野外时需要随时注意附近河流的水文变化，根据实际情况安排工作。2018 年我们在申扎甲岗就遇到过类似的情况，好在并没有被水困住。

吉隆沃马是高原科考史上一个地标性的化石点。1975 年，中国科学院青藏高原考察队中的古脊椎所队员在这里发现了晚中新世（距今约 700 万年）的三趾马动物群，动物

◁科考队在吉隆沃马三趾马化石点合影（2016 年，黄健 / 摄）

◁在三趾马化石产地遥望吉隆藏布对岸的沃马村（黄健 / 摄）

群中森林和草原动物各占一定比例，其中如高氏羚羊、狍后麂、古麟属于嚼食嫩叶、通常居住在森林的动物，而鬣狗、大唇犀、鼠兔和啮齿类则是在草原上生活的动物，对动物群的古今对比显示了喜马拉雅山北侧环境的巨大变化。

确定化石群的年代总是非常重要的工作。2001 年，邓涛老师第一次来西藏开展野外工作时，考察队对化石层进行了精确的古地磁定年，结果显示吉隆三趾马动物化石层的年代是距今 700 万年。有了年代的数据，古海拔的重建结果就有了明确的意义。2004 年，考察队回到吉隆进行地层和化石同位素样品采集。稳定碳同位素资料证明吉隆盆地在晚中新世存在大量的 C4 植物，这说明盆地在当时比今天温度更高、海拔更低。综合化石群的信息，再根据碳同位素数据可以推算吉隆盆地在700万年前的海拔低于2900～3400米，最有可能是 2400～2900 米（现在的海拔约为 4400 米）。

吉隆沃马盆地的基底是一套侏罗纪的海相灰石，因为

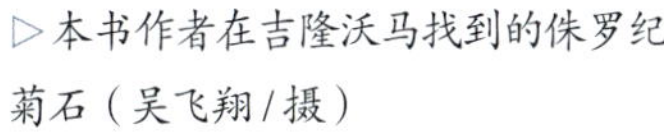
▷本书作者在吉隆沃马找到的侏罗纪菊石（吴飞翔/摄）

高原环境的风化，上覆地层被剥蚀干净的地方，暴露的岩石表面变成了深黑褐色，而流水顺着岩石的裂隙切出一个深沟，因此当地人把这叫作黑沟，也叫“龙骨沟”。藏区和内地有相似的情形，新生代地层里的哺乳动物化石被称为“龙骨”，常被用作药材。黑沟的岩石里有很多菊石和箭石，有些随着碎石滚落到地面。大家在沟里走上几步就能看见一些菊石碎块，运气好的甚至还能捡到很完整的标本，这让年轻的队员们特别是第一次进藏的队员开心得不行。

札达寻宝

离开吉隆前往札达，我们不走来时的中尼公路返回拉孜，虽然那条路路况很好，但是绕远了。我们在马拉山下直接向北赶赴萨嘎，这是一条土路，但不算难走，因此节省了很多路程。这一路的额外收获是总能看见许多自由自在的藏野驴（*Equus kiang*），奔波途中常有它们相伴，也算是野趣十足。

藏野驴是高原上容易见到的大家伙，这主要得益于藏族同胞对自然生灵的爱护。藏野驴喜欢成群活动，通常十多头、多则上百头一个队伍，常由一头雄驴率领。驴群的活动范围很大，在上百平方千米的地域内逐水草而迁徙。野驴生性敏感，虽然对远处道路上来往的车辆和行人貌似不太在意，但一旦有人靠近让其嗅到危险时，它们就一溜烟地跑远了。

北行的路还算顺利，现在已有桥梁跨过雅鲁藏布江直通萨嘎县城，而从前是靠两岸拖拉机牵引的渡船来回运送车辆过江。我们未在萨嘎过多停留，吃完午饭继续赶路。到了萨嘎就算重新回到从拉萨到阿里的主路上，自拉孜以西已属于新藏公路的 219 国道。就这样，我们穿行在喜马拉雅山和冈底斯山之间的谷地，也是朝着雅鲁藏布江的上游前进。

在仲巴境内雅鲁藏布江已有另外的名字马泉河，河的两岸有连绵起伏的沙丘，这一方面与干旱的环境有关，另一方面也是由独特的气候系统，即风的作用造成的。我们傍晚抵达帕羊镇，令人意外的是这里竟然有一个高级宾馆，孤零零地坐落于镇外的一块由雅鲁藏布江边滩形成的荒漠上。这里海拔 4600 米，四周只有稀疏的草甸，空气相当稀薄，不仅我们感到呼吸困难，连从拉萨来的藏族司机也有了高原反应，晚上睡不着觉。

第二天的路程还很长，但会经过神山圣湖，即冈仁波齐峰和玛旁雍错。虽然我们不是宗教信徒，但每每见到它们总是心生激动，甚至涌出文艺创作的灵感。尤其是冈仁

▽一群藏野驴正奔向雅江源（赵光辉 / 摄）

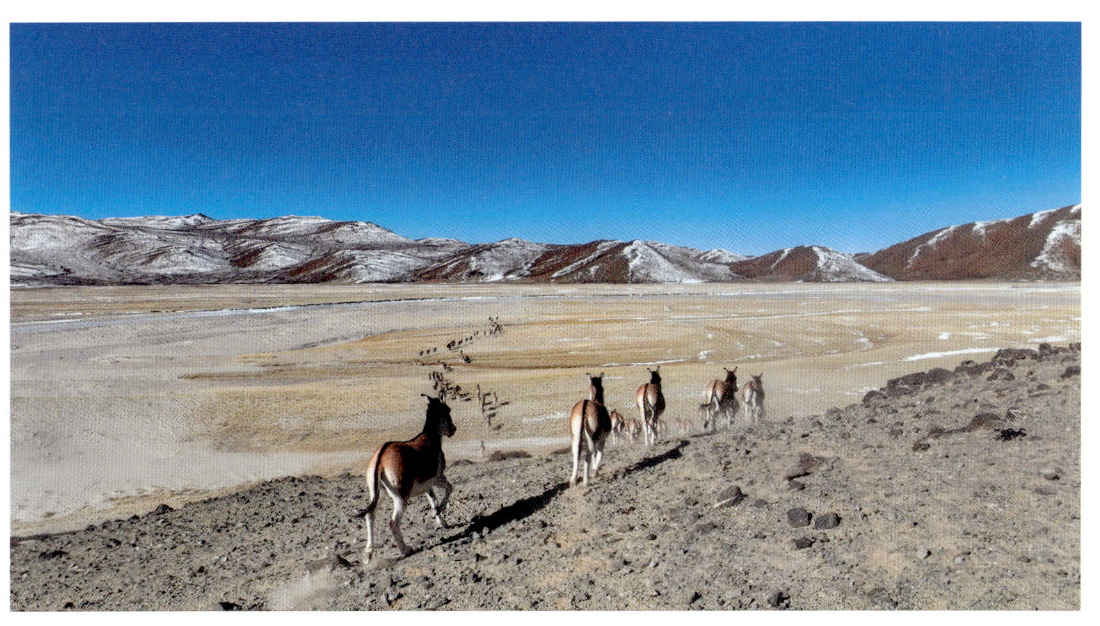

波齐峰，尽管它的高度只有 6721 米，低于冈底斯山的另一座山峰罗波峰（7095 米），但它金字塔一样规则的雪顶让人肃然起敬，当仁不让地成为整个山脉的主峰。

辞别神山，我们继续前行，经过门士到达巴尔兵站，从这里我们离开 219 国道前往札达。由巴尔到札达的公路全长 146 千米，其实两地直线距离只有 86 千米，这多出来的 60 千米就是在阿伊拉日居山的岗峦上和沟谷中盘旋。这是一条非常好的沥青路，而且已经建成很多年，但相当奇怪的是，当时在书店买到的新版西藏地图册上却没有这条路，而是标着从那不如村进札达的非常难走的土路。

弯道似乎没完没了。正当大家精疲力竭之时，突然眼前一亮，喜马拉雅山的雪峰闪耀在南面的天空下。正中一座浑圆的高峰尤其引人注目，那就是被藏族人民尊为神山

▽仲巴县帕羊镇的月牙形沙丘，沙丘的尽头是雅鲁藏布江和喜马拉雅山脉（赵光辉 / 摄）

△在飞机上远眺冈仁波齐（图右侧最显著的尖锥状山峰）和纳木那尼峰（远处天际线上三角形的雄伟山体），分别代表着冈底斯山脉和喜马拉雅山脉，两条山脉之间的湖泊分别是神湖玛旁雍错（左）和拉昂错（右）（赵光辉/摄）

△冰雪融水借助地势倾泻而下，在札达盆地边缘切出纵横参差的深沟险壑（赵光辉/摄）

的依比岗麦（见 161 页图）。进出札达的公路沿线，只要能看得见它的山口和路口，都有玛尼堆和经幡向其膜拜。只不过，这座海拔 7756 米的山峰现在位于印度实际控制区之内，即其所谓的第三高峰卡美特峰。

对我们而言，更神奇的是我们此行的目的地——喜马拉雅北坡之下札达盆地的新生代土状堆积，这套水平的地层构成了札达土林国家地质公园的主体。就在进入札达的公路旁，有一个观景台供大家俯瞰土林的美景，而在观景台前方，正对着依比岗麦的位置，就是西藏披毛犀正型标本被发现的地点。

土林回馈给我们的远不止壮美的景色。在这里发现的已知最原始的披毛犀、雪豹、北极狐和盘羊等哺乳动

▽根据化石复原的上新世札达生物群［朱莉·塞兰（Julie Selan）/ 绘］

物，证明冰期动物群的一些成员在第四纪大冰期之前已经在青藏高原上演化发展。岩羊的祖先也出现在札达盆地，在随后的冰期里扩散到亚洲北部；藏羚羊的祖先库羊（*Qurliqnoria*）在柴达木盆地起源之后也很快扩散至此，享用着这里夏季丰美的水草。冬季的高寒气候“训练”了一批优秀的耐寒动物，让其拥有了对冰期气候的适应能力，此后借着冰期的来临成功地扩展到欧亚大陆北部干冷的草原地带。近十年来札达盆地的新发现，推翻了冰期哺乳动物的“北极起源”假说，证明青藏高原才是它们最初的演化中心。

所以，我们再次回到这里，希望发现更多化石，发掘更多冰期动物的传奇故事。7 月 20 日，在落日的余晖中，我们的车队跨过象泉河进入了札达县城。这次来感受到的最大变化就是居住条件的改善，以前我们只能在简易旅馆安身，洗澡必须去外面更加简陋的公共浴室，而这一次改造后的房间都带有卫生间，有了电热水器，随时都可以洗澡。

全体队员没有过多休整，第二天就迫不及待地奔向了野外，去了观景台化石地点。下到土林我们立刻就有发现，一具三趾马的下颌骨保留在剖面上，部分牙齿已经从颌骨上脱落散失，后来我们将它们一一搜寻了回来。发掘工作马上展开，大家小心翼翼地一点点清理，逐渐暴露出尚在围岩保护下的骨骼，最后用石膏绷带将其包裹固定，再带回北京送到实验室进行修复还原。

之后每天都有好消息传来，我们在象泉河右岸、札达沟东侧山顶、香孜拉嘎村旁，都发现了非常好的哺乳动物、鱼类和植物的化石。但每一件标本的采集都不轻松，大自然

◁暴露在地表的三趾马牙，已经被严重风化而出现破损（吴飞翔/摄）

▽高台之上的化石宝藏。只要你走得够远，总有意想不到的发现。远处山岗之下就是札达县城，贯穿土林的朗钦藏布(象泉河)在城下经过，缓缓地向西北方向流去。它将穿越喜马拉雅山，最终流入印度河（邓涛/摄）

似乎总在跟我们玩捉迷藏，常将化石藏在极难到达的地方。我们要攀上陡峭的悬崖，要降到深深的沟底，或者要跋涉遥远的距离，才能有所收获。但没有人畏惧退缩，尽管有些队员还在忍受高原反应的困扰，但谁也不愿待在山下的县城里想象同伴找到化石时的情景，必须亲身体会这种喜悦。

札达县可以说是中国最小的县城，2016 年时只有 600 名居民。但札达却是一个赫赫有名的地方，远古的象雄和晚近的古格都在流经札达的象泉河流域创造了藏民族独特的文明。尤其是保留至今的古格王都遗址，成了后人怀古的经典地标。在吐蕃灭亡之后，其王族后裔吉德尼玛衮逃到阿里，偏安高原一隅，并且通过修建托林寺、延请阿底峡等措施复兴了藏传佛教的崇高地位。可惜，1624 年西方传教士的到来引起了信仰危机，最终国王兄弟阋墙，造成古格国破城摧的悲惨结局。

札达县城位于托林镇，是托林寺的所在地，建在象泉河的阶地上，海拔约 3800 米。城后的土山上有密布的洞窟和佛塔废墟，显然是古格王国留下的遗迹。几年前，研究人员在山上名为“札让喀沃玛”的古格城堡遗址的废弃洞窟中发现了珍贵的古藏文文献残卷，这是几十页佛经残篇和几本文书残卷，其中一部分简略记载了从公元前 2 世纪吐蕃第一代国王聂赤赞普至 9 世纪末代赞普达磨的王统世系，另一部分较详细地记载了 10 世纪吐蕃王室后裔吉德尼玛衮前往阿里建立政权至 11 世纪下半叶古格王统的历史。

因为托林寺之故，托林在西藏和平解放前曾是阿里地区的宗教文化中心，但占地也仅限托林寺周围，人口只有约 120 人。托林镇现在的占地面积虽然已扩大到 0.3 平方千米，不过常住人口也才比 2000 人稍多（截至 2019 年年

△古格遗址。“暗淡了刀光剑影，远去了鼓角铮鸣”，王朝的兴衰在残垣断壁中成了虚无缥缈的前尘旧梦（邓涛/摄）

底）。近几年，西藏的基础设施建设进展迅速，镇上的规模和科考队 2006 年年初来时相比已经完全变了模样。2012 年时镇上只有一条主道，拖拉机和牲畜相安无事地各行其道，一派乡村景象。而等我们 2019 年再来时，镇上的道路已都铺上水泥，从主道分出的几条岔路也有拓宽铺平，商店、酒店、学校和政府大楼排布整齐，布局和内地城镇已经没有什么区别，只有镇子后面的土林沧桑如故。

自 2006 年第一次来此考察，在十年的时间里我们调查了札达的许多地点，但还有更多更隐秘的地层露头需要开展工作。这次，我们去探访了波林的新地点，这里位于札达盆地的南部边缘，有可能找到晚期的化石。不过，道路非常崎岖，我们 7 月 27 日做了第一次尝试，但突如其来的大雨令我们半途而返。正是兴头上的队员们并不言弃，第二天继续前往，我们在越过了松散欲坠的盘山路后终于来到札达湖相沉积的顶部位置。我们还想再沿更险峻的道路前往波林的喜马拉雅山口，但昨天的大雨留下的陷阱还在——贴近悬崖的土路变成了滑道。正当我们考虑如何通过时，从深谷中上来两位司机——一位是修路工人，一位是住寺干部——告诉我们现在不能下行，因为有滑落山崖的巨大危险。同时我们也得知原来的波林村已整体搬迁，前行百余千米都将没有人烟，所以这条路线的考察暂且到此。

本章开篇说到札达还有一个对中国古脊椎动物研究意义非凡的地点——尼提山口。仔细探究文献可以发现，1839 年法尔康那笔下尼提山口的犀牛化石其实并非产自山口，而是由越过山口的贸易者带过来，很显然是札达盆地中的产物。

但尼提山口的具体位置在哪里？后面再也没有人进行核实。当年《中国国家地理》上甚至有人撰文说这个山口就在普兰县境内中国—尼泊尔口岸的斜尔瓦村，这显然大错特错了。我们这次特意去了札达县达巴乡，向边防部队了解到尼提山口的准确位置，它就在达巴南面 50 多千米的地方。2020 年，王晓鸣教授和同事在《历史生物学》（*Historical Biology*）上刊文，详细地梳理了札达盆地的科学考察史，文中明确标定了尼提山口的这个位置。巧合的是，就在我们出发来札达考察的不久前，《人民日报》还刊登了一张照片，报道 2016 年 6 月 9 日驻守在西藏喜马拉雅山脉的达巴边防连，对海拔 5120 米的尼提山口实施武装巡逻，官兵不畏高寒缺氧，踏雪而行，在边防线上度过了一个特别的端午节。

我们在札达盆地的最后一天的野外考察去了多香，这是一条通往象泉河的深沟，波林村的居民现在就搬迁到了这里。沟内有小块的绿洲，留存了古格时期的寺庙。我们在沟壁的剖面上发现了哺乳动物化石，增加了新的地点和层位。就在我们准备下午去一片非常好的露头展开搜寻的时候，一向干旱少雨的札达又再次降下大雨，浇灭了我们这次拓展新点的机会。但我们还会再来，重返神秘而神奇的札达盆地，我们甚至都已经计划，下次的考察第一个地点就是多香。

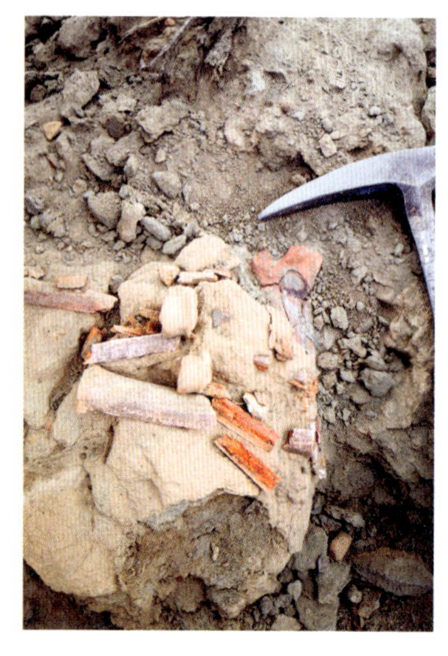

△西藏披毛犀化石点附近出现新的三趾马化石（2019 年，吴飞翔 / 摄）

不过后来，我们有了更大的计划。2019 年秋天，我们走 219 国道（新藏线）从喀什、叶城翻过西昆仑山脉再次来到札达盆地。大自然还是一如既往的慷慨。那一次，我们在盆地里第一次找到了完整的鳅化石，并且在披毛犀化石产地附近，遇到了一堆暴露在地表的三趾马肢骨。

灌丛深处有花香

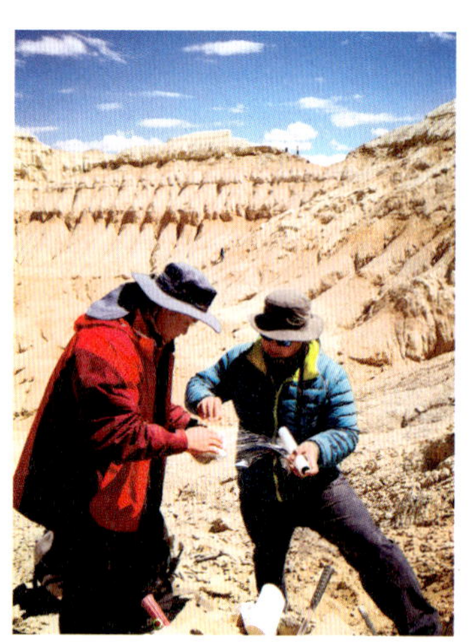

△科考队员（左：张鹏杰；右：王宇）在札达盆地包装新取到的标本，远处山梁上也出现了鱼类化石，几个科考队员正在发掘（2019 年 9 月，吴飞翔 / 摄）

札达周边多是土山塔林，而与这种荒凉的地貌相配衬的则是稀稀落落的、黄色的草团或灌丛。因为地貌的参差，植被也显得多了些层次。在札达县城附近海拔较低（3600～3700 米）的象泉河的开阔河谷里，水分充足，生长着沙棘（*Hippophae*）、水柏枝（*Myricaria*）、忍冬（*Lonicera*），它们构成的矮林—灌丛里物种最为丰富。而在河谷两边干旱瘠薄的阶地上（海拔 3800 米以上）则多为针茅（*Stipa*）草地或是沙蒿（*Artemisia*）、麻黄（*Ephedra*）等构成的荒漠植被。整体上看，这里的植被与青藏高原其他地区不同，而更接近邻近的巴基斯坦、阿富汗等国干旱地区的植被。

在距今500万—400万年的上新世早期，这里有着比今天稍好一些的水热条件，植物种类更为丰富。通过2012年和2016年的两次考察，我们在札达香孜乡拉嘎村采集到大量植物化石，已识别10科12属21种植物，另有2种未鉴定，涵盖了青藏高原西部常见的灌木类群，但在物种组成上与现在化石点的植被不尽相同。在数量上，这个群落以栒子（*Cotoneaster*）、绣线菊（*Spiraea*）和锦鸡儿（*Caragana*）占优势，其次是沙棘、杜鹃花（*Rhododendron*）和金露梅（*Potentilla fruticosa*）。除此之外，还有木本植物柳（*Salix*）、忍冬和小檗（*Berberis*）。杜鹃花化石在形态上比较接近高原耐旱的小叶类型，是典型的高原落叶灌丛类群，它们在山坡、平原和水边都可以生长，也需要适中的水分条件。而植物群中的沙棘、忍冬等对水分则要求较高，难以生长在干旱的山坡上，而多见于河漫滩、湖边等生境。蒿草（*Kobresia*）、萹蓄（*Polygonum*）等草本植物也只能生长在较为湿润的环境里。所以，这些植物应该曾生长在湖边一个较为开阔的地带，算得上水草丰茂，因此和现代札达盆地的植被有些不同。这个群落基本上是青藏高原西部灌丛与札达河谷矮林灌丛的混合，而其中的栒子、绣线菊、金露梅等植物在今天的札达盆地已难见其踪影。

这些植物构成了上新世（距今500万—400万年）札达盆地生态系统金字塔的“底座”，撑起了各级动物消费者的生存需求。从我们已发现的动物化石来看，这个系统里有从食草动物到超级食肉者的完整食物链，多样性也高于今天的札达。

△札达香孜植物群以落叶灌丛为主，叶形普遍微小，说明札达香孜地区在400多万年前比现在稍微暖湿一些，降水季节性差异明显。图中化石分别是：(a) 似棘枝忍冬（*Lonicera* cf. *spinosa*），(b) 似变色锦鸡儿（*Caragana* cf. *versicolor*），(c) 锦鸡儿属（未定种）(*Caragana* sp.)，(d) 似印度锦鸡儿（*Caragana* cf. *gerardiana*），(e) 柳属（未定种1）(*Salix* sp.1)，(f和g) 似细枝绣线菊（似细枝绣线菊）(*Spiraea* cf. *myrtilloides*)，(h) 忍冬属（未定种）(*Lonicera* sp.)，(i) 绣线菊属（未定种1）(*Spiraea* sp.1)，(j) 蓝雪花属（未定种）(*Ceratostigma* sp.)，(k) 杜鹃花属（未定种2）(*Rhododendron* sp.2)，(l) 柳属（未定种2）(*Salix* sp.2)，(m) 嵩草属（未定种）(*Kobresia* sp.)，(n) 栒子属（未定种1）(*Cotoneaster* sp.1)，(o) 沙棘属（*Hippophae* sp.），(p) 似印度锦鸡儿（*Caragana* cf. *gerardiana*），(q) 绣线菊属（未定种2）(*Spiraea* sp.2)，(r) 金露梅（*Potentilla fruticosa*），(s) 柳属（未定种1）(*Salix* sp.1)，(t) 栒子属（未定种2）(*Cotoneaster* sp.2)，(u) 小檗属（未定种）(*Berberis* sp.)，(v) 柳属（未定种3）(*Salix* sp.3)，(w) 萹蓄属（未定种）(*Polygonum* sp.)，(x) 杜鹃花属（未定种1）(*Rhododendron* sp.1)（根据黄健供图修改）

在札达盆地我们共发现200多个化石地点和数以千计的脊椎动物化石标本，目前鉴定出的动物化石共计34种，包括2种鲤形目鱼类（裂腹鱼类和鳅科鱼类）、1种鸵鸟（蛋片）和30余种哺乳动物，证实札达盆地是目前青藏高原上脊椎动物多样性最高的晚新生代化石点。在札达盆地800多米厚的晚新生代地层中，我们发现的晚中新世到上新世的哺乳动物化石可以分为2个组合：年龄为640万～530万年前（晚中新世）的晚中新世组合，包括鼠兔、雪豹、库羊、古麟和三趾马，这个组合分布于下部150米的地层；年龄为530万～260万年前的早上新世组合，包括原鼢鼠、模鼠、姬鼠、三裂齿兔、西藏披毛犀、邱式狐、札达三趾马、豹鬣狗、貉、獾和旋角羚，这个组合来自中部150～620米的地层中。香孜的植物群可能对应着第二个动物组合。

然而，札达香孜地区现在的气候条件已不能维持这样的生态群落，取而代之的是稀疏草甸甚至荒漠，以及多样性大

▽从札达县城去香孜化石点必经的一段土路，像是一座关隘（吴飞翔/摄）

△沿着起伏的山脊“爬”行，在山脊上伸开双臂的黄健（吴飞翔/摄）

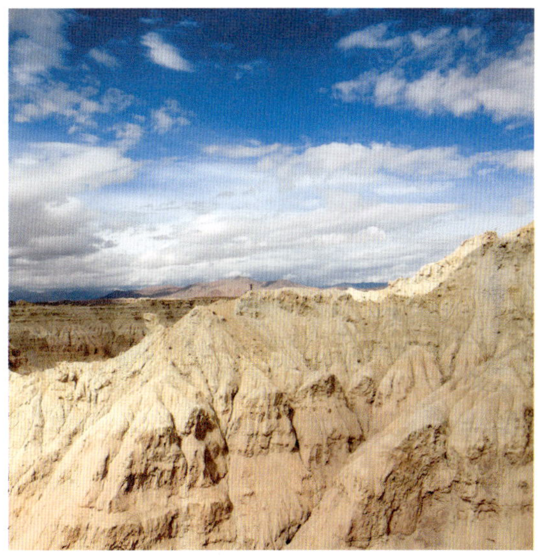

为降低的动物群。札达盆地中的植被与克什米尔地区的低山荒漠类似，而与青藏高原西部的植被差异较大。这表明上新世以后这一地区经历了明显的降水减少，极端的干旱化重塑了植被面貌和动物群的组成。古近纪晚期以来的气候变化造成全球森林退缩、草原快速增长，其主要因素便是降水量的减少。受到青藏高原隆升的影响，亚洲中部自中新世以来便开始了干旱化，而进入上新世之后干旱化进一步加剧。耐旱灌木锦鸡儿（*Caragana*）的产生与分化，多样化的锦鸡儿植物出现在香孜植物群，都是生物群对这个过程的响应。持续的干旱化使亚洲中部逐渐形成了以蒿、藜和麻黄为主的荒漠植被，一如今天札达盆地中的植被面貌。而与此同时，动物群也发生了巨大的变化：在偶蹄类取代奇蹄类的大背景下，以披毛犀为代表的大型冰期哺乳动物所剩无几或者走出西藏另谋生路，而很多食肉动物，比如鬣狗，早已退出了高原。下面就请它们带着自己的故事逐个登场吧。

尖角的长颈鹿

2012年在札达进行野外考察时，古脊椎所侯素宽博士找到了一只古麟的角，恰好她的研究方向正是长颈鹿类的化石。这块标本带有一部分头骨，这件古麟化石解答了一个大疑问。在20世纪70年代的第一次青藏高原科学考察中，科考队曾在札达盆地北部的香孜农场发现了一件原始长颈鹿小齿古麟（*Palaeotragus microdon*）的上颌骨化石，但只有一排磨蚀严重的牙齿，特征不清，因而有人对化石的鉴定结果有所怀疑。现在角的发现证明古麟确实存在，而且邓涛老师当时还找到了一件跟骨，也与古麟匹配。古麟的角很特别，它的末梢有一个磨蚀面，对此古生物学家一直没有合理的解释。瑞典著名古生物学家博格·步林（Birger Bohlin）认为这对尖角是古麟的武器。瑞典乌普萨拉大学进化博物馆的古生物展厅墙上挂着一张古麟用角刺穿一头猫科动物的想象图，那可能是步林的作品，至少是

▷札达盆地古麟化石出土时的场景，科考队员举着一个古麟的角，自左起：侯素宽，邓涛，李杨璠（2012 年，李强 / 摄）

▽古麟是长着尖角的长颈鹿（吴飞翔 / 绘）

出自他的创意。不过，甘肃和政动物群里完整的古麟头骨显示，它的双角实际上是竖起生长的尖刺，而不是旁逸斜出的横突。

◎ 披毛犀传奇

进札达的柏油公路旁的玛王塘有一个观景台，那是欣赏土林奇观的绝佳位置。由此望去，气势恢宏的土山塔林，

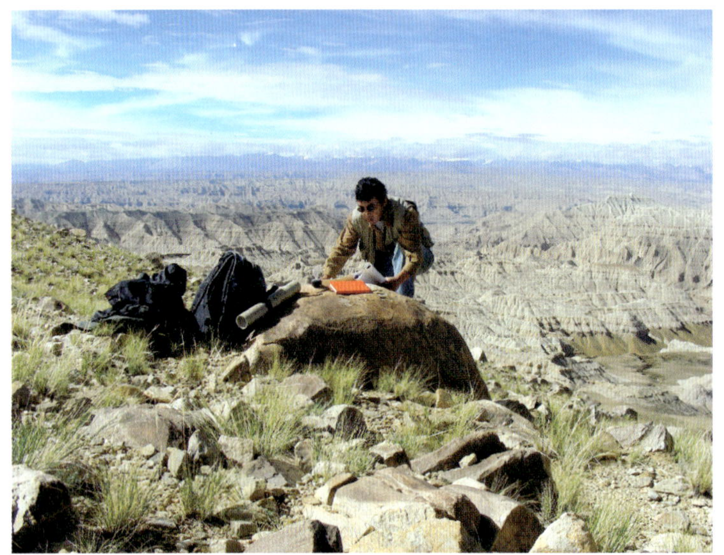

◁王晓鸣在札达盆地查看地质图（2007 年，李强 / 摄）

▷王晓鸣和竹内贤二在发掘西藏披毛犀化石，他们正在用石膏固定以保护化石（2007 年 8 月 22 日，李强 / 摄）

▽抬着披毛犀下山。几个大汉合力才能将化石搬走，可见其重量，不过这个发现的确是个“沉甸甸”的大收获（王杨 / 摄）

连同傲立天边的雪岭冰峰可以尽收眼底。玛王塘看似一个汉语地名，按照汉语的习惯理解“塘”可能是指观景台下的盆状低洼地形。实际上正好相反，“塘”在藏语里是“高地”或“台地”的意思，就是指脚下所站的观景台。这个观景台的位置的确选得巧妙，因为加上古生物学的“滤镜”，从这里能观览的不仅有今天千沟万壑的土林实景，更有几百万年前犀牛奔突、古马奋蹄的史前幻象。

2007 年 8 月 22 日是一个重要的日子，那天王晓鸣带领考察队在观景台附近搜寻化石。他突然发现一块暴露在地表的犀牛寰椎，判定这里一定会有重大发现，便在周围仔细勘查清理。王老师先用地质锤小心地剔开最外层的沉积物，于是一排犀牛的上颊齿列露了出来。接下来是更加仔细的工序。在竹内贤二的组织下，大家开始了更大范围的清理和发掘，最后意外地获得了同一个体的完整头骨、下颌骨和颈椎。更幸运的是，这几个部分虽然已经散开，而且下颌骨已断成两块，但它们却分布在几米范围之内，没有远距离搬运的毁坏，修复后可以很好地拼合起来，除了因为风化而颜色有些差异外，并没有缺失多少部分。不过由于标本实在巨大，当时一块肩胛骨遗留在比较深的岩层里无法取走，等 2012 年我们再回来时发现只剩下几块碎片，还好保留了一点关节窝。

对于这样大型的化石，现场的成功处置至关重要，直接决定了后续研究能否顺利开展。这需要非常专业的技术支持，因此主导那次发掘的日裔美国人竹内贤二发挥了关键的作用。竹内是洛杉矶自然历史博物馆下属佩奇博物馆的高级技工，也是野外化石发掘的高手，跟我们一起在中国的许多地点开展过工作，2012 年以前札达盆地几次重要化石的发掘就是由他担任技术负责人。

当化石运回古脊椎所后，长年研究犀科动物的邓涛老师主要负责这具化石的研究。一打开石膏包他就发现，这是一具披毛犀的化石，但显然比第四纪的所有披毛犀都原始。细致的修复工作之后，接下来是几年的深入研究。终于，2011 年 9 月 2 日出版的《科学》杂志发表了他和同事们的研究论文，报道了札达上新世的哺乳动物化石组合，其中主角就是这头已知最原始的披毛犀——西藏披毛犀。这篇文章讲述的是披毛犀和它的冰期动物伙伴“走出西藏”（“Out of Tibet”）的故事。

长期以来，人们都认为冰期动物的出现与更新世的全球变冷事件密切相关。这些动物表现出对寒冷环境的适应，如体形巨大、身披长毛，有些还具有刮雪的身体结构，这样的特征在猛犸象和披毛犀身上尤为突出。以前，科学家们很自然地假定这些灭绝动物身上的耐寒特征是随着第四纪冰盖扩张而进化出来的，也就是说，这些动物可能起源于高纬度的北极圈地区，但这样的推测一直没有可信的证据，特别是来自化石的支持。

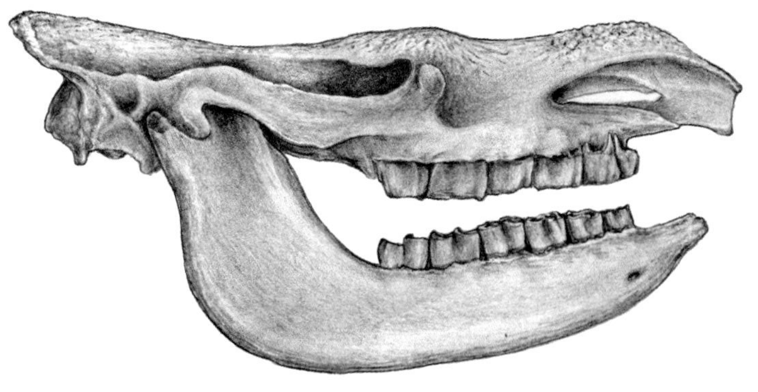

◁西藏披毛犀头骨复原图（吴飞翔 / 绘）

而西藏的新化石却颠覆了这一传统叙事。晚更新世的冰河时期，欧亚大陆北部气候严寒，在广袤的“猛犸象草原”上，披毛犀是非常成功的适应者。早前的化石记录显示披毛犀源自亚洲，但它们祖先的历史仍然模糊不清。札达盆地的西藏披毛犀，其生存时代距今约370万年，在谱系上它最早从披毛犀家族分化出来，是目前已知最早、最原始的披毛犀。随着260万年前的冰期来临，西藏披毛犀离开高原地带，经过一些过渡阶段，最后来到欧亚大陆北部地势低缓的高纬度地区，与牦牛（*Bos mutus*）、盘羊（*Ovis ammon*）和岩羊（*Pseudois nayaur*）一起成为中、晚更新世繁盛的猛犸象—披毛犀动物群中的重要成员。

西藏披毛犀上佳的化石材料保留了一系列典型的披毛犀的特征，包括修长的头型、骨化的鼻中隔、宽阔而侧扁的鼻角角座、下倾的鼻骨、抬升而后延的枕嵴、高大的齿冠、发达的齿窝等。另一方面，西藏披毛犀不同于其他进步的披毛犀，主要表现在它的鼻中隔骨化程度较弱，只占鼻切迹长度的三分之一；下颌联合部前移；颊齿表面的白垩质覆盖稀少，外脊褶曲轻微；第二上臼齿的中附尖弱，第三上臼齿的轮廓呈三角形；下颊齿下前尖的前棱钝，下次脊反曲并具有显著弯转的后端；第二、第三下臼齿的前肋微弱等。

通过特征组合和谱系，披毛犀一些重要特征的演化序列逐渐明晰起来。西藏披毛犀具有相当长的面部，头骨前部的粗糙面占据了整个鼻骨背面，说明它在活着的时候拥有一只巨大的鼻角。额骨上一个宽而低的隆起指示它还有一只较小的额角。鼻角基座比现生和大多数已灭绝的犀牛都大，而与板齿犀和双角犀的特点相似，只是形态上更窄一些。在披毛犀的族谱里，西藏披毛犀与河北泥河湾披毛犀（*Coelodonta nihowanensis*）相比鼻骨更长，枕面更倾斜。各种披毛犀按特征演化过程和生存年代顺次排列，其终点是晚更新世的披毛犀。

同样引人注目的还有西藏披毛犀诸多完美的耐寒特征。与身披长毛的猛犸象和现代牦牛一样，西藏披毛犀和它的后代晚更新世的披毛犀也具有厚重的毛发，可以起到保温的作用，表明它们非常适应寒冷的苔原和干草原上的生活。宽阔的鼻骨和骨化的鼻中隔说明西藏披毛犀有两个相当大的鼻腔，可以更好地加热吸入身体的冷空气。除了通过厚重的毛发和庞大的体形来保存热量，披毛犀的头骨和鼻角组合体现了适应寒冷生境的特点。披毛犀的角长而侧扁并且前倾，很适于刮开冰雪，寻找干草。有几个形态特点支持这种推测：①从冰期古人类的洞穴壁画中可以证明披毛犀的角相当前倾，鼻角的上部位于鼻尖之前；②角的前缘通常都存在磨蚀面；③这个磨蚀面被一条垂直的中棱分为左右两部分，显然是由于摆动头部刮擦而形成；④侧扁的角明显不同于现生犀牛圆锥形的角，能有效地增加刮雪的面积；⑤向后倾斜的头骨枕面使披毛犀能轻松自如地放低头部。

这些头骨特征与浓密的毛发相结合，清楚地显示披毛犀能够在寒冷的雪原生存。巨大而前倾的鼻角带来的刮雪能力可能是它能够适应青藏高原严酷冬季最关键的特征，代表了披毛犀一族独特的进化优势。这个看似简单却意义重大的“创新”形成于北极地区大面积冰盖形成之前，为披毛犀在晚更新世大冰期的成功埋下了伏笔。披毛犀的存在说明札达盆地在上新世时的海拔已经达到甚至高于现在的水平，因此形成了冬季漫长的冰冻环境，这一判断也与利用腹足动物化石稳定氧同位素进行的古高度分析结果一致。不过值得一提的是，根据最新的古植物数据推测，这里冬季最低温不会出现 -10℃以下的极端月均温。

最后的披毛犀在 1 万年前的更新世末期消失。在此之前，除了西藏披毛犀，还有另外 3 种披毛犀，分别是早更新世（距今约 250 万年）中国北方的泥河湾披毛犀、中更新世（距今约 75 万年）西伯利亚和西欧的托洛戈伊披毛犀（*Coelodonta tologoijensis*）以及晚更新世欧亚大陆北部广布的最后披毛犀（*C. antiquitatis*）。披毛犀的所有已知种类都生活在欧亚大陆的寒冷环境中，尤其是西伯利亚，少数几个分布靠南的披毛犀地点都是高海拔地区，位于青

▷“复活”后的西藏披毛犀。上：西藏披毛犀的头骨化石；下：西藏披毛犀在雪地中刮雪吃草［朱莉·塞兰（Julie Selan）/ 绘］

藏高原内部或者靠近其东部边缘，如青海共和、甘肃临夏和四川阿坝。另一方面，尽管旧大陆有非常多的上新世犀牛化石记录，但此前却没有任何早于更新世的披毛犀化石。如此明显的化石分布模式依循着谱系关系和地质年代顺序从青藏高原逐渐扩散开来，证明随着全球气候变冷，严寒环境蔓延，披毛犀的祖先从高海拔的青藏高原向高纬度的西伯利亚迁移，最后演化为非常成功的冰期动物。

从更大的犀科谱系关系来看，西藏披毛犀是一种进步的双角犀。双角犀类群中有食草本植物的种类（如白犀），也有食灌木（如黑犀）和食树叶（如苏门犀）的种类。根据头骨尺寸估计，西藏披毛犀的体重可达 1.8 吨。哺乳动物的体形决定了自身的代谢水平，体形越大每单位体重的保温需求越低。在食草动物中，这意味着体形对决定动物所能承受的食物纤维 / 蛋白质摄入比例至关重要，越大的动物对蛋白质的要求反倒越低，越能承受更大比例的纤维质。西藏披毛犀与泥河湾披毛犀的体形相似，但小于晚更新世的披毛犀，后者生活在更寒冷的气候条件下，体形更为庞大。

而从牙齿的特征也可以看出披毛犀家族随环境变迁而不断演化的趋势。从一些原始的嚼食树叶的犀牛开始，到晚更新世披毛犀演化成了一种完全食草的动物，它们的臼齿高度逐渐增加，白垩质发育，齿窝釉质加厚，这些都是对更粗糙食物的适应。西藏披毛犀上臼齿齿尖已经明显磨蚀成圆形，既不像吃树叶的犀牛那样尖锐，也不像纯食草犀牛那样平钝，显示它以草本植物为主但混有灌木的食物结构，这一点与泥河湾披毛犀和托洛戈伊披毛犀相似，也与当时札达本地的植物类型相符。

除了披毛犀，上新世时期青藏高原的冰缘环境也为其他动物的演化提供了机会。的确，披毛犀并非唯一一种起源于青藏高原的冰期动物。札达动物群的其他成员以及在高原其他地点出现的哺乳动物化石已经显示，独特的青藏动物群可以追溯到晚中新世时期。在青藏高原北部的柴达木盆地，晚中新世的库羊具有竖直向上的角心，它就是藏羚羊的祖先。在札达盆地早上新世地层中也发现了一件库羊的破碎角心，而一个更新世的藏羚羊灭绝种 *Qurliqnoria hundesiensis* 在靠近中印边境尼提山口的高海拔地区也留下了记录。岩羊的祖先也出现在札达盆地，在随后来临的冰期扩散到亚洲北部，与披毛犀的演化

▽披毛犀“走出西藏”（来源：《青藏高原江河湖源新生代古生物考察报告》）

历史非常相似。此外，分子生物学家已经确认现代牦牛和盘羊在青藏高原或周边山地的祖先类型与其北美的冰期动物亲戚，如美洲野牛（*Bison bison*）和加拿大盘羊（*Ovis canadensis*）之间的亲缘关系。与披毛犀一样体形巨大和长毛厚重的牦牛在更新世时期向北拓展，直至西伯利亚的贝加尔湖地区。在青藏高原现代的动物群中，藏野驴也出现在北美阿拉斯加的更新世沉积物中，以布氏豹（*Panthera blytheae*）为代表的原始雪豹类型发现于上新世的札达盆地并在更新世的寒冷时期扩散到周边地区。

晚更新世的最后披毛犀是已灭绝的最著名的冰期动物之一，毫无疑问也是最知名的犀牛。然而，在札达盆地发现西藏披毛犀之前，只有几个200万年前左右的中国化石点产出过少量披毛犀的材料。20世纪初，法国古生物学家德日进（Pierre Teilhard de Chardin）在河北泥河湾发现了一个具有披毛犀特殊褶曲结构的乳齿列，于是他将这件标本归入披毛犀。这个化石清楚地显示了一些原始的特

◁青藏高原东北缘的甘肃临夏盆地景观（2002年，邓涛/摄）。远处雪山似乎在启示，若要寻找更原始的披毛犀，可能要去因地势隆起而更早出现冰缘环境的青藏高原

征，说明披毛犀应该起源于亚洲，但由于材料太少，当时并没有建立新种。后来，德国古生物学家卡尔克（Hans-Dietrich Kahlke）还是以这件标本为正型创立了一个新种——泥河湾披毛犀。青海共和及山西临猗的更新世地层也产出过少量泥河湾披毛犀的材料，所以这种披毛犀可能曾到达过非常靠近青藏高原的地方。

更可靠的信息来自青藏高原东北缘。2002 年，邓涛老师领导的研究团队报道了在甘肃临夏盆地最早的黄土沉积中的一具完整的泥河湾披毛犀头骨和下颌骨，地质年龄为距今 250 万年。邱占祥院士等人在 2004 年对这些化石进行了更详细的研究。这是当时世界上已知最早的披毛犀化石。临夏盆地的发现为研究披毛犀的早期演化带来了全新的启示，它说明披毛犀至少在上新世应该已与真犀类分道扬镳，而札达盆地的西藏披毛犀就证实了这一点。

普通的披毛犀与最进步的双角犀具有相似的头骨特征。披毛犀的牙齿齿冠很高，肢骨骨架显得非常沉重。临夏盆地的发现已经证明披毛犀在早更新世已存在于华北，然后向北、向西迁徙，在中更新世到达欧洲。到晚更新世时期，披毛犀拥有了比任何已知的现生和灭绝犀牛更广阔的分布范围，它们遍及整个欧亚大陆的北部，从东方的朝鲜半岛一直到西欧的苏格兰都有它们的踪迹。然而不知何故，披毛犀却止步于白令陆桥，未能像猛犸象、野牛以及人类那样踏入北美大陆。披毛犀是干冷草原上的食草者，非常适应寒冷的气候，它们宽阔的前唇和侧扁的鼻角，适合于刮开积雪寻找干草。临夏盆地的披毛犀具有宽阔的鼻角角座，它高度骨化的鼻中隔也是对巨型鼻角的支持。这一特征显示，临夏盆地的披毛犀与它晚更新世的同类一样生活在严酷的冰期气候之中。

古生物学家对披毛犀的解剖结构知之甚详，因为人们在一些冻土地带或沥青沉积中发现过披毛犀的干尸，这些披毛犀的“木乃伊”甚至还保存了像毯子一样的厚重皮毛。披毛犀曾经与人类祖先共处一个时代，原始人类把披毛犀的图像绘制在洞穴壁画上，使我们能够看到上古披毛犀生活时的样子。

披毛犀特殊的皮毛可以抵御北极圈的寒冷，所以它在古气候学研究中扮演了重要的角色，欧亚大陆北部晚更新世的哺乳动物组合通常被称为猛犸象—披毛犀动物群。犀牛的角是所有哺乳动物中唯一完全由毛发胶结而成的角，这样的角没有骨质角心，因此在动物死亡之后，角因腐烂而不能保存为化石。只有最晚期的披毛犀成为例外，在西伯利亚的冻土地带和波兰的沥青湖中，有少量犀角幸运地被保存下来。另一方面，长角的犀牛在头骨上与角基接触的地方存在明显的粗糙面，据此可以判断这些古代犀牛是否有角以及角的形状和大小。在所有已发现的披毛犀鼻角标本上都具有横向的条带，代表了披毛犀骨骼的年生长情况，显示它生活的干冷草原季节分明。

与以披毛犀为代表的冰期动物群相似，今天青藏高原动物群的哺乳动物多样性低、完全适应高寒环境，其中半数是高原地区特有的种类，这主要是由于高原周边的崇山峻岭（如喜马拉雅山）和严酷环境造成了有效的地理阻隔。对于那些大型哺乳动物来说，这里成了一个相对独立的“生态孤岛”。常见的高原现生大型动物包括牦牛、藏野驴、盘羊、岩羊、藏羚羊（*Pantholops hodgsonii*）、藏原羚（*Procapra picticaudata*）、白唇鹿

（*Cervus albirostris*）、猞猁（*Lynx lynx*）和雪豹（*Panthera uncia*）等。

根据包括布氏豹在内的最新研究结果显示，化石或分子证据证明其中 6 种哺乳动物起源于青藏高原。岩羊、藏羚羊和雪豹的化石记录可以追溯到晚中新世或早上新世的青藏高原。而对于其他 3 种大型有蹄类动物，即牦牛、藏野驴和盘羊，分子生物学证据或化石证据显示，他们在青藏高原的祖先种群产生了能够长途迁徙的后代，以至于它们在晚更新世扩散到欧亚大陆北部的“猛犸象草原”，其中盘羊以及牦牛的亲戚野牛甚至跨过白令陆桥踏足北美。所以，有一些北半球高纬度地区的冰期动物的确起源于青藏高原。它们在高冷的故乡完成了长期的适应，并在天寒地冻的更新世冰期成功地拓展了分布范围。在极端的寒冷气候和稀薄空气中，上新世时期的青藏高原无意中成为这些动物祖先的“训练基地”。当冰期来临时，这些在高原上已被冰雪考验过的动物们，在与迁入地动物群的竞争中占据了绝对的优势，成为冰河世纪的最大赢家。

蹄下风云

马的一切皆让位于速度，由此它们成了一部奔跑的机器。

——威廉·贝里曼·斯科特（William Berryman Scott, 1917）

马身体的一切都为速度而生，它们的演化史可以看作是一部奔跑的历史。丰富的化石记录建立了完整的从 5600

万年前的始祖马（*Hyracotherium*）到现生马（*Equus*）的演化序列，堪称生物演化的经典案例。从祖先类型开始，它们的前脚由四趾经三趾逐渐演化为单趾，体形也从狐狸般大小慢慢变得高大壮硕，就连牙齿也随着气候和植被的变化发展出了复杂的高冠，为骏马在原野上的风驰电掣摄入足够的能量。

1838 年的一天，一个叫威廉·科尔切斯特（William Colchester）的人正在英国索夫克郡的一个小镇附近挖土做砖，细心的他在泥土中发现了一个小小的牙齿化石。他好奇地继续挖掘，结果又找到另外一件化石，是一块保留有牙齿的下颌碎片。消息传开后，这些化石引起了当时英国著名的博物学家理查德·欧文（Richard Owen）爵士的注意，他最初觉得这些化石属于一种猴子。随后几年，人们在伦敦附近的黏土沉积中又陆续发现了很多类似的标本，那时欧文才意识到它们并不是猴子的化石，所以他在 1840 年将这种动物正式命名为 *Hyracotherium*，这个拉丁文学名的含义是“像蹄兔的野兽”。

在欧文描述他的“蹄兔兽”之后，转眼 20 多年过去了。1866 年，年轻的马什被耶鲁大学聘任为北美第一位古生物学教授，当时他才 35 岁。此君后来与古生物学家库普展开激烈的化石发现竞赛，人称“化石战争”（Bone Wars）。马什当上教授后，立即着手建立耶鲁大学皮博迪博物馆，因此他需要在北美西部地区收集化石。在野外发掘中，他发现了一具完整的哺乳动物骨架，这只动物的牙齿与科尔切斯特在英国发现的化石完全一样，显然它们属于同一种动物。马什通过深入的研究发现，这种动物与蹄兔并没有什么关系，尽管体形只有狐狸般大小，但它却是今天世界上所有高头大马的最早祖先，即始祖马。

后来人们在北美、欧亚大陆、非洲和南美发现了成千上万的马类化石，从珍稀的完整骨架到常见的散落骨头和牙齿不一而足。始新世最早期（距今约 5600 万年）开始出现的始祖马后脚三趾，前脚四趾，趾端有蹄，但前脚起作用的脚趾也只有 3 个。始祖马不仅是马的祖先，也可能是所有奇蹄动物的共同祖先。继续看始祖马的后代，始新世

▷始祖马复原图（吴飞翔 / 绘）

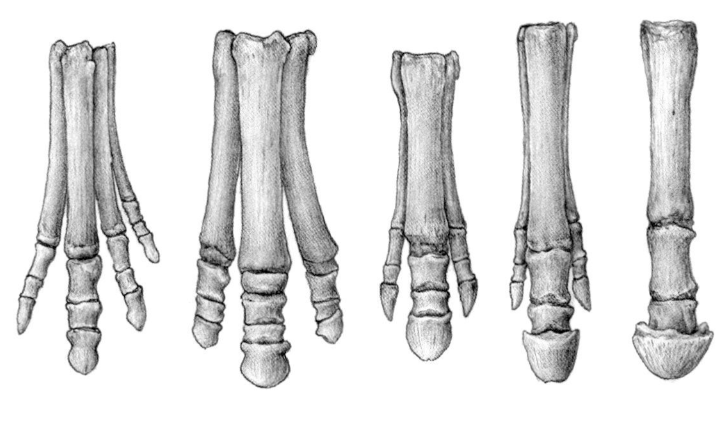

▷马科动物前脚结构的变化。侧趾不断退化，而前蹄骨（中趾）不断增大。自左起：1. *Pachynolophus*（*Orohippus*）*agilis*，四趾，森林型，生活于中始新世；2. *Palaeotherium crassum*，三趾（侧趾较大），森林型，生活于晚始新世；3. *Anchitherium*（安琪马）*aurelianense*，三趾（侧趾较细长），森林型，生活于中中新世；4. *Hipparion*（三趾马）*gracile*，三趾（侧趾较短小），奔跑型，生活于晚中新世；5. *Equus*（真马）*stenonis*，中趾明显增大，侧趾退化，奔跑型，生活于上新世（吴飞翔 / 绘）

中期（距今约 4000 万年）出现的渐新马（*Mesohippus*），前、后脚都只有三趾，中趾明显增大，但所有的脚趾都能接触地面。中新世早期（距今约 1800 万年）出现的草原古马（*Merychippus*）是渐新马的后代，只依靠中趾行走，侧趾已经很小，它有两支后代，即三趾马（*Hipparion*）和上新马（*Pliohippus*）。三趾马经过几百万年的演化，在北美洲的食草动物群中占据了统治地位，同时也扩散到了旧大陆（即亚洲、欧洲和非洲）并持续繁盛，直到 50 万年前的更新世中期才最后灭绝；而上新马则在北美洲最后演化成了真马（*Equus*），并扩展到南美洲和旧大陆。但马类后来却衰退了，今天世界上马科动物只剩下 1 属 6 种，即 3 种斑马、2 种野驴和 1 种野马，它们都是珍稀动物，其中多数种类濒临灭绝。实际上，最后一种野马——普氏野马（*Equus przewalskii*）在自然环境中已经灭绝。

马的演化历史还和环境的变化联系在一起，古生物学家认为它们身体的很多改变都是对环境变化的响应。马类的牙齿逐渐变为高冠，釉质结构也变得复杂，并产生白垩质，其中高冠齿的出现可能和 C4 植物的扩散相关。甚至在特殊的时期里，马的体形大小也随着环境变化。在早始新世的极热事件中，北美“始祖马类”（*Sifrhippus*）各个种类体形随温度升高而变小，之后随温度的回落而又逐渐变大。

距今 1800 万年至 1500 万年间，三趾马在北美大陆快速辐射，占据了动物群中的优势地位，同时也扩散到了整个旧大陆。尽管三趾马在化石记录上有巨大的数量优势，但从三趾马的名字可以知道，它们仍然保持着“三个脚趾”的特点，所以常常被认为是相当原始的类型。不过，从牙齿的结构上看，许多三趾马实际上是所有马类中最进步的，

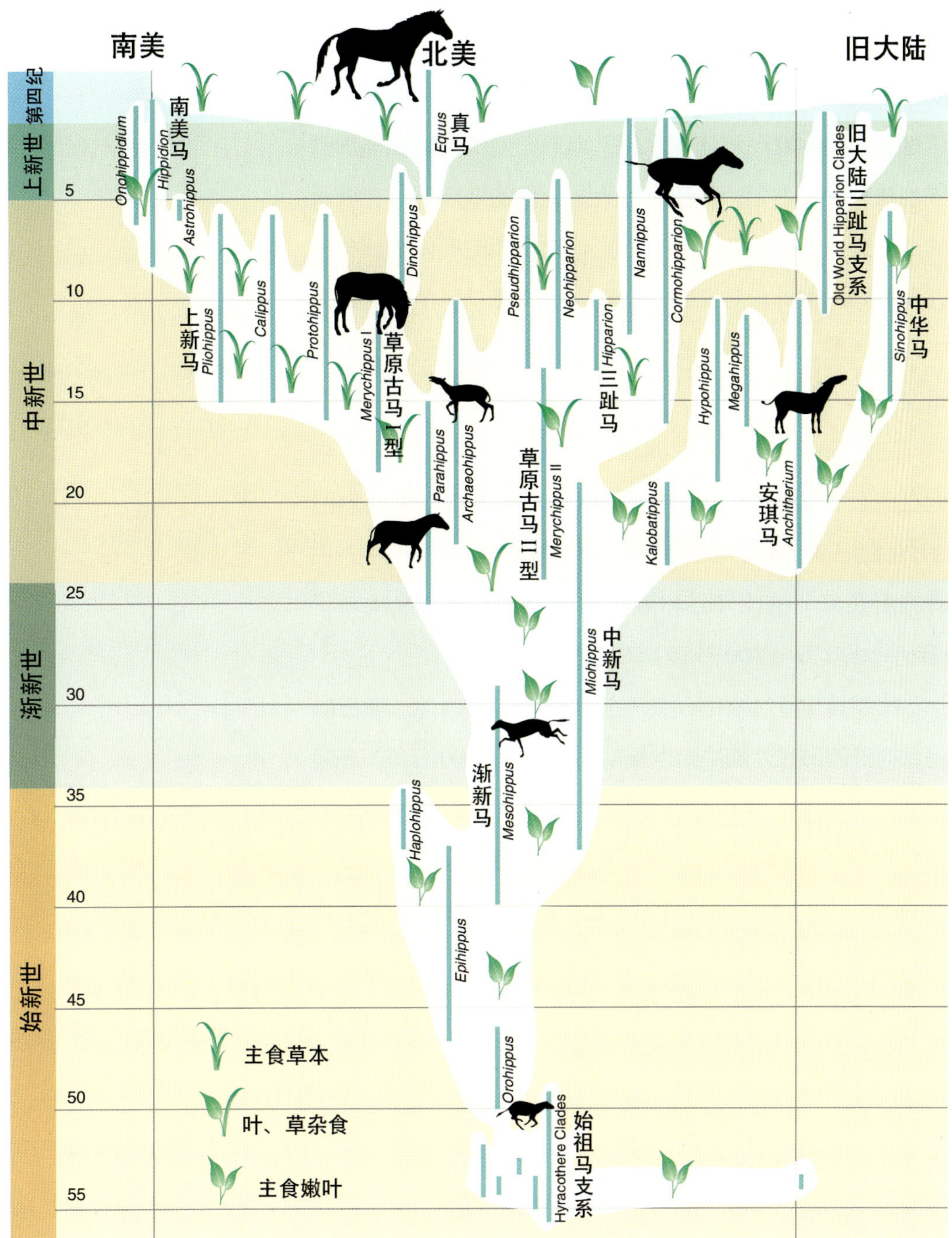

△伴随着在新、旧大陆之间的迁徙，马科动物不断演化，它们的食性由嚼食嫩叶逐渐转变成主食草本，体形的变化也十分明显，从狐狸般大小的祖先类型演化成为今天的高头大马（据 MacFadden et al., 2005 修改）

甚至比现生的真马还要进步。

三趾马在距今 1100 万年的中新世晚期开始跨越白令陆桥来到亚洲，这是它们第一次出现在旧大陆。然后它们迅速地扩散到欧洲和非洲北部，稍后印度次大陆和非洲南部也被三趾马占领。与在北美大陆上演的戏码一样，旧大陆的三趾马在从中新世晚期到更新世早期的时间内演化出许多不同的种类。对三趾马的研究也许是马科演化史研究中最活跃的主题，每年都有众多专家撰写观点迥异的科学论文。

三趾马由北美进入亚洲后，很快跑上了青藏高原。它们在高原上存续了几百万年，见证了高原环境的巨大变化。在 20 世纪 70 年代中国科学院组织的青藏高原考察中，古脊椎所在藏北的比如县和藏南的吉隆县发现了晚中新世（距今 1000 万—700 万年）的三趾马动物群。

比如县布隆盆地化石点现在的海拔为 4560 米，其三趾马动物群的时代为晚中新世早期，距今约 1000 万年。布隆的三趾马被命名为西藏三趾马（*Hipparion xizangense*），它与竹鼠、鬣狗、后猫、野猫、大唇犀、萨摩麟和羚羊们共享着一片落叶阔叶林下的优渥生境。而吉隆县沃马盆地化石点 700 万年前的三趾马名为福氏三趾马（*Hipparion forstenae*），和它共存的动物有仓鼠、跳鼠、鼠兔、鬣狗、大唇犀、后麂、古麟和羚羊等，代表着林草混杂的疏林环境。

从 2006 年起，古脊椎所的研究人员和美国的同行们多次在阿里地区的札达盆地进行考察，发现了大量更年轻的上新世（460 万年前）的三趾马化石。结合比如和吉隆的发现，这前后 600 万年的三趾马阵列，正好跑过了一段高原由森林变草地的历史。

2012 年，邓涛等人在《美国国家科学院院刊》上发表论文，对札达盆地的一具三趾马骨架化石进行了运动功能分析，证明札达三趾马是一种生活于高山草原、善于奔跑的种类，从而重建了它的生态环境，并据此恢复了青藏高原在 460 万年前的古海拔。札达三趾马适应开阔的环境，具体到札达地区，则必定在陡峭的青藏高原南缘的林线之上，根据与现代植被垂直带谱的对比并通过古气温校正，研究者推测札达盆地当时的海拔高度约为 4000 米，由此证明西藏南部在上新世中期已经达到了现在的高度。

由于骨骼化石的形态和附着痕迹能够反映肌肉和韧带的状态，所以可以据此分析灭绝动物生活时的运动方式。札达三趾马的骨架保存了全部肢骨、骨盆和部分脊椎，因此提供了重建它奔跑行为的机会。

札达三趾马明显是个奔跑的好手，它细长的第三掌跖骨及其粗大的远端中嵴、后移的侧掌跖骨、退化而悬空的侧趾、强壮的中趾韧带、加长的远端肢骨等，都指向更快的奔跑速度；股骨上发达的滑车内嵴形成膝关节的“锁扣”机制，能够保证它长时间站立而不致疲劳。更快的奔跑能力和更持久的站立时间只有在开阔地带才成为优势：茂密的森林会妨碍马的快速奔跑，反之，在开阔的草原上夺路狂奔才能逃脱敌人的猎杀，获取生存的机会。三趾马是典型的高齿冠有蹄动物，札达三趾马的齿冠尤其高，说明它以草本植物为主要食物。食草行为从营养摄入的角度来看是低效的，因此要想保证足够的营养和奔跑的体力，就必须吃进大量的食物。所以，食草的马类每天必须花费大量的时间在草原上进食，同时保持站立的姿势，以便时时观察潜在的捕食者。札达三趾马的一系列形态特征正是对开

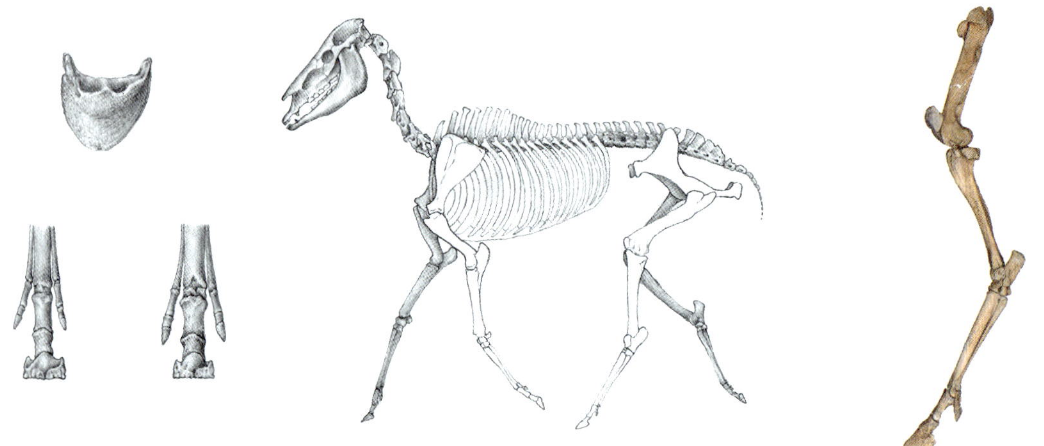

阔草原的适应。与此相反，欧洲原始三趾马（*Hipparion primigenium*）的形态则指示了明显更弱的奔跑能力，体现了对森林环境的适应。

▽ 札达三趾马骨骼复原图（右）以及它的前脚对比特点。左上：前蹄骨（右第三中指节骨）；左下：札达三趾马的前脚；左中：原始三趾马的前脚。札达三趾马前脚侧趾比原始三趾马更加退化，因为完全悬空不能接触地面，这种三趾马更适于快速奔跑（吴飞翔 / 绘）

△ 札达三趾马后腿骨骼虚拟组装（王世骐 / 供图）

值得一提的是，札达三趾马的肢骨在比例上非常接近于藏野驴，尤其是细长的掌跖骨，它们与平原地区的三趾马存在显著差异。显然，藏野驴和札达三趾马在形态功能上发生了趋同进化，这是适应相同的高原环境的结果。

在西藏比如县发现的西藏三趾马也包括有肢骨材料，特别是远端部分。它的掌跖骨比例与森林型的原始三趾马几乎完全一致，指示它们具有相同的运动功能，说明西藏三趾马生活于林线之下的森林中，这一点与通过其他证据恢复的比如化石点的古环境一致。在西藏吉隆发现的福氏三趾马虽然目前还缺乏四肢骨骼的材料，但是这种三趾马还曾出现在同时期的甘肃和陕西，根据福氏三趾马各个产地的古环境分析，可知它生活在林草相间的环境里。

与三趾马共祖的上新马演化出真马后，也很快到达了青藏高原，留下了不少化石记录。早在 2009 年，古脊椎所李强研究员带队到札达盆地考察时，意外地在邻近的门士地区采集到两件真马的化石，他们在 2011 年的《第四纪研究》上报道了这一重要发现。王晓鸣老师和同事 2012 年在门士又找到了第四纪真马的化石。因为真马在欧亚大陆的首次出现时间与 260 万年前的第四纪下界吻合，所以真马化石在门士的发现，确定了其产出地层应属于第四纪。这为门士地区地层年代的讨论提供了参考。门士地区新生代岩石地层单位已建有门士组，但被认为包含了下部的始新统地层和上部的上新统地层，两者之间为断层接触。此后，这套地层被重新划分为上白垩统—始新统门士组、中新统野马沟组和上新统日须沟组。

门士的真马化石最接近于普氏野马。普氏野马化石广泛分布于欧亚大陆的晚更新世地层中，在中国的分布范围西至新疆西部，东到东北三省，南至台湾海峡。普氏野马

▽札达三趾马复原图（吴飞翔 / 绘）

扩散到青藏高原是有可能的，因为在高原北缘库木库里盆地的第四纪地层中似乎也出现了它的踪迹。迄今为止，普氏野马在中国最早出现于山西丁村动物群，丁村动物群的年龄通常被认为不早于晚更新世，大约距今 12 万～10 万年，略微晚于中 / 晚更新世界限的 12.6 万年。李强等人认为，如果以后发现头骨和齿列等材料能证实门士的真马确属普氏野马，那么门士的这套河湖相堆积形成的时间很可能晚于 12.6 万年前。

邓涛老师在做博士论文时研究过普氏野马，了解到现生的普氏野马在 20 世纪 60 年代以前的分布仅局限于新疆北部阿尔泰及蒙古国的科布多盆地中，此后在野外环境中灭绝，只有少数人工饲养的案例。普氏野马是一种严格适应干燥寒冷的气候环境、生活于冬季风盛行区的荒漠动物，它们的化石的分布明显受控于东亚季风的时空变迁，同时普氏野马生态习性稳定，因此可以作为一种指示干冷气候的标准化石。如果门士的真马化石确是普氏野马的话，这将指示晚更新世时期西藏阿里地区的环境应该相当干冷。

干冷环境带来的植被变化，对奇蹄类来说不算是个好消息，但对于偶蹄类中的反刍动物而言却不失为一个逆袭的好机会。

羊族崛起

从历史上看，奇蹄动物和偶蹄动物之间存在一种此消彼长的关系，而偶蹄动物最终取得了胜利。青藏高原上也经历了类似的演替，比如披毛犀的生态位最终被野牦牛代替。今天的高原上，相对于奇蹄类，偶蹄类占据了绝对的优势，而尤以其中的羊亚科最为繁盛，藏羚羊、藏原羚、岩羊和盘羊就是例证。

羊亚科动物适应能力极强，它们是反刍类中最顽强的类群，不管是干旱、寒冷还是高海拔，各种瘠薄的环境里都有它们的身影。北极圈内的冰原和苔原上的麝牛（*Ovibos*），撒哈拉沙漠边缘地带的鬣羊（*Ammotragus*），青藏地区悬崖陡壁和高寒草甸上的岩羊（*Pseudois*）、塔尔羊（*Hemitragus*）、藏羚羊（*Pantholops*），以及山羊和绵羊的部分种类（如 *Capra falconeri*、*Ovis hodgsoni* 等）都在以各自的方式演绎着羊类的成功。对恶劣环境的良好适应能力使得羊类在第四纪的严酷环境下获得了极大的发展，有些物种最终还成为人类驯化和畜养的良种牲畜，成为第四纪到全新世最成功的一类哺乳动物。

但羊类源起何处？它们的早期历史对后来家族的繁盛有何影响？这些是很难回答的问题，因为 700 万～800 万年之前的羊类化石记录非常稀少，现代羊类祖先类型的资

▷柴达木德令哈的盘羊（龙尼智 / 摄）

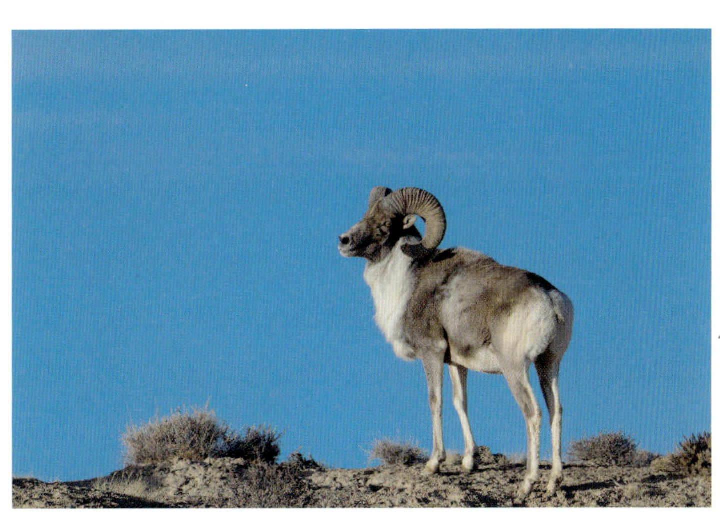

料也十分有限。羊亚科最早分化的类群，中中新世的拟羊羚（*Caprotragoides*）—特提斯羚（*Tethytragus*）—詹氏羚（*Grentrytragus*）支系，分布于南亚至地中海周边地区，但它们与现代羊类的亲缘关系并不清楚。分子生物学研究推测现代羊类可能起源于晚中新世早期地中海与东欧之间的群岛上，然而这样的假设缺乏化石证据的支持。札达盆地上新世（距今约 500 万年）的喜马拉雅原羊（*Protovis himalayensis*）是迄今为止盘羊家族最古老的类型，结合柴达木盆地的其他羊类化石可知，现代羊类可能起源于青藏高原及其北缘地区。

喜马拉雅原羊这个原始的羊族动物是所有现代盘羊的共同祖先。它的发现不仅将羊类的化石记录扩展到上新世时期的青藏高原，并且显示青藏高原，可能还包括天山—阿尔泰山，可能是盘羊祖先的生活区。

喜马拉雅原羊的化石材料在 2006 年和 2007 年的野外考察中采集于札达土林的观景台附近（也是西藏披毛犀正模化石的发现地）。正型标本（IVPP V18928）是一对几乎完整的雄性左右角心，这是创建这个化石属种的基础。角心的外弧全长44.3 厘米，接近于一些现代盘羊种的尺寸。

▽喜马拉雅原羊的角心。左：前侧视；右：顶视（吴飞翔 / 绘）

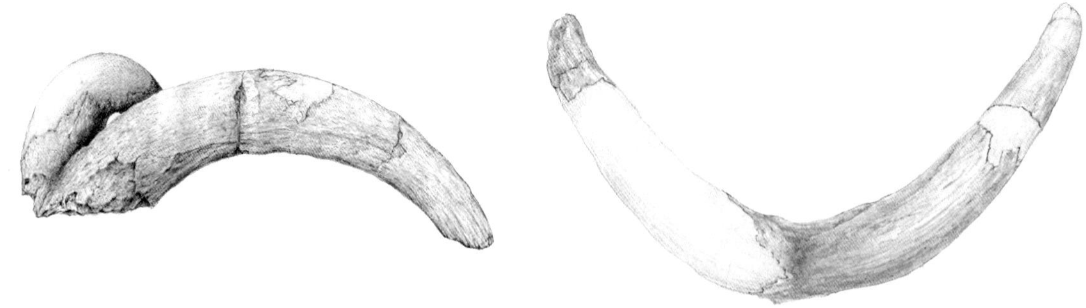

这种已灭绝的盘羊，特征组合不同于现代盘羊、岩羊和托苏羊（*Tossunnoria*）。它小于现代的亚洲盘羊，但与盘羊一样具有向后外侧弯曲的角心和部分发育的额窦，以及一些趋向于盘羊的过渡特征。

环境背景的变换影响了盘羊的演化进程。札达盆地被夹在喜马拉雅山和阿伊拉日居山之间，它的形成和发展与构造活动交织在一起。剥露的湖盆基岩和崛起的山脉在札达古湖岸边形成了复杂的崎岖地形和低缓丘陵。原羊化石发现地距离一个由变质岩基底形成的古岛不远，不难想象，面对食肉动物的致命攻势，这些悬崖峭壁可能是原羊最紧要的庇护所。

青藏高原的盘羊祖先与现代盘羊的分布范围重叠在一起，盘羊祖先在上新世已适应高海拔的寒冷环境，而当时的其他地区，包括高纬度的北极圈却是更温暖的气候。这个祖先类群快速地向现生盘羊的形态演进，在约 260 万年前第四纪冰期到来时，它们拥有了在冰冻环境下生存的竞争优势，因而成功地扩散到青藏高原周边和更遥远的北方。

所以，这个发现还有另外一层含义，它为先前提出的冰期哺乳动物“走出西藏”的理论新增了一个独立的例证：盘羊祖先也起源于上新世的青藏高原，并在更新世开始从青藏高原向外扩散到华北、西伯利亚北部和亚洲西部地区。盘羊由此加入了其他几种哺乳动物，如大型猫科动物（豹亚科动物）、北极狐、纯肉食性豺和披毛犀的行列，在冰河时期扩散到青藏高原以外的地区，成为更新世冰期动物群的成员。这样的推论也符合分子生物学构建的盘羊家族谱系关系和动物地理学历史。

在严酷环境中崛起的盘羊是幸运的，它们演化出了在山地环境的生存能力，有了陡崖峻岭的庇护，它们能够更好地避开猛兽的攻击和早期人类的猎杀，并且躲过了更新世末期的灭绝事件，而许多冰期动物的同伴却没能幸免而终于在高原上绝迹。

札达的化石解密了盘羊的起源之谜，而高原北部柴达木盆地的发现则让我们向整个羊族历史的原点靠近了一大步。

1931—1932 年，博格·步林两次率领中瑞考察队（即斯文·赫定考察团）进入柴达木盆地考察，收获了大量新近纪的哺乳动物化石。1937 年，步林报道了其中一批保存较好的早期牛科动物（分类上羊亚科属于牛科）化石，当时步林已经注意到这些化石中的有些类群与现代青藏高原上的羊亚科，如塔尔羊、藏羚羊在角心形态上存在相似之处，但限于当时的研究程度，步林并没有把这些材料与羊亚科的起源联系起来。后来的研究表明，产自柴达木盆地的这些化石地层时代从中中新世延续到晚中新世早期，与羊亚科起源的时间吻合，而且对化石形态解剖特征上的新认识也强化了这种观点。

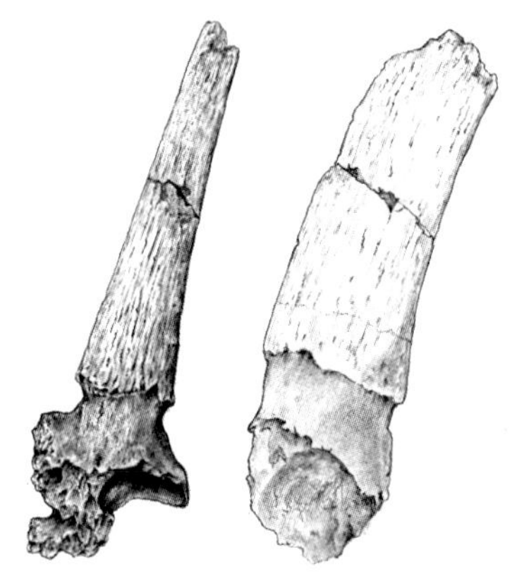

◁札达盆地的库羊角心。库羊可能是藏羚羊的祖先，它们最早出现在柴达木盆地，后来扩散至札达（吴飞翔 / 绘）

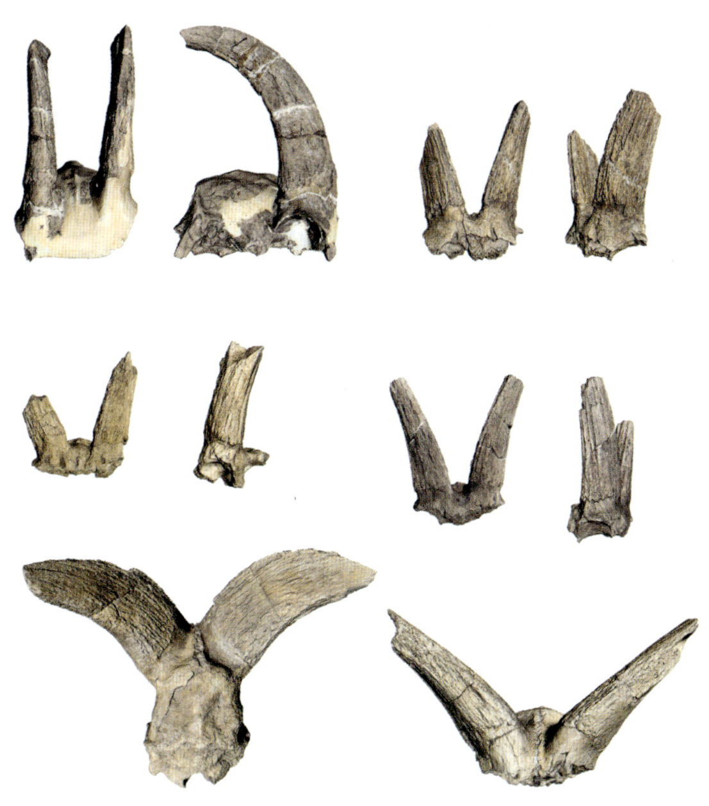

▷柴达木盆地部分中新世的羊类化石（根据王世骐供图修改）

2019 年，古脊椎所王世骐研究团队运用表面扫描、高精度的数据采集和模型计算，重新研究了步林当年发表的材料以及其他产自高原北缘的羊亚科化石，证明这些材料与羊亚科的起源密切相关。这些早期羊亚科材料可以分成两个类型，其一包括库羊（*Qurliqnoria cheni*）和托素羊（*Tossunnoria pseudibex*），有可能与现生青藏高原的一些本土类型，如藏羚羊、塔尔羊相关；其二包括敖羚（*Olonbulukia* sp.）、小原大羚相似种（*Protoryx* cf. *P. enanus*）、粗角羚相似属（cf. *Pachytragus* sp.），则与晚中新世晚期欧亚大陆的其他羊亚科类群存在关联，并且很可能与现代羊亚科的起源相关。

因此，研究人员推测现代羊亚科早期的演化事件很可能发生在中中新世晚期到晚中新世早期的青藏高原及其北缘地区。这个时候，青藏高原发生了明显的隆升，海拔接近于现代的高度，生态环境也急速地趋向高海拔的严酷环境。在这个背景下，早期的羊亚科动物很好地适应了寒冷和干旱的生存环境，并在高原上快速演化，最终在第四纪的冰期重新走出西藏，成为现代最成功的动物类群之一。

令人胆寒的杀手

鬣狗叫狗，长得也颇有几分像狗，但实际上，它们的亲缘关系和狗比较远，在食肉目的家族谱系里，它属于猫形亚目，因此和猫科的关系都要比犬科（犬形亚目）近一些。

外貌上的相似虽然不能成为分类的依据，但在自然界的生存游戏中，这种形似可能意味着某种生态上的微妙关系。自犬科在北美起源后进入旧大陆，一度广布于亚洲、非洲、欧洲和美洲的鬣狗，种类不断减少，分布区也大大缩水，直至偏安于非洲、中亚和南亚的局部地区。尽管科学家们对其中的因果关系尚无定论，不知是犬科动物压过鬣狗的风头，还是因为鬣狗自身的衰退而被犬科补位，但这样此消彼长的角色转换的确发生了，特别是在环境急剧变化的地方。在地质历史上，青藏高原多个地点都曾有过鬣狗的踪影，特别是在 400 万年前的阿里札达，曾生活着至少两种鬣狗。而今天鬣狗在高原上已经绝迹（发现夏河人的甘肃白石崖洞里出现了鬣狗的化石，说明鬣狗在 20 万年前可能还生活在青藏高原的某些地方），它们的位置被狼群所取代。

鬣狗家族在高原上的历史至少可以追溯到 1000 万年前。最新的研究把一度游离于鬣狗家族之外的巨鬣狗“请”了回来。研究者通过新的技术观察到这类动物脑颅底部的结构呈现典型的鬣狗模式，只是它们可能较早就从家族分化出来，而显得与其他同类有所差别。若以这个来论，藏北布隆盆地三趾马动物群（约 1000 万年前）里的巨鬣狗就是青藏高原上已知最早的鬣狗记录了。

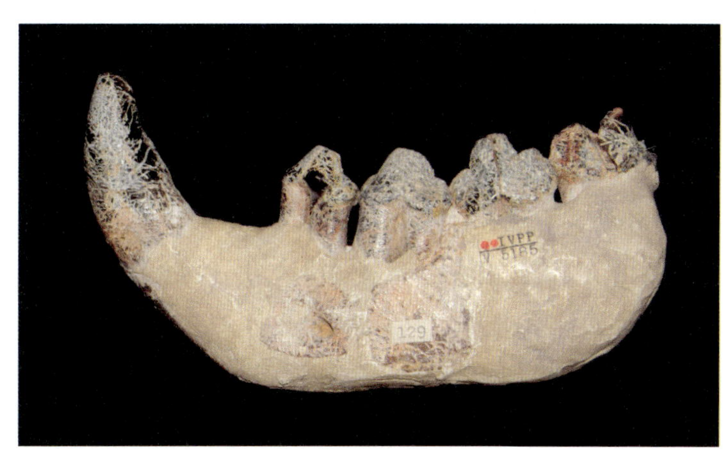

▷藏北比如县布隆盆地的西藏巨鬣狗（*Dinocrocuta xizangensis*）化石，距今约 1000 万年（江左其杲 / 摄）

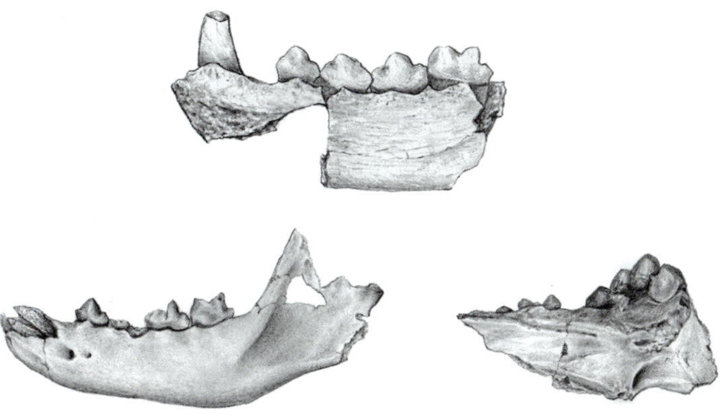

▷札达盆地的两种各具特色的鬣狗化石。佩里耶上新鬣狗（*Pliocrocuta perrieri*）（上）：前臼齿和臼齿粗壮，都具有典型碎骨鬣狗的釉质层褶皱。在生态系统里，这种动物可能扮演着清道夫的角色。雪山豹鬣狗（下左、下右）：一种较原始的豹鬣狗，善于奔跑，裂齿尖细，适于吃肉（吴飞翔 / 绘）

柴达木盆地晚中新世的鼬鬣狗（*Ictitherium*）也是鬣狗家族征服高原的先驱，相比于像果子狸那样善于爬树的祖先类型原鼬鬣狗（*Protictitherium*），它们的体形已经大了很多，并且可能过群居生活。等擅长奔跑的犬形鬣狗豹鬣狗支系和更加壮硕的碎骨型鬣狗支系出现后，它们也很快扩散到了青藏高原。到晚中新世早期，碎骨型的稀有副鬣狗（*Adcrocuta eximia*）已经在高原北部的柴达木盆地大快朵颐。而到了早上新世，这个类型的鬣狗则已经抵达高原西南角的札达盆地，与善于奔跑的雪山豹鬣狗（*Chasmaporthetes gangsriensis*）共享这里充足的食物。

从鬣狗家族的演化历史来看，碎骨型种类是鬣狗演化的最后阶段。现存的四种鬣狗中，三种是碎骨型（棕鬣狗、斑鬣狗和缟鬣狗）。札达盆地的上新鬣狗和肯尼亚早上新世的赫氏棕鬣狗（*Parahyaena howelli*）十分接近，这意味着上新鬣狗可能是现生棕鬣狗的祖先。显然，虽然今天棕鬣狗仅见于非洲，但它们祖上的地盘可要比这大得多。

上新世碎骨型鬣狗和奔跑型鬣狗同时出现在青藏高原，说明在新生代晚期，尽管高寒环境已经形成，但这里

◁雪山豹鬣狗是优秀的奔跑者，惊人的速度搭配一口利齿使它成为天生的杀手［朱莉·塞兰（Julie Selan）/ 绘］

仍有足够的资源可以支撑大量脊椎动物的生存，以养活这些多样化的超级肉食者。也正因为如此，其他肉食者如犬科动物们才能分得一杯羹，在雪原上适应并演化，甚至孕育出一些即将远走北极的传奇角色。

北极狐的祖先

四五百万年前的札达盆地是众多肉食者的“竞技场”。尽管寒冬的考验十分严峻，但矫健灵活的布氏豹、裂齿锋利的震旦豺、快步如飞的豹鬣狗、碎骨吸髓的上新鬣狗等雄踞食物链顶端的“枭雄”，仍代表了一个生机勃勃的群落。相比于这些体形硕大、行事“高调”的掠食者，邱氏

▷北极狐的祖先邱氏狐在青藏高原出现，说明北极狐也曾“走出西藏”，在大冰期来临时扩散至北极地区（来源：《青藏高原江河湖源新生代古生物考察报告》）

狐（*Vulpes qiuzhudingi*）更像一位“低调”的隐士。正因为如此，它的子孙们后来远行万里、拓殖北极的壮举显得更加动人。

2014年6月，英国《皇家学会报告B：生物科学》（*Proceedings of the Royal Society B: Biological Sciences*）在线刊发了王晓鸣等人对札达邱氏狐的研究成果。论文的标题开宗明义——《从第三极到北极：现生北极狐的喜马拉雅起源》。新的发现穿过广袤的亚欧大陆，将北极狐的起源地追溯到了青藏高原。根据现有的资料可知，邱氏狐的后代可能同西藏披毛犀、布氏豹和原始盘羊的后裔们一起，联袂上演了一出“走出西藏”的大戏。这个在高原适应了寒冷气候的族群，在第四纪冰期来临时，向北扩展到了北极地区，最终演化出了今天的北极狐。

完成这个史诗般的大迁徙并非一日之功，出发前需要做足准备。首先是御寒。先看看北极狐对极地寒冷环境的适应策略：它的冬毛长而厚实，毛下有大量的绒毛；耳朵短小散热面积小；足部有进步的热力循环系统；以及寒冷环境下减慢的新陈代谢。这些在它们青藏高原高寒环境下的祖先身上可能已经具备。但是，长距离迁徙的风险也是巨大的。根据数据统计，远足觅食的北极狐死亡率远远高于“定居”的北极狐。所以，邱氏狐的后代们能从高原一路向北成功抵达极地，可能还归功于它们的另一个长项——高度食肉的习性。“高度食肉化”一般是指食谱中肉的比例超过70%，这类动物大部分牙齿具有很强的切割功能。只有具备了专为食肉而生的牙齿，动物们才能摄入足够的脂肪和热量。邱氏狐就是这种类型，它的下颌臼齿（下裂齿）尖峰突出，齿刃锋利，非常适合切割皮肉。这样

▷邱氏狐 ——北极狐之祖（吴飞翔/绘）。上：下颌骨残块舌侧（1）与颊侧（2）（V18924）；下：正型标本（V18923），舌侧（3）与颊侧（4）。在青藏高原上新世的邱氏狐出现前，北极狐的化石均来自晚更新世北极圈内、西伯利亚和欧洲北部的地点。

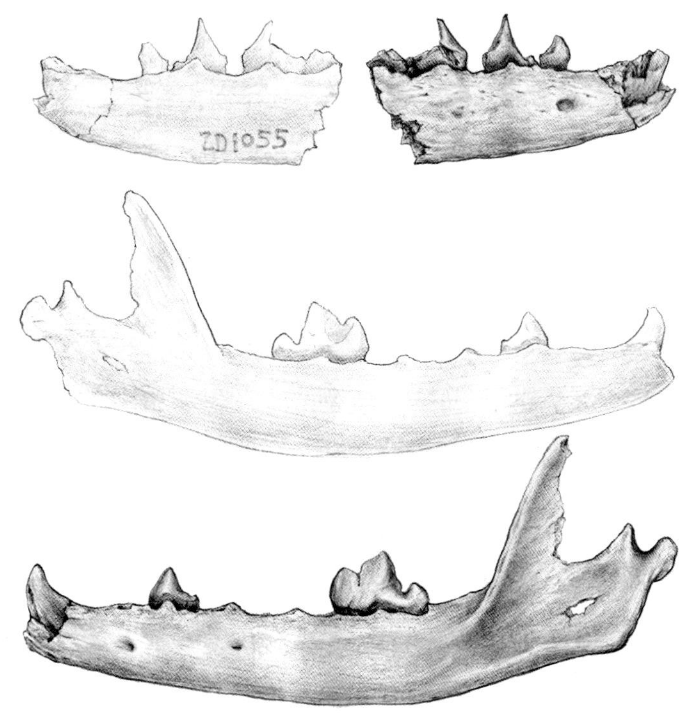

的特征在现代狐狸家族里只在北极狐身上可以看到，而不同于其他杂食性更高的现生狐狸，所以邱氏狐应该归入北极狐这一支，并且是这个支系已知最古老的记录。正是由于牙齿结构决定了食性的差异，起于高原的邱氏狐，注定将走上一条不同于其他狐狸的演化之路。

在现代狐狸家族的谱系树上，藏狐和沙狐是近亲，与北极狐关系较远，但藏狐也有类似北极狐的耐寒适应（如厚实的毛发）。分化后的邱氏狐—北极狐支系和藏狐支系各自发展，虽然最初同在高原寒冷的环境下，一支越来越专于食肉，而另一支则保留了原始的牙齿特征，并衍生出了藏狐和沙狐。

追溯北极狐的历史时，欧洲两种早更新世的狐狸，原冰期狐（*Vulpes praeglacialis* Kormos，1932）和似北极狐（*Vulpes alopecoides* Forsyth–Major，1875）也曾备受关注。这两种狐狸的牙齿结构都比较原始，有学者认为存在一个从似北极狐到原冰期狐再到北极狐的演化轨迹。但如果考虑食肉化的特征，这样的解释似乎不那么令人信服。结合形态和生态学的证据，更合理的解释可能是似北极狐和原冰期狐最终演化成了赤狐（*Vulpes lagopus*）而非北极狐。相比于北极狐，赤狐和中国人的渊源就要深得多，根据形态特点和分布范围判断，我国古代传说和神话故事里狐狸精的原型可能就是赤狐。

作为各自支系演化到今天的结果，北极狐和赤狐的差别还不仅限于此。赤狐的体形变化遵循贝格曼法则（即动物通过降低表面积与体积的比率来减少热量的流失，以适应寒冷的气候），越靠北（越冷）的种类体形越大。北极狐这一支却相反，越往北（越冷），体形越小，即使邱氏狐把历史推前到上新世，也是如此。邱氏狐的体形比现代北极狐要大 20%，而当时的极地地区比现在温暖得多，年均温可达 8℃。也就是说，邱氏狐的后代在往北极迁徙的过程中，随着北极地区变得越来越冷，它们的体形后来逐渐变小了。这是一个有趣的现象，除了保暖御寒，或许有别的因素导致了这一变化，正如有学者认为的，猎物大小可能是决定小型食肉动物体形的主要因素，而非气候。

青藏高原上狐狸们的故事并没有因北极狐的祖先走出西藏而终结，演化中各方的博弈一直在进行。牙齿和食性稍显保守的藏狐这一支，在进入青藏高原后成功留守到今天，而集耐寒和食肉优势于一身的邱氏狐，后代悉数远徙别处另开一片天地，也算是“失之东隅，收之桑榆”了。

雪豹之祖

我们常说的猫科（Felidae）动物分为猫亚科（Felinae）和剑齿虎亚科（Machairodontinae）。剑齿虎现已全部灭绝，而现代猫亚科则包含豹族（非洲大猫：如狮子、豹和美洲豹；亚洲大猫：如雪豹和老虎）以及猫族（家猫、猎豹和山狮）。作为生态系统中的顶级捕食者，猫科动物的故事总能勾起人们的好奇。

2009 年年初，一个“原始猎豹”的化石在《美国国家科学院院刊》上一经面世，立即引起媒体、学界的热议。这件据称来自甘肃晚上新世地层的猫科化石，罕见地保存了头骨的结构，且兼有原始和进步特征，再加上时代古老，似乎正是解答猎豹起源之谜的“关键缺环”，支持了“猎豹起源于亚欧大陆而非美洲”的假设。

然而，接下来事情的发展却超出了所有人的预料。

这个被命名为“柯氏豹”的化石，其疑点多得让人不安：颧弓又高又宽，不仅不像猎豹，甚至都不是食肉类动物该有的样子，再加上与头骨之间的结合线，都说明这一部分显然来自另外一个动物；头顶则由多个骨片拼接而成，却漏了猎豹应有的附着咬肌的顶嵴；脑颅也有多处明显的石膏塑造的痕迹。在古生物学同行们的持续关注和质疑下，论文作者最后不得不承认，这个从化石产区买来的“猎豹”头颅，一些关键部分的确是由石膏拼接而成。原来，这是化石商人为了拉抬价格而动过手脚的赝品。更令人惊诧的是，作为论文第一作者的丹麦学者竟然连标本都没见过，看着照片就把论文写了！ 2012 年 9 月 11 日，这篇曾经轰动一时的“原始猎豹”的论文最终以撤稿收场，石膏浆里鼓出的泡泡终究还是破了。

不知《美国国家科学院院刊》选择在和报警号码（美国的报警电话是 911）一样的日期撤稿仅是巧合还是暗藏深意，但无论如何，这场闹剧的确应该作为一种警示，浮躁和功利必定会给科学事业造成伤害。这个案例也从反面突出了科学标本和原始信息的重要性，更体现了科学共同体求真的原则和自查自净的能力。

就在人们细数“柯氏豹”疑点的同时，正在西藏阿里地区札达盆地考察的几个古生物学家，却与一件真正的豹类化石不期而遇了。

2010 年 8 月 7 日，这是科考队那趟札达科考正式开工的第一天。刘娟和队友曾志杰、李强、竹内贤二、时福桥在札达 ZD1001 化石点工作。在坡下一个平坦的地方把车停好后，队员们分发好食物和饮水，就各自散开了。刘娟顺着一个狭窄的、两边都是陡坎的山脊慢慢往上寻找。快爬到坡顶时，她在一层红色的粗粒砂岩层前停住了。这个红色岩层上面是一个几米宽的砂岩透镜体（中间厚周边薄的岩体），岩石颗粒比较粗，因为胶结程度不高还有点松散。当时谁也没想到，这个透镜体是个超级“富矿”，后来在实验室的清理过程中，研究人员在里面陆续发现了包括布氏豹和邱氏狐在内的至少 12 种哺乳动物的遗骸！当然，这是后话，但现场露出的线索就相当令人激动了。看见风化面上已经露出来的几块散碎骨块，刘娟唤来附近的队友，研究如何发掘。顺着散骨，大家将比较松散的岩石清理出来，最先出现的是邱氏狐的下颌（即上文提到的邱氏狐正型标本）。继续往深处清理，又遇到布氏豹的头骨，因为保存的情况更复杂，为保险起见，石膏绷带这时候就该派上用场了。前面提到，竹内是野外发掘的技术高手，在他的组织下，众人给这个化石制作了一个大型的石膏包，然后将它抬下坡去。这个点的发掘持续了三四天，最后李强和队友们一起还取了不少砂样。化石后来由时大爷开车从札达出发辗转 5000 多千米运回了北京。

这次首先发现 ZD1001 化石点的刘娟曾是古脊椎所张弥曼院士的硕士研究生，后来在加拿大阿尔伯塔大学取得博士学位后，继续研究新生代鱼类，特别是鲤形目鱼类的演化，现在在美国加州大学伯克利分校工作。2010 年的这次野外也算是她的蜜月之旅，她的丈夫曾志杰当时刚在南加州大学和洛杉矶自然历史博物馆取得博士学位，他的导师就是王晓鸣教授。曾志杰不仅在食肉类化石的研究上成果颇丰（前文介绍的同样发现于札达盆地的鬣狗化石的研究也是由他主导完成），而且还是野外科考的好手，他在 2009 年获得北美古脊椎动物学会的野外科学奖。这次野外考察时，他刚进入纽约美国自然历史博物馆开始博士后研

▽第二次青藏科考启动之后，古生物科考队曾多次回到札达，寻找新的化石材料。照片里左侧山梁上的红点和蓝点是正在下山的科考队员，这里也是产出布氏豹正型标本的地方（2023 年 2 月 21 日，赵光辉 / 摄）

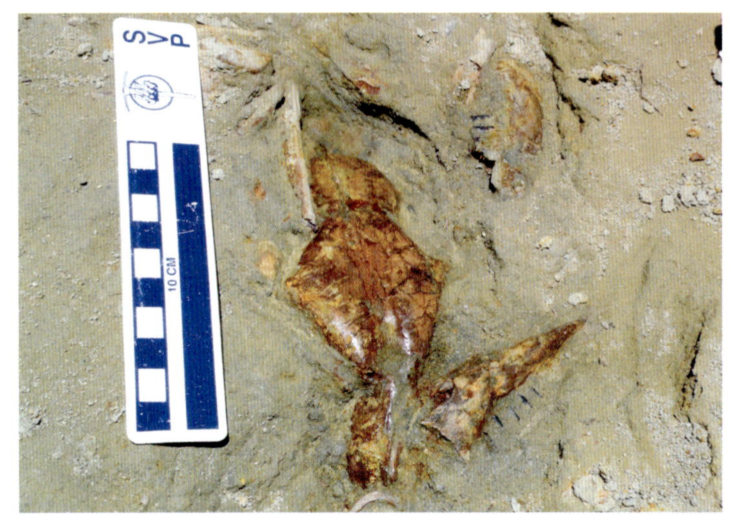

◁布氏豹正型标本出土瞬间，最先露出的是它的颅顶。请注意布氏豹旁边有几块埋藏在一起的某种羊类的下颌骨，牙齿已经部分暴露出来（李强 / 供图）

究，专攻食肉类演化的研究，所以在札达盆地“逮”到这头豹子真可谓恰逢其时。

标本运回古脊椎所实验室后，标本修复人员从中清理出的化石包括一件豹类的头骨，保存了左侧第一门齿、犬齿、第三和第四前臼齿，从头颅和牙齿的发育程度可以判断这是一个完全成年的个体。曾志杰领衔研究了这件珍贵的化石，论文于 2014 年年初发表在《皇家学会报告 B：生

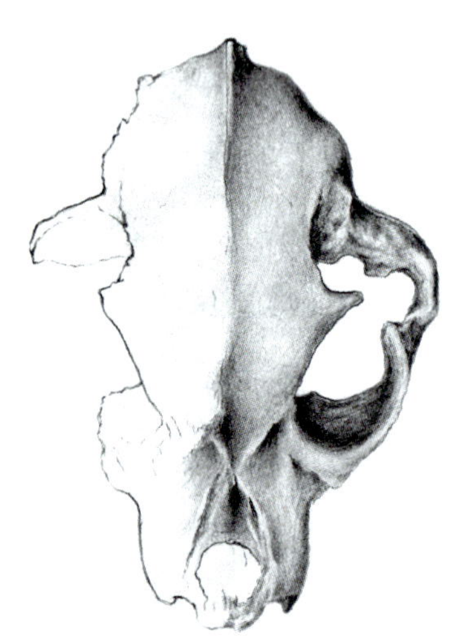

◁布氏豹头骨。布氏豹是雪豹的祖先，也是豹族（亚科）（包括今天的虎、狮子、花豹、美洲豹）的远祖，生活于距今约 440 万年的阿里地区。它的后代们从亚洲中部的山地向周边地区扩散，甚至远走非洲和美洲，成为各个大陆上的王者（吴飞翔 / 绘）

物科学》上。这是迄今为止最古老的、最原始的雪豹。这尊“雪豹之祖”，就此得名布氏豹。

为了汇集更多的形态学信息，曾志杰等人的研究收拢了考察队几年间在札达盆地发现的共 7 件豹类化石，除了作为正型标本的头骨外，其他材料包括一段下颌骨，一个

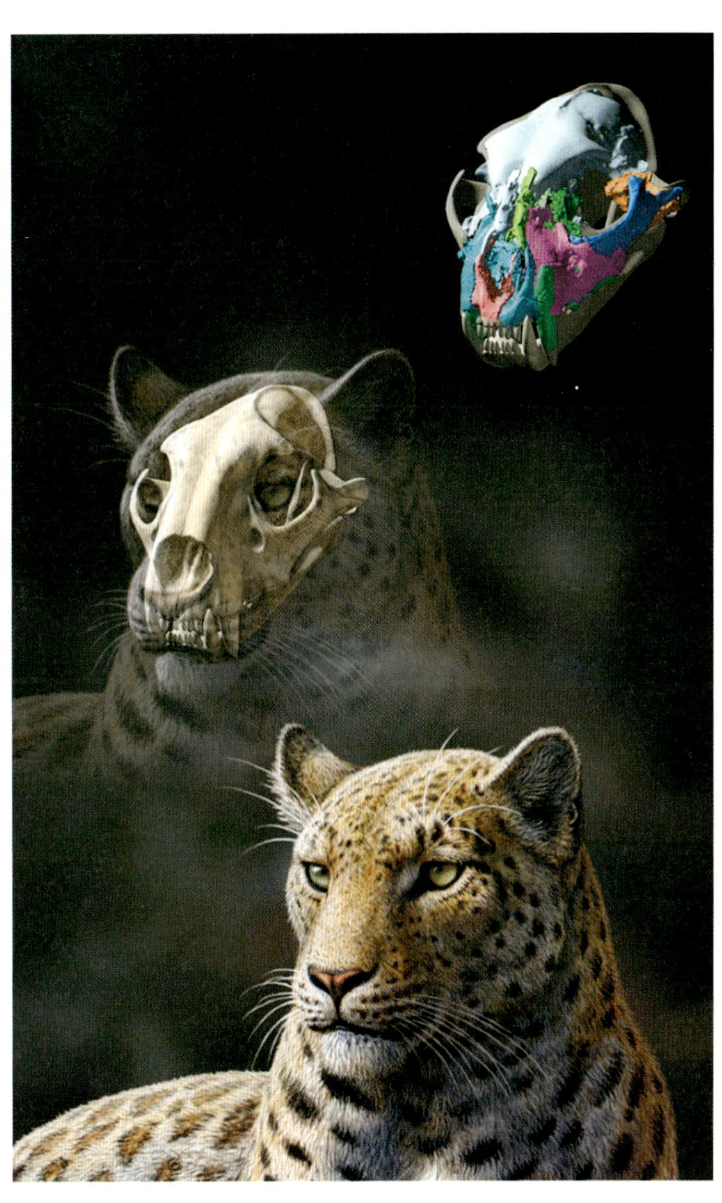

▷布氏豹头骨和头部形态复原图［莫西奥·安东（Mauricio Antón）/ 绘］

保存有犬齿的前颌骨和上颌骨片段，一枚脱离的第四前臼齿，部分上颌骨片段和齿骨支，一个保存有第三前臼齿、第四前臼齿和第一臼齿的部分右侧齿骨。

正模标本因为是近立体保存，研究人员使用电子计算机断层扫描设备（CT）扫描了 1154 张图像，并通过专业软件进行切分和三维重建，勾画头骨骨缝线，还识别了一些脑颅的信息。形态学研究发现布氏豹头骨的额鼻区域扁平而上颌骨扩展，这是典型的雪豹特征。牙齿的许多特征，尤其是近圆锥状的犬齿也与雪豹非常相似，但一些隆起和齿尖却不同。根据头骨的大小判断，布氏豹体形与云豹（*Neofelis nebulosa*）相近，但比现代雪豹小十分之一左右。

雪豹今天栖息在喜马拉雅山区，布氏豹的生活环境也接近于现在的青藏高原，和雪豹一样，它不是在开阔地带而更可能是在悬崖或山谷中捕猎。它牙齿的磨蚀特点也与现代雪豹相似，后部牙齿仍然尖锐，可能用来切割软组织；前部牙齿磨蚀严重，而前臼齿和臼齿磨损程度较低，说明布氏豹应该是撕开猎物专拣肉吃而不是咬碎骨头。

从标本中识别的丰富的形态信息可以比较可靠地确定布氏豹的系统位置。在前人形态和分子学分析的基础上，曾志杰等人的研究综合了 12 种现存以及灭绝的猫科动物的

◁布氏豹雄姿（复原图）（吴飞翔 / 绘）

形态学特征和DNA基因数据，用全证据系统发育学的分析方法得出结果，认为札达的布氏豹代表了一个与现生雪豹互为姊妹群的豹属新种，并且与老虎的亲缘关系也很近。

雪豹生活在青藏高原和周边山地，适应寒冷的气候条件。此前在欧亚大陆发现过的更新世雪豹化石，后来多数都被否定，比较可信的是来自巴基斯坦北部早更新世西瓦立克沉积物中的化石。札达盆地的布氏豹，时代为早上新世，距今约440万年，无疑是目前已知最早的雪豹记录。这个重大的发现不仅揭示了雪豹的起源，也为研究豹类家族的早期演化带来了新的启示。

以布氏豹作为新的锚点，可以重新梳理豹类演化历史的时间线。大型猫科动物的起源时间可能比此前的推测要早得多，估计最早的豹类可能在1100万～1000万年前从猫亚科分离出来，而且这一事件应该发生在亚洲。实际上，关于布氏豹的研究成果发表之后，法国学者在2017年重新研究了土耳其晚中新世（距今约900万～800万年）的化石，确认那是已知最早的豹类代表。这让我们对青藏高原布隆盆地（化石层年代距今1000万年）和吉隆盆地（化石层年代距今700万年）两地的化石层有了新的期待。这些地方当时还是森林或疏林环境，猎物充足，尽管目前还没有任何豹类化石的记录，但布氏豹和土耳其的豹类化石暗示我们，任何1000万年以来古环境合适的化石点都可能带来惊喜。

根据古动物地理学的分析，布氏豹的发现还说明雪豹应该起源于以青藏高原为中心的山区，之后它的后裔们还将地盘扩展至新疆和蒙古西部的山地。几百万年以来，雪豹们一直秉承着占山为王的传统，而它们的非洲亲戚们却成了暴走江湖的浪子。古脊椎所江左其杲等人在2020年重建了非洲

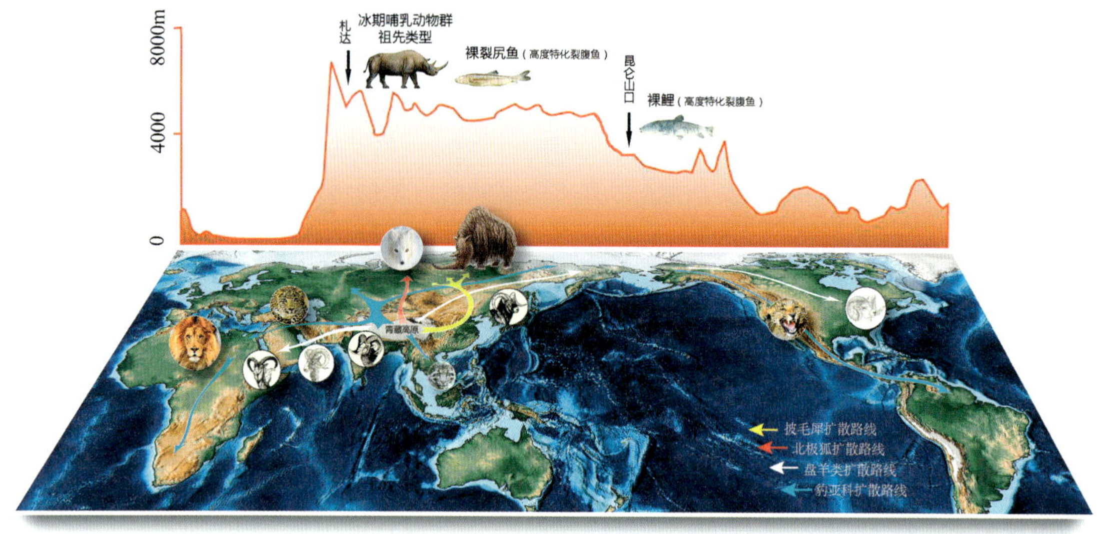

△众多冰期哺乳动物及豹族（亚科）动物祖先“走出西藏”，给新生代晚期以来世界生物多样性的发展带来了深远影响

大猫（美洲豹和狮子）的扩散历史，认为这些大猫们曾走出非洲，征服欧亚，随后远行美洲。美洲豹大概在 360 万年前起源于非洲，借着早更新世气候变冷、草地扩张的契机，在距今 180 万年前后走出非洲到达西亚和欧洲，并在 140 万年前抵达南亚，距离青藏高原仅一步之遥。而狮子从非洲向其他地区扩散的路线几乎和美洲豹相吻合，只是时间滞后很久。有趣的是，尽管这两类非洲大猫都具有超强的扩散能力，但它们的征服之路似乎都避开了青藏高原，不知道令其望而却步的是不是这里的高寒气候。然而，这对于另外一类大猫——剑齿虎而言，似乎并不算什么障碍。

色林错畔的剑齿虎

与人类历史有过交集的猛兽中，剑齿虎绝对算得上是令人胆寒的存在。这类大型的史前猫科动物，长着锋利如刀的上犬齿，工于咽喉刺杀，不幸与它们遭遇的倒霉蛋很难逃过它们的一剑封喉。凭着这样的猎杀优势，剑齿虎在新近纪和第四纪称霸于新、旧大陆的森林与草地，一时风光无两。在中国，剑齿虎家族成员在中国新生代晚期很多地方都存在过，尤数山西和甘肃的记录最多。青藏高原东南缘的川西甘孜州和藏北比如县的布隆盆地也有一些锯齿虎牙齿和颌骨的碎片。而色林错附近的一件化石则说明，剑齿虎家族的势力范围曾一度深入高原腹地。

这是一件 40 年前发现的老标本。1984 年，古脊椎所王景文和河南地质矿产局鲍永超合作报道了一件来自藏北的大型猫科动物的脑化石。这件化石发现于色林错东南岸的坡积物里，它的保存状态非常罕见：不同于一般的骨骼或者内腔铸型，这个化石由大脑软组织直接石化而成，几乎是一个脑的模型，脑部表面的沟回结构清晰可辨。这个猫科动物的脑沟、脑回比较简单，所以当时被认为可能是虎脑的化石。

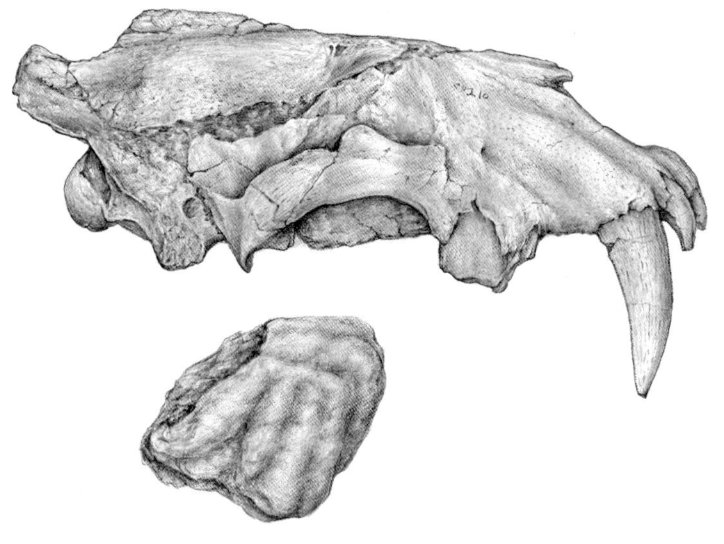

▷色林错边剑齿虎脑化石（下），标本尺寸宽 6.7 厘米，高 6.3 厘米，稍小于现生狮、虎的脑，但大于豹和雪豹的脑。这不是一个脑腔的铸型，而是大脑软组织的化石。这个化石形成的原因是一个谜。在高原上，它的剑齿虎同类还曾生活在那曲比如县的布隆盆地和四川甘孜州的德格县。作为对比，请参照上图——青藏高原东北缘（临夏盆地）甘肃东乡早更新世的锯齿虎（*Homotherium crenatidens*）头骨（吴飞翔 / 绘）

△甘肃龙担动物群复原图（李荣山 / 绘）

然而，最新的观察却将它与剑齿虎联系了起来。标本前薛氏回中部的深沟和内缘沟的缺失都说明它与现代虎豹存在区别，而与剑齿虎的特征比较吻合，而且脑部缘回和上薛氏回的特点也与剑齿虎亚科完全吻合。综合分析之后，目前将这件标本归为剑齿虎是更为合理的解释。

剑齿虎亚科是猫科的两大分支之一，包括了所有现生猫类及相关化石类群［猫亚科的豹族常被归成豹亚科（Pantherinae），比如前文介绍的最早的雪豹布氏豹］。猫亚科的犬齿呈圆锥状，而剑齿虎的犬齿则像侧扁的弯刀或匕首。在剑齿虎的演化历史上，不同的种类在体形大小、牙齿形态、颞肌与头骨的组合以及头骨的活动能力上各有优势。捕猎样式多次独立进化的同时，刺杀效能也日趋完善。或许正是出于这个原因，它们同时期的猫科表亲——以札达盆地布氏豹为代表的早期豹类可能很难与之匹敌。

化石记录显示，在二者并存的中中新世至晚更新世的1000多万年的时间里，猫亚科（包括豹类）无论是在种类上还是在数量上都远远不如剑齿虎，然而后者最终还是走向了灭绝。这或许与人类有些瓜葛：人类能力逐渐强大并且越来越善于合作捕猎，剑齿虎的英雄孤胆终究敌不过原始人类夹枪带棒的围攻猎杀。

色林错剑齿虎的时代尽管尚有疑问，无法确定它的生活年代是上新世还是更新世，但毫无疑问，它与布氏豹的豹族后裔至少在时间上肯定存在交集。根据现有的化石记录看，这对远房表亲似乎保持着某种默契，彼此敬而远之，在青藏高原内部并未出现“一山存二虎”的现象。

但在青藏高原东北缘的甘肃龙担动物群（早更新世早期，距今约255万～216万年）里却是另外一番景象。猎豹、老虎和猞猁就曾和剑齿虎们在这里共享生杀大权。不过，在猎物的体形和种类的选择上，它们可能巧妙地回避了直接的竞争。当时剑齿虎的代表是非常特化的锯齿虎和巨颏虎，这两种猛兽体形巨大，血盆大口足可以张开 120 度，因此适合猎杀大型动物；而其他猫科动物因为捕食系统和体形的限制，捕杀的对象可能小一些。

轮流坐庄

当地面上演着披毛犀、盘羊和雪豹“走出西藏”的大戏时，地下的世界也被一波又一波闯进高原的“外来者”搅得热热闹闹。

可能是习惯了来来往往的转山人，看到我们这群拎着地质锤的两足行走动物，这只旱獭还是一如既往的淡定，甚至还不紧不慢踱步过来接走我们递给它的食物。这份“主人”一样的从容倒也很有底气：它们的祖先在更新世由

◁神山（冈仁波齐）化石层附近的喜马拉雅旱獭（*Marmota himalayana*）（2020 年 6 月，刘佳 / 摄）

西伯利亚迁入青藏高原，在不到 200 万年的时间里闪转腾挪，最终接手了高原上本属于鼢鼠的地盘。

和在地表就可能露出线索的大型动物（如前文提到的披毛犀、布氏豹、鬣狗等）的化石不同，大多数时候，小型啮齿动物的化石只能通过筛洗砂样的办法获得。这架势乍一看与传统的筛洗金砂的手法有几分相像，就最终产出的价值而言，二者也的确可相比拟——我们用编织袋成吨成吨地从化石点搬运砂样（经常是人力扛运），再开车拉到附近的河边筛洗，最后在实验室显微镜下挑选化石。有时候得到的或许仅有几颗牙，运气差的时候甚至一无所获。付出大量时间和劳力收获的这些小小的化石，确实比金子还贵重。

2010年8月在札达的考察运气不错，从化石点（ZD1001，距今约 440 万年）筛出来的化石里，竟然出现了鼢鼠的

▷ 2010 年夏天，古脊椎所李强和赵敏在札达盆地筛洗砂样

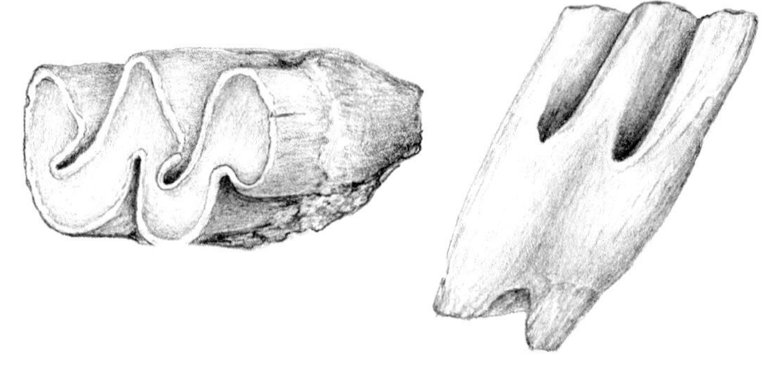

◁艾氏原鼢鼠 *Prosiphneus eriksoni* (Schlosser, 1924) 的右侧 M2（第二下臼齿）（冠面视角和唇侧视角），长约 7 毫米。产自阿里地区札达盆地 ZD1001 化石点，这一地点还产出布氏豹和邱氏狐。这是青藏高原内部鼢鼠化石的首次发现，今天高原上的鼢鼠分布区局限在青海境内。这种鼢鼠臼齿齿冠很高，这是对坚硬食物的一种适应，说明当时的环境已经相当干旱（吴飞翔 / 绘）

牙！这让我们很惊喜——这可是目前高原西部鼢鼠唯一的化石记录。看来这类擅长打洞的动物今天在高原上的领地已经大大萎缩，东昆仑山脉已将它们挡在了青海境内。

鼢鼠的化石亲戚们在高原上曾经走得更远，连续的化石记录和家族谱系清楚地复原了它们“走进西藏”的历史。自中中新世—晚中新世之交（距今约 800 万～700 万年）气候急剧变干时的中国北方和蒙古起源后，鼢鼠在晚中新世至上新世（距今约 500 万年）快速地演化和分异，大大拓展了领土：早上新世时期（距今约 440 万年），鼢鼠家族的一支［原鼢鼠（*Prosiphneus*）］翻过东昆仑，取道广阔的可可西里—羌塘盆地，扩散到了高原西南角的阿里札达。鼢鼠一路跋涉，玉珠峰下的昆仑山垭口盆地正是它们深入高原腹地前最重要的一个“驿站”。上新世之初，即将“走出高原”的邱氏狐和进入高原的原鼢鼠、仓鼠（*Nannocricetus*）和鼠兔们（*Ochotona*）曾在这里交汇。和今天的藏狐捕猎旱獭一样，当时邱氏狐可能也曾蹲守在鼢鼠洞口等着自己的午餐。但这些匆匆过客之间的互动似乎并没有持续太久，邱氏狐的后代奔着北极而去，而鼢鼠们最终也被体形更大并且学会了冬眠的旱獭抢走了地

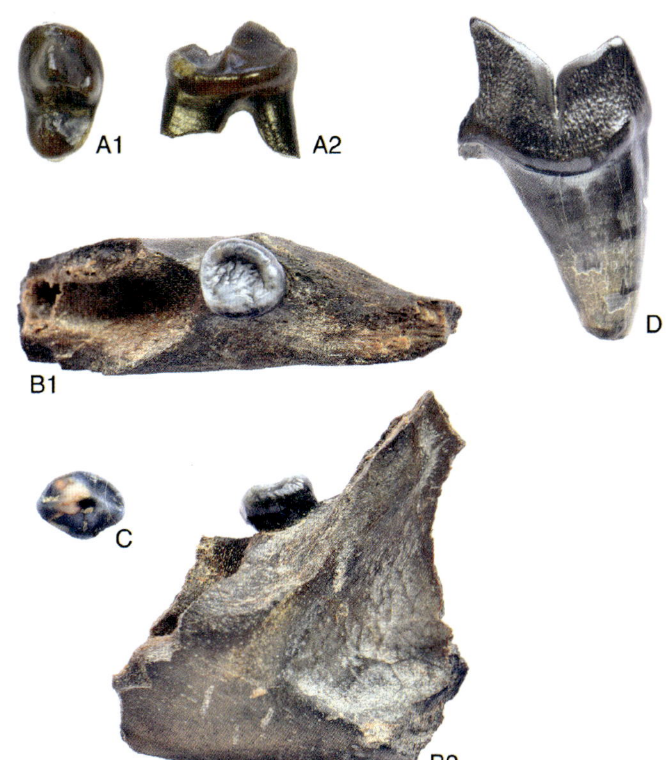

▷昆仑山口盆地部分上新世时期的肉食性哺乳动物。A：邱氏狐的m2（第2下臼齿）；B：保存m2的左侧下颌碎片；C:P3（左侧第3前臼齿）；D：布氏豹近似种（cf. *Panthera blytheae*）m1（右侧第1下臼齿）

盘，从此偏安于东昆仑的另一侧，高原之上“狐狸捉老鼠”的游戏就此换上了新角色。

有趣的是，同样是青藏高原上打洞的高手，除了后来居上的旱獭，鼠兔也是一个笑到最后的赢家。鼠兔在起源于中国北方后迁入青藏高原，甚至还曾是鼢鼠进藏时的“旅友”，但二者的命运却大相径庭——冲进高原的鼢鼠先锋最后黯然谢幕，而鼠兔一族，尽管自始至终承受着来自仓鼠的竞争，却在高原腹地延续至今，强势依旧。

古人在高原

时间的长河向前奔流，演化的大幕不断落下而又升起。凭借着先天的优势，走出西藏的冰期动物在冰河世纪里大放异彩，然而，另一类拥有了智能的生物——人类，终究技高一筹。当他们为了生存而将石器砸向这些储存着诱人能量的猎物时，后者的结局可想而知。不过，人类改变其他生物演化进程的方式并非只有猎杀，而在与其他生物的

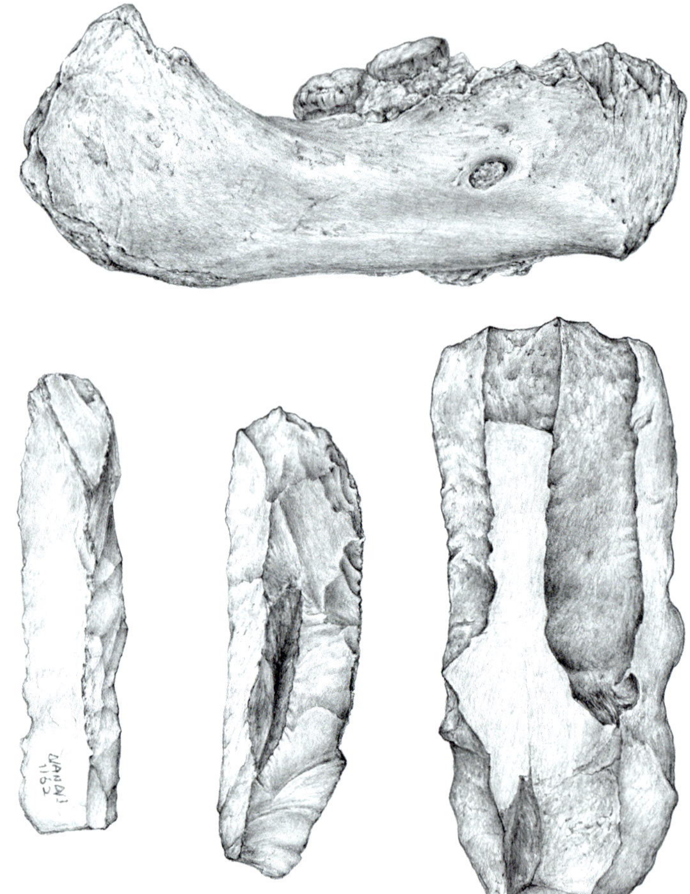

◁青藏高原东北缘甘肃白石崖 16 万年前的夏河人下颌骨（吴飞翔 / 绘）

◁色林错流域的尼阿底石叶（距今约 4 万～3 万年），这是青藏高原腹地迄今已知最早的史前人类活动记录（吴飞翔 / 绘）

博弈和互动中人类自身也被悄然改变。如前文所述，羊族的演化因人类的驯化而嵌入了人类的发展进程之中，通过食物和生活资料的作用，改变了早期人类的生存和生活方式。这是一种双向的改变，正如《人类简史》的作者尤瓦尔·赫拉利（Yuval Noah Harari）所说，让人类放弃狩猎采集的生活而掉进农业文明“奢侈生活的陷阱”，从历史上看，究竟是谁驯化了谁呢？

而在高原上又发生过什么故事呢？根据最新的化石证据，我们知道古老的智人丹尼索瓦人早在 16 万年前就已经登上了青藏高原的东北角，并可能在那里生存了十余万年，甚至还可能强悍地捕杀过鬣狗。而先民留下的精细石器也告诉我们，早期现代人在 4 万～3 万年前已深入高原腹地——藏北色林错一带，也就是前面介绍的大量古近纪动植物化石的产出地区。这些顽强而又聪明的人类先祖可曾在高原相遇？他们的耐寒耐低氧基因可曾遗传给现代的藏族人群？他们在变化的高原环境中存续了很多世代，形貌和体质可曾有所变化？这些问题，只有留待将来的考察去解答了。正如古人类为了拓展生存的边界而不断挑战极限环境一样，作为“诗性猿”（the poetic ape）的一分子，为了拓展知识的边界，我们也要去更高、更远的地方努力探索。

第七章

缘山求鱼

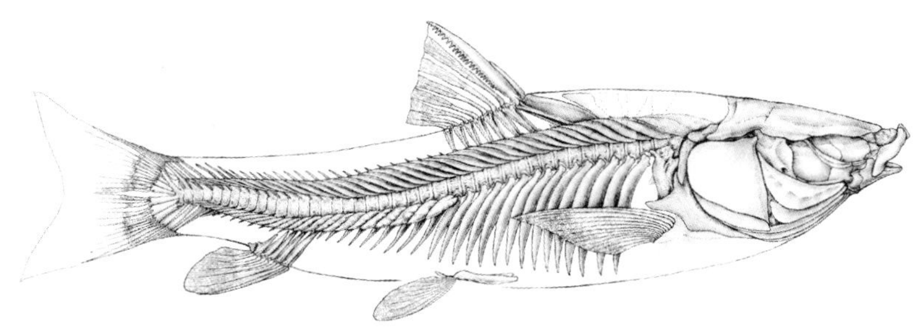

在青藏地区由海到陆、由低地到高原的演变历史中，水环境的变化贯穿始终。羌塘、拉萨地块和印度次大陆顺次与亚洲大陆拼贴，与此同步的是特提斯洋的演化。随着高原地势上的隆起，"亚洲水塔"形成，彻底改变了高原周边地区的水系格局，而世界屋脊的复杂地貌也塑造了江河纵横、湖泊棋布的高原水系。在江河湖海的这种变化中，水里的鱼儿又经历了怎样的历史呢？前面章节里我们了解了海里的鱼类以及高原内部还是低地环境时的鱼类，现在我们再来看看五六百万年以来高原已然成形时鱼类的故事。

㉗ 高原有嘉鱼

中国人很早就注意到青藏高原上的鱼类。明朝李时珍在《本草纲目》（鳞部第四十四卷 鳞之三）中有文："嘉鱼蜀郡处处有之，状似鲤而鳞细如鳟，肉肥而美，大者五六斤，食乳泉，出丙穴者，二、三月随水出穴，七、八月逆水入穴。"后经学者刘成汉考证并在 1964 年确认，文中的"嘉鱼"就是今天青藏高原地区特有的鱼类——裂腹鱼。作者记录的这类鱼的穴居习性也是准确的，青藏地区高度特化的裂腹鱼这种习性尤为突出，如裸鲤、裸裂尻鱼常在河边草皮下的洞穴里越冬。清代古籍《藏纪概》也有对裸鲤的记述："青海有鱼似鲟鳇，甚多，皆无鳞甲。"

▽藏传佛教绘画中的各种双鱼，引自《藏传佛教象征符号与器物图解》（罗伯特·比尔／著，向红笳／译）

近代有关高原鱼类的研究最初见于德国学者海克尔（J.J.Heckel）在1838年出版的《克什米尔鱼类》，这部著作根据旅行家弗赖希尔·冯·胡格尔（Freiheer von Hügel）在克什米尔采集的标本撰写而成。有意思的是，鱼类在藏传佛教文化中有着特别的含义。八瑞相之一的金鱼，常以双鱼形象出现，代表着自主和幸福，因为它们能在水里自由游动、自主浮沉。

鱼在藏族文化里作为一种宗教符号而备受尊崇，而它们在青藏高原的自然环境中不断演化、逐山而高的历史，同样令人景仰。被冰缘环境选择下来的鱼类是高原生态体系的一部分，更是藏区自然历史的见证者和记录者。

今天青藏高原地区常见的鱼类有裂腹鱼（鲤形目鲤科）、高原鳅（鲤形目条鳅科）和鮡科鱼类（鲇形目），其中裂腹鱼是高原鱼类的主体。在20世纪六七十年代的青藏高原综合科考中，水生所曹文宣先生和他的同事们系统地研究了高原地区的裂腹鱼，他们根据触须、鳞片和咽喉齿（咽喉部一块大型鳃骨上的牙齿，用来碾磨或挤碎食物）由多到少的变化将裂腹鱼分为原始、特化和高度特化三个等级。这三个等级的裂腹鱼在高原上的聚居地呈明显的阶梯状分布：原始等级[如喜马拉雅山以南地区的裂腹鱼属（*Schizothorax*）]分布在海拔1250～2500米，特化等级[如日土县羌臣摩河里的重唇鱼属（*Diptychus*）]分布在海拔2750～3750米，而高度特化等级[如纳木错裸裂尻鱼（*Schizopygopsis namensis*）]则分布在海拔3750～4750米的地区。目前，分子学的研究认为原始等级和其他两个等级的裂腹鱼可能分属两个支系，不过在新的分类框架里，特化和高度特化等级所在支系的形态特征演变趋势

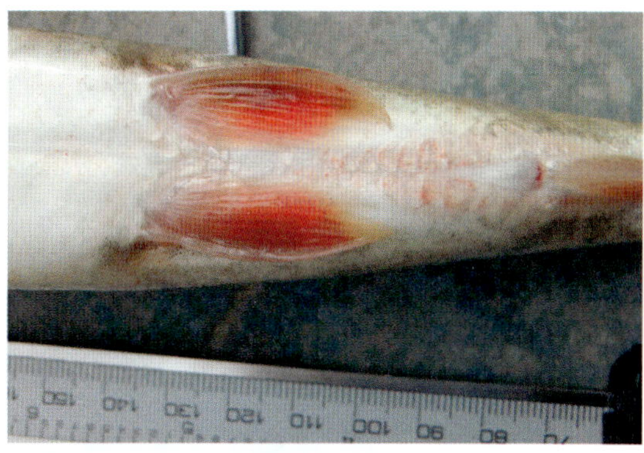

△△高度特化的裂腹鱼热裸裂尻鱼（*Schizopygopsis thermalis*），采集地：那曲查龙（何德奎 / 摄）

◁ 裂腹鱼的臀鳞：肛门和臀鳍两侧各一列特化的大型鳞片，看似在腹部中线形成一条裂缝，裂腹鱼因此得名。裂腹鱼用尾巴在河底砂石上掘坑产卵时，这两列鳞片可以保护它们脆弱的泄殖孔（何德奎 / 摄）

△细尾高原鳅（*Triplophysa stenura*），采集地：朋曲（何德奎 / 摄）

▷西仁褶鮡（*Pseudecheneis sirenica*）（腹视）：它胸部的附着器官（图中标本胸鳍之间的褶皱区域）可使鱼稳稳地吸附在急流冲过的岩石上（何德奎 / 摄）

与上述阶段性演变是吻合的。

曹文宣先生认为裂腹鱼形态特征的变化序列和聚居地的阶梯状分布是它们适应高原阶段性隆升的结果，也可以说是环境变化在裂腹鱼演化历史上留下的印记。借用达尔文解释生物演化时用的“Descent with Modifications”（“兼变传衍”），张弥曼院士和苗德岁老师曾将裂腹鱼在高原上这段“拾阶而上”的历史巧妙地浓缩成“Ascent with Modifications”（“演化与隆升并进”），而支撑这一叙事的历史细节就藏在各种鱼类化石里。

20 世纪 30 年代，斯文·赫定考察团在柴达木盆地考察完成后，步林在他 1939 年的著作中留下了关于鱼化石的简单记述。从那时算起到今天，高原上新生代鱼化石点已超 20 处，其中产出化石数量最多的点除了柴达木盆地，还有昆仑山垭口、藏北的伦坡拉盆地、尼玛盆地以及阿里地区的札达盆地。化石跨越了从5000万年前的始新世到200万年前的更新世，囊括了从裂腹鱼出现之前的各种鱼类到高度特化的裂腹鱼类，尽管多数化石材料还在研究之中，但高原鱼类演化的大致脉络已逐渐清晰起来。

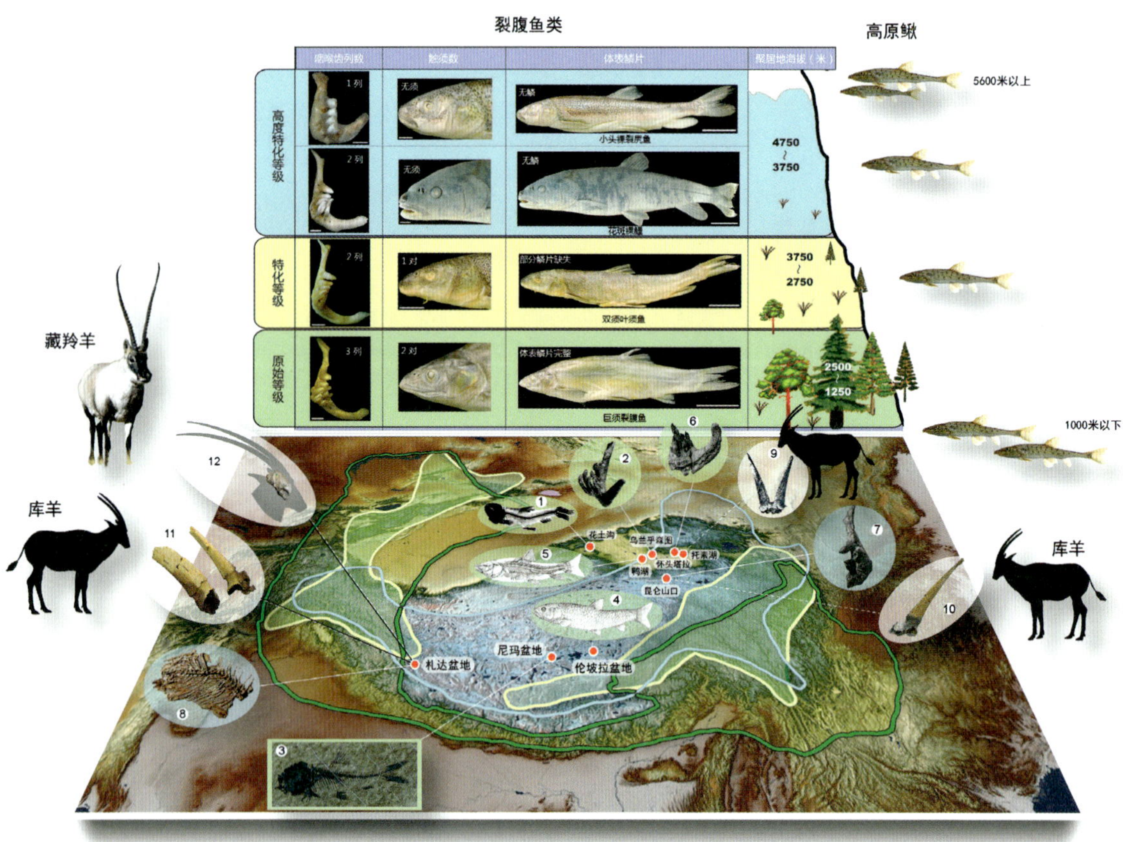

△青藏高原裂腹鱼类的形态差异和空间分布与高原鲤科化石记录（平面中不同颜色线条圈起的是三个等级裂腹鱼聚居地的分布区，绿色：原始等级；黄色：特化等级；蓝色：高度特化等级），右侧显示高原鳅在青藏高原及周边地区的分布区高程。化石点及化石类型：1. 柴达木盆地花土沟渐新世鲤科鱼类，三行咽齿；2. 柴达木盆地乌兰乎森图渐新世鲃类，三行咽齿；3. 尼玛盆地晚渐新世鲃类张氏春霖鱼，三行咽齿；4. 伦坡拉盆地早中新世原始裂腹鱼大头近裂腹鱼，三行咽齿；5. 柴达木盆地上新世原始裂腹鱼伍氏献文鱼（*Hsianwenia wui*），三行咽齿；6. 柴达木盆地怀头塔拉晚中新世鲤科鱼类，三行咽齿；7. 昆仑山垭口上新世高度特化裂腹鱼裸鲤，两行咽齿；8. 札达盆地上新世高度特化裂腹鱼；9. 柴达木盆地晚中新世的库羊；10. 昆仑山口上新世的过渡型库羊；11. 札达盆地上新世的过渡型库羊；12. 札达盆地更新世的藏羚羊（*Pantholops hundesiensis*）脑颅化石。注意图中藏羚羊化石点的分布，这些地点同时产出大量哺乳动物和鱼类的化石

▷王世骐、赵敏等人在昆仑山垭口采集脊椎动物化石

▷昆仑山垭口的考察，面向镜头的是王晓鸣（左）和曾志杰（右）（2005 年，李强 / 摄）

▷王钊等候搭便车将昆仑山垭口采集的标本送往格尔木（2006 年，王宁 / 摄）。后文介绍的柴达木盆地献文鱼化石的修复非常成功，这个工作就是出自王钊之手

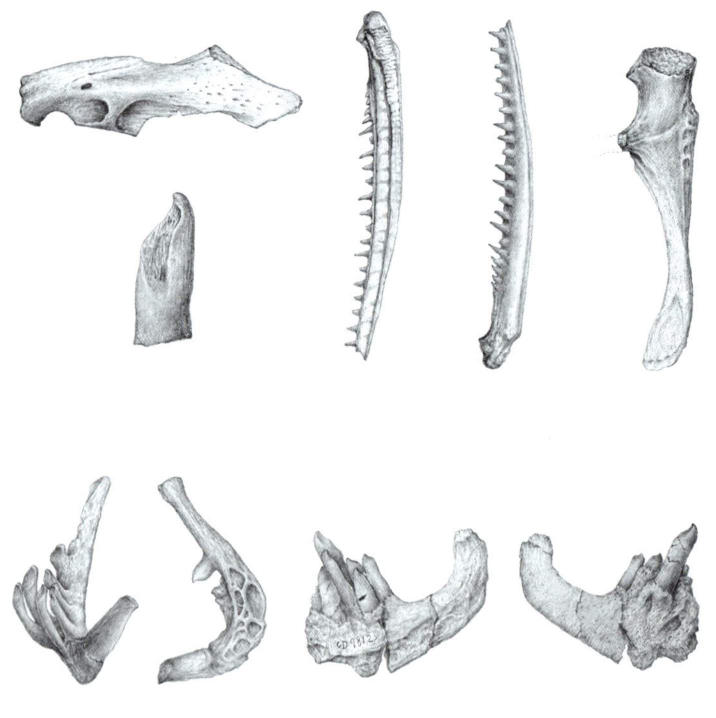

◁玉珠峰脚下的昆仑山垭口盆地上新世（距今约400万年）化石裸鲤的部分散骨。左上：一段下颌骨残片；左下：一颗截断的咽喉齿；中两图：带锯齿的背鳍或者臀鳍最后一根不分支鳍条（左或右半的内、外侧），因为锯齿形似尖牙，这样的鳍条常被人错认为其他脊椎动物的下颌；右：第四椎体横突，是悬挂鱼鳔的结构（吴飞翔/绘）

◁柴达木盆地古近纪（渐新世）（左侧两图，分别为背视和背侧视）和新近纪（右侧两图，分别为内侧和外侧）的鲤科鱼类咽喉齿化石，这时候的鲤科鱼类咽喉齿仍为三行（吴飞翔/绘）

▽札达盆地上新世地层中的鱼化石，包含残缺的躯干（左侧两图）、零散的咽喉齿（右上三图）和边缘破损的鳃盖（右下两图），可能是一种高度特化的裂腹鱼类（吴飞翔/绘）

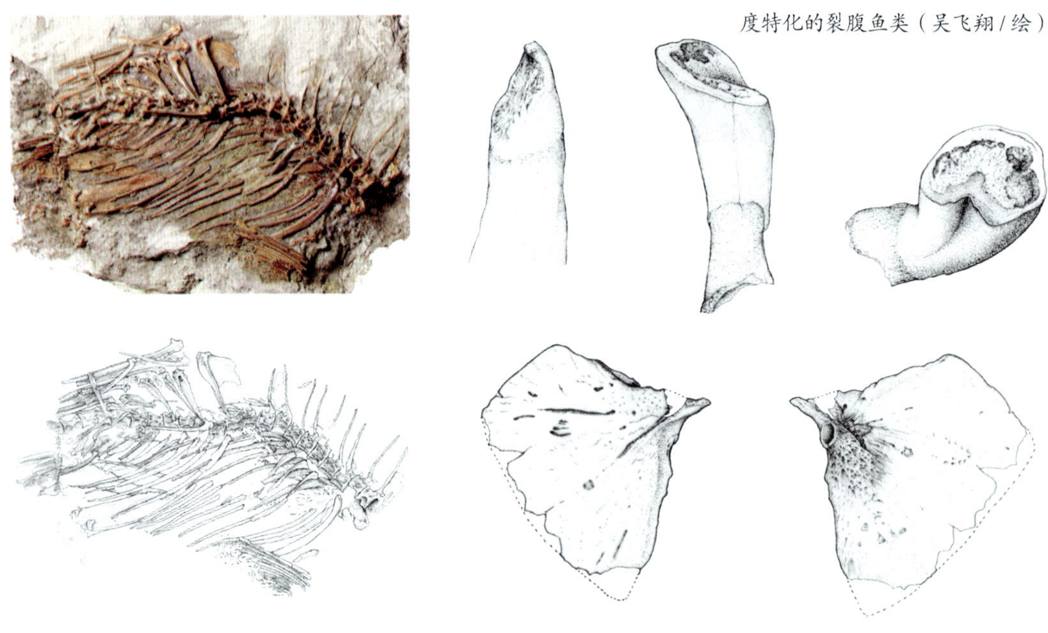

已有的化石记录基本支持裂腹鱼在青藏高原阶段性演化的推断：较老的鲤科鱼类咽喉齿都是三行，对应着原始裂腹鱼或者裂腹鱼类出现以前的演化水平。综合各种证据可知中新世以前各化石点的海拔远低于当前，而越年轻的地层里的鲤科鱼类，如昆仑山垭口上新世高度特化的裂腹鱼则显示，化石点的古环境已经接近同等级现生裂腹鱼的分布区。接下来要做的一项非常艰巨但又十分重要的工作是将化石同现代所有裂腹鱼和其他相关的鲤科鱼类纳入同一个谱系分析中，这样才能更完整地重建从化石祖先到现代类群的演化过程。

在高原地区鱼类演替的过程中，各色鱼类充当着远古环境的指针，冷暖干湿的环境里，鱼群的组成完全不同，前文介绍的藏北渐新世时期的攀鲈和鲇鱼，代表着温暖湿润的低地环境，而柴达木盆地上新世时期的伍氏献文鱼则记录了新近时期高原严酷的干旱化过程。伍氏献文鱼是一种原始的裂腹鱼类，它最引人注意的特点是全身长着异常粗壮的骨骼，就连在鲤科同类里纤细的肌间骨（吃鱼时卡喉咙的带刺小骨头）都变得非常粗大。

钙补奇鱼

1970 年，著名华人地质学家许靖华先生和哥伦比亚大学的威廉・瑞安（William Ryan）教授领导的“大洋深钻计划”第 13 航次在地中海钻探时发现，地中海底部有巨厚的盐岩和石膏层，这说明地中海曾经干涸见底。这些是 596 万～533 万年前地中海逐渐干涸时沉淀出的矿物，由于当

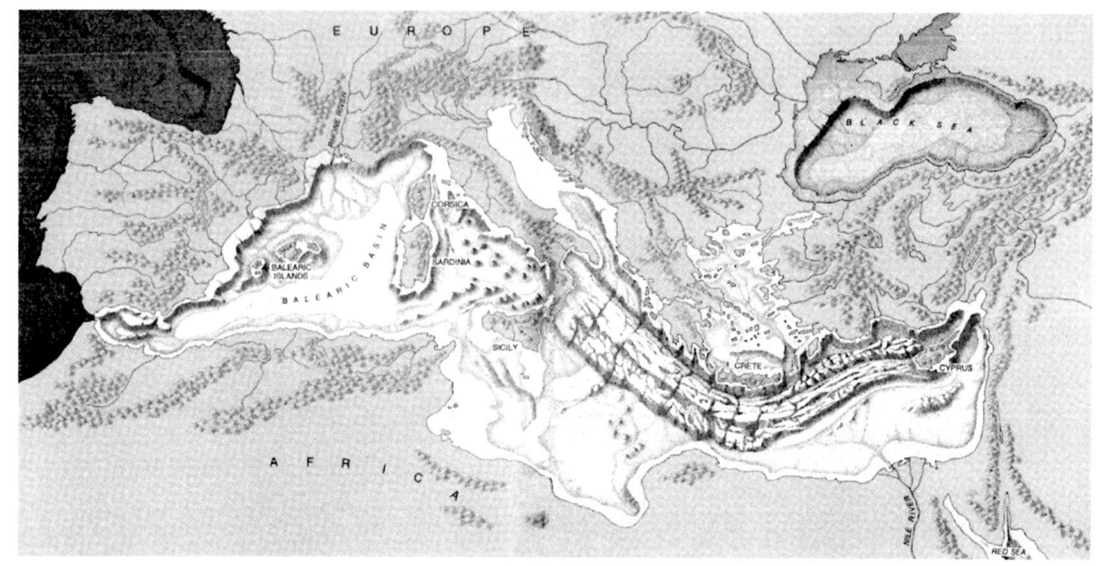

△古海变荒漠。500 多万年前，地中海曾经干涸见底，形成了一大片低于海平面三四千米的荒漠，到处是石膏和盐岩（来源：许靖华著《古海荒漠》）

时的地质构造作用关闭了直布罗陀海峡，导致地处副热带高压带的封闭的地中海海水大量蒸发，直至完全干涸，变成一个海平面以下 3000 多米的荒漠，这就是地质历史上著名的“地中海盐度危机”或者“墨西拿事件”［这个时期为中新世末期，称为墨西拿阶（Messinian Stage）］。这个超乎想象的环境变换催生了一类奇特的鳉科小鱼——厚尾秘鳉（*Aphanius crassicaudus*），它体内的骨骼出现了明显增粗的现象。在地中海逐渐干涸的过程中，海水过饱和而析出

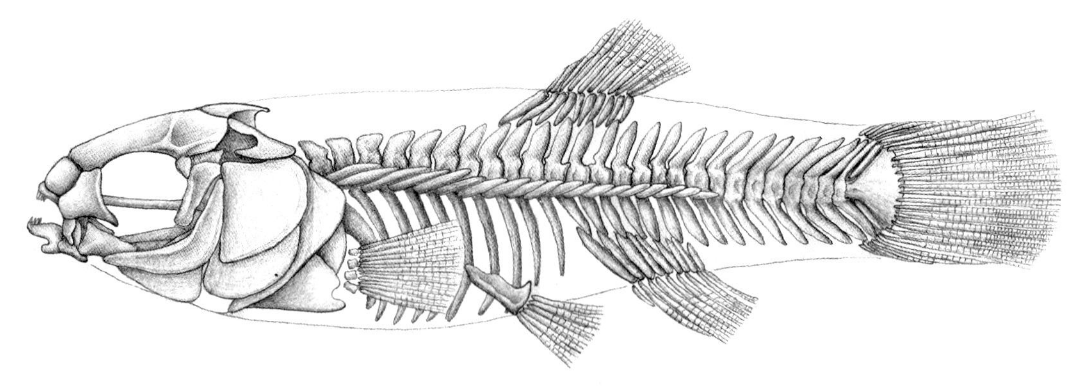

▽厚尾秘鳉骨骼复原图（吴飞翔/绘）。这种鳉科（孔雀鱼也属于鳉科）小鱼和柴达木盆地的献文鱼一样，身体里长着非常粗壮的骨骼

▷鸭湖地区强劲的风力塑造了随处可见的雅丹地貌，高高低低的沙丘交错排布，荒原上如有无数奋鳍劈浪的大鱼，争相冲往西风袭来的方向（吴飞翔/摄）

矿物，溶点较低的矿物（如碳酸钙、硫酸钙）首先沉淀在近岸的地区［有研究认为地中海底部的石膏层（硫酸钙）也可能由于气候变化造成的高密度流瀑布流到海底形成］，溶点较高的矿物（如钠盐、钾盐、镁盐等岩盐）则在靠近水域的中心地区析出。厚尾秘鲈恰恰生活在碳酸钙和硫酸钙沉积的近岸地区，近岸水体的钙含量很高，古鱼类学家认为这种鱼类骨骼变粗的原因就在于此。而厚尾秘鲈的故事不是鱼类适应极端高盐环境的独唱。200 万年过去，在万里之外的柴达木盆地，另一种粗骨头鱼也在类似的环境中出现了。

青藏高原东北部的柴达木盆地资源丰富，素有“聚宝盆”的美誉，但从气候上来说，因为被亚洲最干旱的地区包围，它也被称作“亚洲干极”。盆地里散布着众多的盐湖（或称干盐湖）。我国地质工作者曾在柴达木盆地进行长期的石油勘探工作，常能发现一些脊椎动物化石。孙镇城教授原在柴达木盆地勘探石油，后来任教于中国石油大学。经他指点，我们从 2003 年开始进入柴达木盆地考察。经过辛苦的采集，首先在柴达木盆地中部偏西的鸭湖采到了许多鱼化石。不过，起初发现的化石虽然数量很多，却都是散骨。这些骨头的形态非常奇特，有些甚至很难判断是不是鱼的骨骼。从化石点带回这些化石的王晓鸣老师曾和张弥曼院士开玩笑："您若鉴定不出来，就给我拿回美国当纪念品了哦。"

2005 年，科考队把含有化石的石块运回北京。当古脊椎所的化石修复师王钊从石块中将献文鱼的骨架修出来

▽星光下的营房：一颗火流星划过荒原的夜空（2021 年 7 月，房庚雨 / 摄）

△献文鱼发掘现场（2005 年，李强 / 摄）

▽▽ 2002 年，张弥曼院士和同事在柴达木盆地考察，自左起：邱铸鼎、张弥曼、颉光普、冯文清

▷雅丹阵中的科考队营房（2021年，房庚雨 / 摄）

时，大家都看呆了，而最吃惊的是王钊自己，他诧异得很：“这鱼满身都是这么粗的骨头，肉往哪儿长啊？”

这个比较完整的骨骼给了大家很大的信心，认为可以找到更完整的材料，于是考察队在第二年（2006 年）回到鸭湖。这次考察结束之后，考察队重返鸭湖是 15 年之后的 2021 年，这一次我们找到了更多标本，除了大量的鱼，还有植物和鸟类羽毛的化石，大大出乎我们的意料。2006 年那次运气也很好，采到了相当完整的化石，而且因为个体

△献文鱼正型标本（上侧完整个体）与另外两尾更大的个体骨架埋藏在一起（高伟/摄）

更大，骨骼更加粗壮。有了完整的骨架做比对，许多原先散落不好辨认的骨片也顺理成章地各归其位了。根据形态学特征，张弥曼院士等人把这种鱼确定为鲤科裂腹鱼亚科的一个新属种。为了致敬中国现代鱼类学奠基人伍献文先生，研究者把这种化石鱼类命名为伍氏献文鱼。2020 年，我们设计制作了一套献文鱼的藏式图章，作为伍献文先生诞辰 120 周年的纪念（见第九章）。

除了骨骼精奇，这种鱼的生态也很有特点。比如它们的下颌前部扁平如铲，多数咽齿顶部的磨蚀面十分平整，说明它们可能主要刮食河湖底部的藻类，而且很可能是较硬的硅藻，需要用铲状的下颌将这些藻类铲起，再用咽齿研磨。

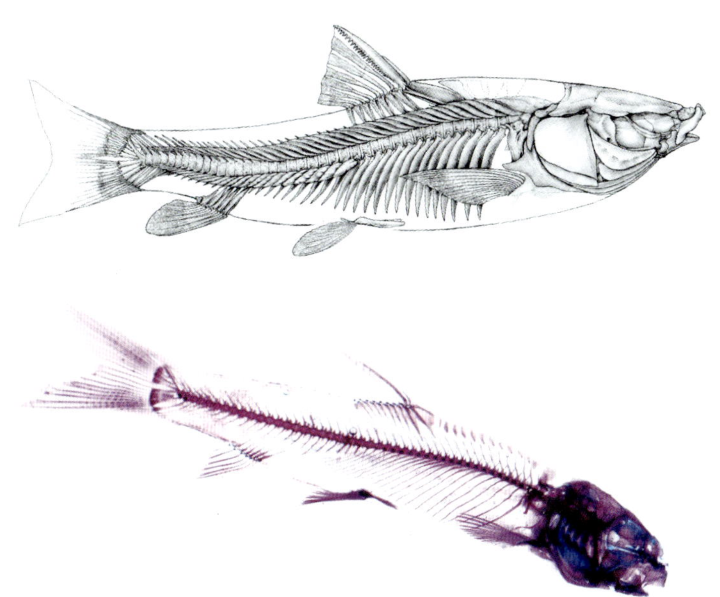

▷伍氏献文鱼骨骼复原图（上，吴飞翔/绘），与现代齐口裂腹鱼（*Schizothorax prenati*）（下，李雁羽/供图）比较，可见献文鱼骨骼出奇得粗壮

当然，这些特点都没有它的粗骨头那么引人注意。怎么解释骨骼的这种变化呢？如果现代鱼类中有相似的情况，或许能给研究者很重要的启示。遗憾的是，在查阅了大量文献、咨询了许多研究现生鱼类的学者之后，古鱼类学家们都没能找到直接相关的线索。尽管热带和亚热带的某些海生鱼类中偶尔出现局部骨块增粗增厚的现象，但这和献文鱼体内骨骼都变粗的情况显然不同。比如带鱼，它的鱼刺常长着一些小疙瘩，食用带鱼时或许还有点影响口感。这种骨骼的化石在欧洲、北美、非洲早有发现，并因为哈佛大学古哺乳动物学家蒂利·埃丁格（Tilly Edinger，他是我国古脊椎动物学奠基人杨锺健先生的老朋友）的喜爱而被称为“蒂利骨”（Tilly bones）。关于带鱼这种特点的解释，有学者认为这是一种疾病，研究论文甚至刊登在有关癌症研究的杂志上。不过，这样的解释显然并不适用于献文鱼。

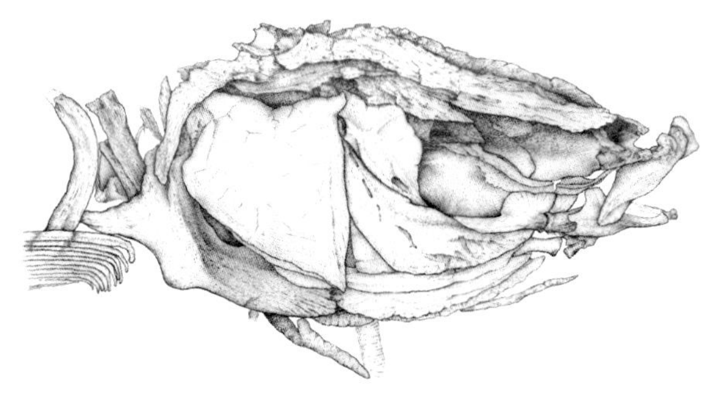

△献文鱼的头骨素描。这两件头骨标本保存状态各异，在综合形态学信息时可以互为补充（吴飞翔 / 绘）

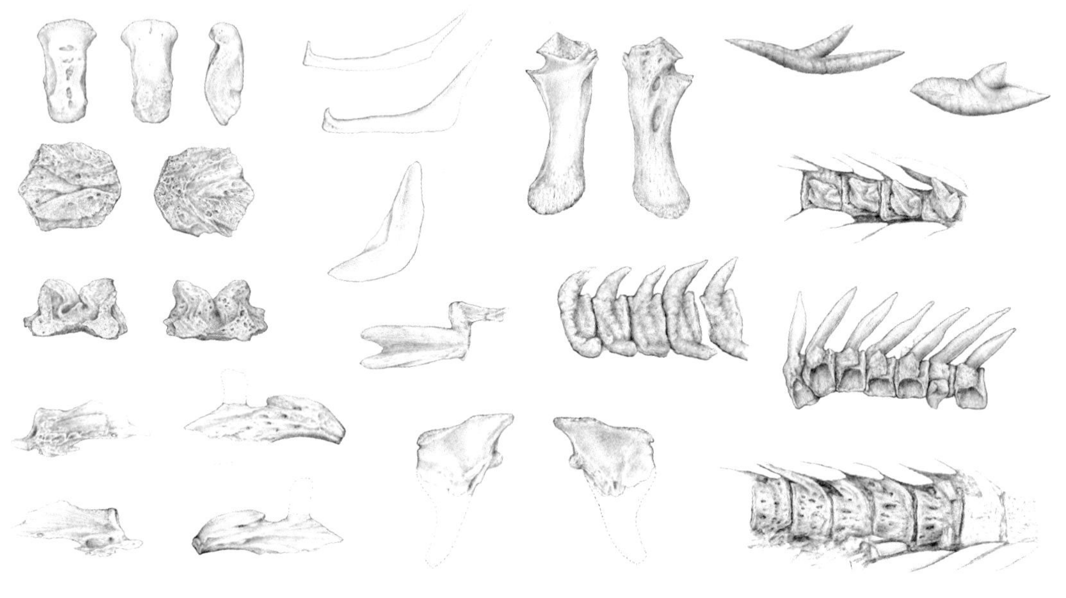

△献文鱼的骨骼全图，包括从头部的很小的动筛骨到粗壮的脊椎骨。通过详细的形态学研究，我们可以全面地认识这种奇特鱼类的解剖特点，这是我们研究它的骨骼因何变粗的基础（吴飞翔 / 绘）

几经辗转，研究者们终于在化石鱼类中找到了一个线索，它就是前文说到的厚尾秘鲚。这种鲚科小鱼藏在地中海北岸西班牙、意大利南部的西西里岛、希腊南部的克里特岛等地中新世末墨西拿干旱期的蒸发岩（主要是碳酸钙和硫酸钙）夹层里，全身骨骼增粗。法国古鱼类学家戈顿

（Gaudant）曾研究过这类小鱼，他在地中海北岸的多个地点采集了很多这种鱼类的化石。所以，迄今为止，已知的全身骨骼增粗的鱼类，就只有柴达木盆地的伍氏献文鱼和地中海干涸时期的厚尾秘鲚两个化石物种。

这两种鱼虽然生活的年代、分类位置都不同，但生物学特点和生活的水体环境却有很多相似之处，这给我们解释献文鱼奇特骨骼的成因带来了非常重要的启示：

首先，这种骨骼的异变看来并未影响它们的正常生活和生长。我们采到的最大的献文鱼体长超过半米，如果用现代裂腹鱼的生长速度推算，这种体形的鱼通常有 13～15 龄。并且，含鱼化石岩层厚约 220 米，根据当时的沉积速率估计伍氏献文鱼种群可能存续了约 20 万年。厚尾秘鲚在干涸中的地中海盐湖里也正常生活了相当长的时间。所以骨骼的变粗可能并没有给它们的生存带来什么妨害。

▷献文鱼的尾部骨骼素描，显示了不少和现代裂腹鱼不同的特点（吴飞翔 / 绘）

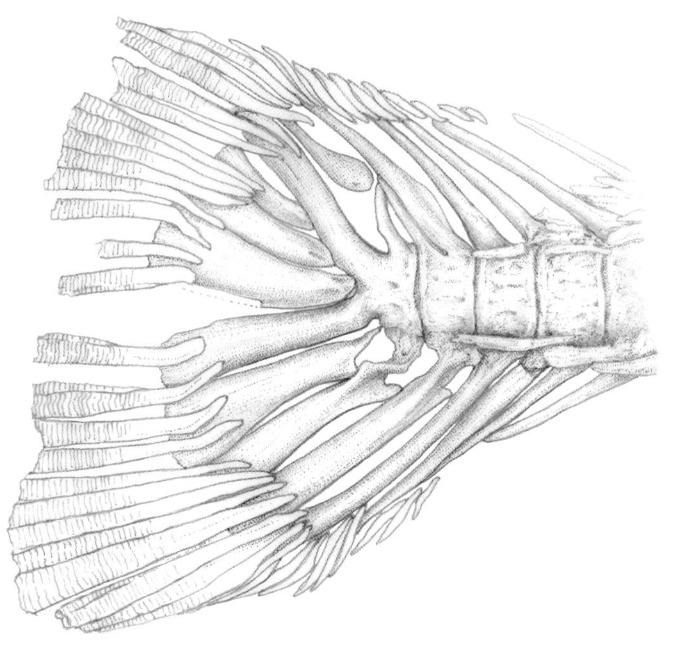

其次，这两种鱼的骨骼是随着年龄增长而变粗的，这暗示这种变化的原因或许来自水体环境。比如，在很小的厚尾秘鳉个体中，骨骼并未明显变粗甚至完全正常，只在较大的个体中，骨骼才逐渐增粗以至全部变粗；而且在不同地点的鱼化石中，骨骼开始增粗时鱼体长度并不相同。献文鱼也有类似的特点。

最重要的是，两种鱼类的生活环境的确很相似。它们都产自富含碳酸钙（灰岩或泥灰岩）和硫酸钙（石膏）的地层中，显示了相同的水化学条件——钙的含量很高。这可能是它们的骨骼能够变粗的关键，因为即使在盐度较高的水体里，在钙含量不高的条件下，厚尾秘鳉和献文鱼的近亲鱼类骨骼都是正常的。比如，青海湖的盐度虽高（达到 14‰），但湖里青海湖裸鲤（或称青海鳇鱼）的骨骼完全正常，并没有增粗的现象。这是因为湖水里主要的盐类是氯化钠（NaCl，即食盐，占总盐度的 66%）和硫酸镁（$MgSO_4$，占总盐度的 20%），钙的成分并不高。同样，法国学者穆涅（Meunier）和戈顿在阿尔及利亚南部的 Sebkha-el-Melah 盐湖中采集了秘鳉的一个现生种 *Aphanius iberus*，这些小鱼的骨骼也丝毫没有变粗的迹象，尽管这些鱼类生存的水体盐度很高，只不过也是钠盐（氯化钠）。可见只有在高钙的水体里，才会出现骨骼变粗的现象。

但也有研究者并不赞同这种解释，他们认为这种骨骼变粗的现象并非环境所致。不过，还有来自实验的证据支持环境成因说。英国鱼类学家格林伍德（Greenwood）在纳米比亚的一个喀斯特地区的落水洞中，发现了一种土著罗非鱼（*Tilapia guinasana*），它的部分颅骨很肥厚。落水洞中水的钙含量很高，碳酸钙浓度高达 185ppm

（1ppm=1μg/g）。格林伍德在实验室条件下碳酸钙浓度约45ppm的自来水中养育了野生罗非鱼的幼鱼，发现这些鱼在成长过程中颅骨并未增厚。因此格林伍德认为，骨片的增厚与遗传无关，而更可能是由外界环境(即水体的高钙浓度)所引发。这个实验的结果与我们的论点不谋而合，也可佐证鱼类骨骼增厚很有可能与高钙水体有关。

在柴达木盆地里，结合地质资料将时间拉长之后，更能理解水体环境的变化与献文鱼粗大骨骼之间的关联。在献文鱼之前的地层里鱼骨都发育正常，并未变粗，古植物学证据（如大量香蒲孢粉的存在）显示当时这里可能还是广阔的淡水水域。到献文鱼生活的时代，水体已经大大缩

▽ 400万年前的伍氏献文鱼生态复原图，根据2021年7月科考队重返鸭湖新采集的标本补充了植物等信息（郭肖聪/绘）

小，水中的钙含量已相当高，石膏等钙盐很常见，献文鱼体内的骨骼变得很粗。而献文鱼之后的地层里，则已完全不见任何鱼类的痕迹，与之对应的是随处可见的纯石膏层，代表了极度干旱的绝境。从这个角度来说，晚新生代柴达木盆地的这次干旱化过程，于其他鱼类而言无疑是一场巨大的危机，而对献文鱼来说，则曾是一次天赐的机遇。

“天地不仁”，一切遵循天道，这个天道在生物界里就是自然选择。献文鱼和厚尾秘鳉应环境变化而生，也终因环境变化而逝。随着直布罗陀海峡的打通，地中海恢复了往日的规模，厚尾秘鳉的历史落下了帷幕。而在世界的这一端，高原的生长一刻也未停止，巨大的高原挡住了南来的水汽，熬成了极端干旱的内陆。不断蒸发的盐湖最终彻底干涸，献文鱼也走到自己命运的终点，成了这场干旱化进程的“牺牲品”。

第八章

藏北经年

古生物学家又被称为“化石猎人”，美国著名古生物学家辛普森（George Gaylord Simpson）教授曾充满感情地描述过古生物学这个行当：“寻猎化石是所有娱乐活动中最引人入胜的。寻猎化石具有神秘感，能给人带来振奋之情。在出发之前，化石猎人从来不会知道他的样品袋里今天会装进什么‘猎物’，也许空空如也，也许会找到人类目前还从未见过的远古生物。找寻化石需要知识、技能与吃苦精神，它的收获要比其他各类娱乐活动更值得、更重要、更持久。这项娱乐活动，既满足了人们的好奇心，又丰富了人类的知识宝库。”而在苦寒之地的“世界屋脊”甚至无人区里寻猎化石则更是特殊而深刻的精神体验。在年复一年的奔波和寻找中，高原反应造成的生理痛苦，冰山圣湖带来的感官冲击，前行路上的困顿与快意、失望与满足，过往的人和事，这一切早已化成亲历者自我的一部分，让我们更包容、更从容，也更勇敢。

◁色林错附近始新世（距今3000多万年）的鸟类脚印化石。“泥上偶然留指爪，鸿飞那复计东西。”数千万年前的“雪泥鸿爪”，留给人无限的遐想（夏国清/供图）

△把车陷在这月圆之夜，尴尬又美好（2018 年中秋之后的第二天，吴飞翔 / 摄）

◁月夜里穿过草场走回平措大叔家借宿（吴飞翔 / 摄）

2018 年中秋，根据成都理工大学夏国清老师和中国地质大学（北京）韩中鹏老师的指引，我们途经申扎县雄梅镇，寻着原上的一条小路，来到色林错西岸协德乡辖区内的一个新化石点。我们很喜欢“协德”这个地名，把它附会成“团结协作的品德”，与我们联合科考的精神相契合。而且这里带给了我们非同一般的好运气，出现了很多其他地点没有的化石物种。

2018 年那次算是开局，新化石点涌出来的化石让我们有点忘乎所以，天快黑了才下山，以至于两车齐齐陷在了路上。不过正是这次狼狈的陷车，让我们下定决心，第二年就住化石点坡下的平措大叔家，这里是距离新地点最近的住所。就这样，在藏北工作十年之后，我们把主要工作点从色林错的东岸移到西岸。很幸运，在这里的山坡上，我们又挖出来数百块鱼、昆虫和植物化石，还意外地发现了几件鸟类化石。

这一年的野外科考很热闹。2019 年年初第二次青藏科考专项启动后，科考纪录片拍摄计划也开始实施。新影集团陈子隽导演团队竞得标书，安排摄制组一行四人在发掘期间来现场拍摄镜头。陈导团队创作的纪录片《手术两百年》上映后，口碑极佳。自由摄影师左凌仁和作家王蕾也来到我们的工作点采风，为《中国国家地理》撰稿（后来成为 2019 年 08 期的封面主打文章）。左凌仁是资深野外摄影师，专拍野生动物。而王蕾则是一位多产的作家，2020 年她记录白马雪山护林员 35 年护林岁月的《守山》大获好评。在朋友的推荐下，两位来自四川的志愿者张厉和杨柳（画房子）随队拍摄，本书一些照片就出自两位之手。

有多年在伦坡拉盆地的工作经验，再加上前一年实地踏勘获得的线索，我们确信这里值得做一次大规模的发掘。因为事关草场保护，需要办理一些必要的审批手续。当时各级政府还没有设立对接科考的办公室，我们只得从自治区往地区再到县、乡、村逐级跑批件，这在西藏可不是一件简单的事。比如这次，从拉萨经那曲到双湖县单程近 700 千米，海拔从 3600 米到 4900 米，途中还要经过几处海拔 5000 米以上的高地，且一路天气多变，雨雪冰雹可能说来就来，这一趟上下，办事人员体力消耗很大不说，奔过去手续也不一定立马就能办妥，大部队耽搁不起，一天的延误也是很大的损失。2016 年，南古所的同事跑这一路的手续就花去了近十天的时间，弄得人困马乏，很影响后续的工作。

于是，我拜托藏族司机在我们出发前一周去那曲和双湖县代办审批手续，等大队抵达后再依次去乡里和村里办手续，这样可以省去不少的时间。可是司机被卡在了那曲，为了明确责任，地区政府工作人员要求必须科考队队员亲自前往办理。工作计划既然定了不便再改，同苏涛商定后，我决定同课题组的技术人员李航提前进藏，把路途最远的那曲和双湖的手续办妥，再去化石点附近等大队前来会合。

6 月 8 日凌晨 4:55，北京。我被闹钟催醒，收拾停当之后打车去首都机场，李航早到了。他是个细心的人，装备、工具和单位开具的给机场的介绍信都准备得很周全，登机和托运手续办得很顺利。

西藏近几年发展很快，我们野外考察的出行和标本运输方式也在与时俱进。2015 年之前，去西藏进行野外考察，都由所里的司机开车从北京走北线进藏，路线和后来贯通的京藏线大致重叠。这样做的好处是，发掘标本用的器材、工具可以拉到现场，而挖到的标本则无须转运，可以随车直达北京。前文中的披毛犀、布氏豹等都是由化石点一路运回北京。近些年交通和物流发展很快，再加上藏北的化石标本多是板状岩石，妥善装箱之后，走物流既便捷又经济。

飞机 7:35 正点起飞，中午准点到达拉萨贡嘎机场。尽管已经十几次进藏，但每次回到高原，还是满怀期待。我的血压和心率平常偏低，有高原反应提拉一下，身心似乎比在山下轻快一些。因为还能偷懒暂时躲开些琐事，在高原上专心敲打化石，和队友们彼此关照，也算得上自由自在。最重要的是，每次上山，我们自信手里从来不会落空，但究竟会遇到什么稀奇，只有亲自去现场揭晓。

飞机降落前，在拉萨河谷上方飞行了一段。舷窗外，巨大而又陡峭的山体在江边拔地而起，向着高原腹地的方向延绵铺展。我们将要往北翻过这些山，化石就在那一侧。

在贡嘎机场出口，藏族司机夏加早已在等着我们。车把我们送到青藏所拉萨分部。进入科考季，中国科学院很多科考队出发前都会尽量来这里休整。2017 年 8 月 27 日，第二

△飞机在拉萨河谷里缓缓下降，舷窗外的雪山张开双臂，欢迎我们回来（王世骐 / 摄）

次青藏高原综合科学考察研究启动仪式就在这里举行。这个地方实在是太妙了，既安静又漂亮，常能遇到很多同行，聊得投机时，并不比在一个学术会议上学到的东西少。

第二天清点物资，清单明细发给苏涛，这样后来的大队在拉萨集结时可以照着单子添置物资带来化石点。这次提前买好的两个大铁箱派上了用场，各种工具可以分别搁置，管理起来会更有条理。下午两车加满油，再购买一些物资和食品，6 月 10 日早上去那曲。

这个时候，身在各地其他队员也做好了准备，将往西藏集结。董丽萍完成四川的发掘工作，经转攀枝花和成都，6 月 10 日飞到拉萨。而古脊椎所王维、栗静舒、我的硕士研究生房庚雨则从北京飞往林芝与古植物学同事们会合。

他们将一路采样往拉萨赶来，再经日喀则和申扎来色林错边与我和李航合队。

6 月 10 日早饭后，我和李航带夏加和另一位藏族司机索尼开两辆车从拉萨出发。过堆龙德庆不远，夏加的车被后车追尾，后面的保险杠轻微变形，与追尾司机协议好去那曲再修，于是继续赶路，到羊八井正好吃午饭。G6 京藏线拉萨—格尔木段当时正在修建，本书写作期间，2020 年 10 月 1 日拉萨到羊八井段通车试运行，拉萨到羊八井车程缩短至一个小时，而羊八井到那曲一段也在 2021 年 8 月通车。2015 年以来，西藏的基础建设持续发力，进展很快。2017 年出版的西藏地图上，一些地方的交通线不过两年就过时了。

下午 4 点左右到达那曲时，小雨夹着冰雹，早已湿透了路面。林业局的手续办理很顺利，再去自然资源局时，因为局长去了医院看病，下午 6 点左右手续才办好取回。傍晚之后雨仍然没有停，大家都不想去街上，就图个方便在酒店吃自助火锅。店里菜品很齐全，多是从拉萨运来，而牦牛肉则

▷那曲中心广场上的野牦牛铜像。那曲是 109 国道（起点：北京西二环阜成门桥，终点：西藏拉萨）和 317 国道（起点：四川成都，终点：西藏那曲）的交会处（吴飞翔 / 摄）

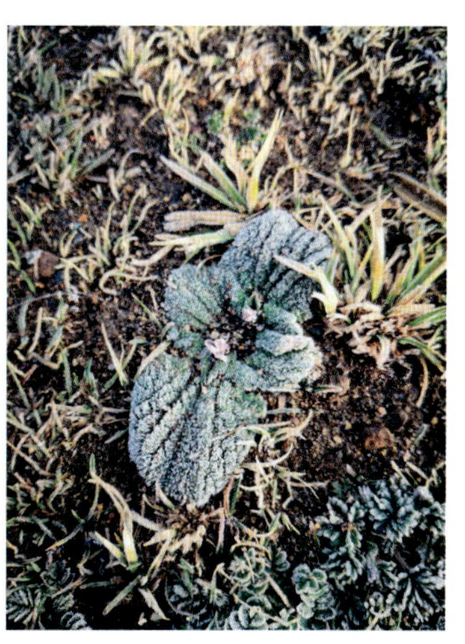

▷▷唇形科独一味（*Lamiophlomis rotata*）叶面的柔毛上凝满了冰晶，这可是在一个快要入夏的时节，可见昼夜温差之大（吴飞翔 / 摄）

是本地出产，因为这里宰牛不放血，肉的口感很特别。

藏北高原昼夜温差很大，再加上昨夜的降水，第二天早上那曲的气温还在零度以下。初升的太阳带来的暖意，一时还化不开叶片上的冰晶。广场上有两头野牦牛的铜像，这些被尊为“高原之王”的动物，已经被藏北人民视为不畏艰险、拼搏进取精神的化身。

10 点从那曲出发去班戈，快到班戈时在巴木错岸边稍作停留，试飞新配备的无人机。在西藏的众多湖泊中，巴

◁巴木错南岸比北岸多了几分柔和（吴飞翔 / 摄）

◁班戈县城（袁勇伟 / 摄）。这是个特别的地方，每年到了这个地方高原反应特别强烈，连藏族司机都不能幸免

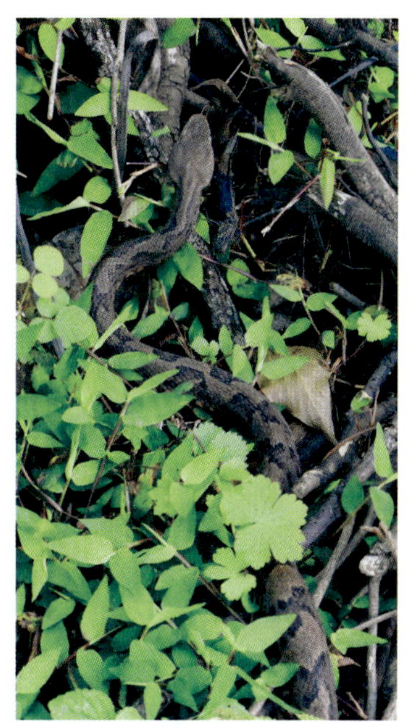

▷考察队在林芝林间采样时，差点踩上这条剧毒的察隅烙铁头。万幸这是位胆小的主，没搭理人就匆匆溜走了（画房子 / 摄）

木错不算太有名气。虽然不比纳木错、色林错那么开阔大气，但是婉约秀丽，自有特色。这些年从化石点来回，都是从她的北岸经过。南岸没有那么多地形的起伏，比起北岸，好像更柔和几分。

离开巴木错，一个多小时就到达了班戈，第二天从这里出发去双湖县。到了住地，就可以关注下大部队的情况了。

就在我们从那曲赶往班戈的路上，苏涛领着大队在林芝采集现代植物样品。运气还真不错，第一天工作不仅采了很多好样品，还遇上个厉害角色——察隅烙铁头（*Ovophis zayuensis*）。幸好发现及时，没有人踩到它。蛇好像比人更害怕，急匆匆溜走了。当时哪个要是被这种毒蛇招呼上一口，那就是大麻烦了。在林间采样和野物遭遇也是考察经历的一部分。2016 年，在芒康采样时，苏涛被一只蜱虫咬在腰上，发现时这家伙的脑袋都已经扎进了肉里。虫子吃得很执着，烟熏火烫也不松口，最后苏涛只

△羌塘高原上的双湖县城，全世界海拔最高（海拔 4900 米）的行政县（袁勇伟 / 摄）

得连夜去医院在被咬的位置切开一个口子，把虫子抠了出来。作为纪念，苏涛把它泡在了酒里，带回云南，也是告诉这个小毒物：科考人的肉可不是那么好吃的，你吃我的肉，我请你喝酒。

班戈的海拔不及那曲，但通常给人的高原反应却更厉害。2018 年夏天来这里工作时，好几位年轻队员刚到班戈就被高反撂倒，队伍折损大半。不过当晚我的高原反应并不严重，只是躺下很久脑子还非常清醒，后来不知什么时候就睡着了。李航半夜醒来，有些不舒服，但比去年感觉好很多。

6 月 12 日，早上 6:30 左右就醒了，因为参与撰写贺献古脊椎所 90 周年所庆的书《证据：90 载化石传奇》，看了些资料，写了几句。当天要跑远路，出发前在街上买了两个西瓜带上。因为很大一部分路段柏油路面已经铺好，从班戈经多玛乡不到 4 个小时就到了双湖县。这个县城海拔 4900 米，号称全世界海拔最高的行政县。2012 年，国务院批复成立双湖县，所以也是全国最年轻的县。20 世纪 70 年代，因为原来南边的一些牧场“草少人多”，为了开拓牧区，牧民们逐渐赶着牛羊迁入北方更高的地方。在对藏北无人区的开发中，双湖就此发展了起来。

赶到双湖时已近正午，工作人员已经下班，只好等到下午 3 点半上班时间再办理手续。由于 2018 年就曾来过，找门也算轻车熟路。下午拿着那曲地区的批件径直去找林业局和草原局办手续，做登记，签协议，很顺利。特别是环保局的几个年轻的办事员，处理政务更灵活，甚至坦言这个手续也不是非办不可。但我们不敢抱这个侥幸，毕竟 2018 年办理手续时，环保部门的批复可是必不可少的要件。从县里到乡里隔着至少半天的路程，不知道乡村一级对我们会有什么要求，真要再折回县里补办，会很折腾。从后面的情况看，这样做是很有必要的。

4 点半手续都办齐全了，掉头往下跑，去协德乡。路上

▽科考队的车辆在土路上奔驰，风尘仆仆的旅程见证了羌塘高原的荒凉与远阔（袁勇伟 / 摄）

应古脊椎所研究生会安排录制了给研究生毕黛冉的毕业祝福视频。遗憾的是，因为要提前去杭州办理入职手续，小毕没能参加所里组织的欢送会就提前离所了。小毕也曾随队来藏北考察，她身体素质很好，从没出现过明显的高原反应。在西藏野外，论适应高原反应，“巾帼不让须眉”好像是常态。

下午 6:30 到达多玛乡，有些累，就不往前再赶了。乡政府招待所不对外开放，夏加帮忙向藏族老乡打听，问到一户有吃有住的牧民家。晚上，我找来去年平措家留下的电话，想先提前联系一下他，好做些准备，可拨过去那些号码却都已停机。夏加说，到了乡里就能找到他，他是医生，很多人会认识。也罢，凡事明天再说。

多玛乡是一个我们很熟悉的名字。2009 年我们第一次来藏北时，就在这个乡下辖的拉加鲁玛村车布里工作（第四、第五章中的化石点达玉、车布里和论波日就在这个村的辖区内），当时邓涛老师和时大爷沿着土路开车跑了半天来这里办理手续。

这是一个建在湖（果根错）畔的小乡，因为曾作为双湖县委、县政府所在地，因此聚集了些人口。但临路的两排土房之外就是荒野，优哉游哉的藏野驴和藏羚羊似乎在提醒，这里不过是人们临时借用的居住地。随着国家扶贫政策的推进，西藏一些偏远地区已经开始了异地搬迁，到 2019 年底双湖县下辖的一些乡村（如嘎措乡）已经完成南迁。或许过不了多久，多玛乡这里也将回归本来的旷野生态。

40 多年前，这里的确是真正的荒原，我们的科考前辈开进这片“生命的禁区”，进行藏北无人区考察。那次科考，虽然不为人所熟知，但却是值得载入史册的壮举。1976 年 6 月 9 日至 7 月 13 日，32 名科考队员从其香错西侧的色瓦区（今天的巴岭乡附近）出发，骑着马、赶着牦牛穿越无人区，抵达设在玛依岗日东北方向 25 千米处的中途会师地点——“双湖办事处”。也就是说，路途差不多只有我们从班戈到双湖路程的一半，他们却行进了 35 天，可想当时的艰难！巧合的是，那一年的 6 月 12 日，科考队就在多玛乡东北方向 50 多千米外的昂达尔错畔宿营。据当时的科考队队长王振寰回忆，当天夜里突下大雪，压断了唯一一顶大帐篷中间的撑杆，幸亏帐篷四角的支杆没断，队员们全都安然无恙。更绝的是，当时大家困累到了极点，主杆断落的巨大响动，都没把人吵醒。

6 月 13 日一早，主人家还在梦乡，免了早饭我们直奔协德。走到色林错的东北角，车往右拐上 301 省道。2015 年从伦坡拉去尼玛时，301 省道色林错北面这一段还是沙土路，现在已经是新铺的柏油路面。习惯了在尘土飞扬里奔跑，在茫茫荒野里陡然开上这样画着崭新白色中线的摩登大道，恍惚间有点不太真实的感觉。

我们很快就到了协德乡（海拔 4720 米）。趁着早饭的当口，我们和藏餐厅老板打听起平措来。果然不出夏加所料，凭着手机里的照片，很快就找来了他。正和平措寒暄的时候，一辆挖掘机从外面开过，这不得来全不费功夫吗？同平措商量好挖掘机和在他家住宿的安排后，我在餐馆修改了几个论文中的插图。这篇论文题为《古近纪 / 新近纪之交青藏高原陆地生态系统的重大转折》，后发表于《科学通报》，趁着还有信号发给邓涛老师，而李航和夏加则拿着县里的文件去乡里办手续。

有趣的是，乡里的书记居然问起了鱼化石，看来前一年的工作给当地的人们留下了不少印象。带着科考项目书和

△多彩的化石层跳入眼帘，将奔波路上的疲惫一扫而空，刚巧山前还有一队野驴走过，像是在欢迎远道而来的客人（吴飞翔／摄）

各级政府的批件，下午我和李航再次拜访了书记，也正好介绍一下科考的情况。他是从四川过来的一位援藏干部，一直关注着自治区启动的第二次青藏科考，所以双方的交流很顺畅。书记嘱咐我们一定要取得村民的信任，而且他确认乡里已经知会工作点所在村村委会，对方会支持、配合我们的考察。手续办到这一步，就算踏实了。

接下来就是去工作驻地安排食宿，这时候大队已经从日喀则出发，当天便能赶到申扎，第二天便进驻化石点。从省道下去顺着一条土路拐进化石点，那是一个红绿相间的岩层出露的地方，自然的色彩在这个山坡有韵律地跳动着，远看就像一条从浅绿色草场上升起的巨大的虹，视觉上的冲击让人瞬间忘记了疲惫。

车在化石点坡上停住，我和李航在车跟前的油页岩里信手敲一敲，没几下就出来一条小鱼和几只水黾，可以预见这次的收获定会相当可观。与去年在这孤军奋战不同，今年我们有了一个伙伴——往南二三千米外立着一个钻井

▷我们的大本营就是这个牧家（吴飞翔/摄）

塔，原来西藏地质六局的钻探队已经在这工作一段时间了。而平措家就在西边不远的缓坡上，屋顶的烟囱偶尔冒出几缕白烟，那将是我们的大本营。这次比去年一下子多出来十几号人，要去好好准备一下。

这是几间用土坯和石块垒砌的房子，主屋坐北朝南，西侧三个房间，两个是仓库，另一个供着佛像。门口平地上停着两辆摩托和一辆小卡车，东西两头各有一个石块砌成的羊圈，分别圈着绵羊和山羊。东边一条小沟流过，下雨时盈水，天晴时只剩几个水洼。房子西侧地势稍高，立着法幢和经幡。

夏加帮我们和平措大叔说明了情况，大叔开动他的小卡车去附近的亲戚家拉一些铺床用的东西。趁天黑前，我们得先把住宿的问题解决。没过多久，平措拉来几个轮胎和小床榻，还有十来块木板。主屋的床位不够，西侧的两间仓库要利用起来，其中一间梁上挂着风干的牛羊肉，另一间只有些杂物。为了阻隔夜间地面泛起的水分和冷气，床板铺在轮胎和树干上。主屋里间和外间也都收拾好，确保所有人的床位都能放下。灶台、餐具将随大队运到，第二天正式开伙。

2019 年还有一个惊喜。尽管地面和屋里仍旧完全没有网络，但屋顶却来了手机信号，虽然不够稳定，好歹能发信息！不过令人费解的是，这样的“福利”也就享受了这一年，到 2020 年我们再来时信号却变得很弱了。

吃完泡面，平措家人端上酥油茶，大家拉拉家常，数一数这一年里主人家的变化。晚上似睡非睡，第二天早上不到 7 点就醒了。等阳光照满窗户的时候，热情的主人已经准备好了早餐。平措做好了一大碗糌粑，女主人还盛来一碗羊肉粥，肉是从风干羊肉撕下来的肉丝，放在热粥里一泡，淡淡的肉香味散发出来，很是开胃。

▷人、车突然多了起来，惊得调皮的小羊一跃跳上了石墙（画房子 / 摄）

◁该走秀时秀一波（画房子 / 摄）

▷大部队人员众多，这挂风干羊肉的仓库也要利用起来做宿舍（吴飞翔 / 摄）

◁ 大部队进驻前，做好住宿的准备。在轮胎和树干上铺上木板当床，这样的架构可以隔离一下地面的湿冷（吴飞翔 / 摄）

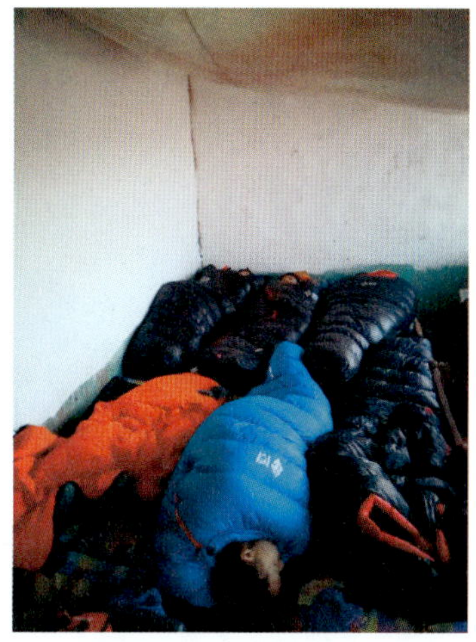

▷里间的卧榻，女士们先选（吴飞翔/摄）

▷▷外间的通铺，男士们专享（吴飞翔/摄）

△爬上屋顶求信号。屋顶信号半格，地面网络全无。有人笑称这是“风刮来的福利”，来源本就不稳定，够不够得着全凭运气（左凌仁/摄）

中午饭后，我带夏加和索尼两车出去与大队会合。夏加打听到有路到 301 省道，不过必须经过 2018 年我们陷车的地方。那个泥坑附近地表下面仍然松软，夏加的车没能绕过

◁蓝湛湛的恰规错（吴飞翔/摄）

◁错鄂鸟岛，这一次居然拍到了岛上的一群羊（吴飞翔/摄）

去，又陷了一回，好在索尼的车拱过来了。车一时半会儿拖不出来，就先留在原地，等大队进来，再做计较。夏加换上索尼的车先往外走，恰好前面一辆皮卡也要去大路，我们跟着它到了省道，过了恰规错赶到马跃乡等着大部队。

和苏涛联系上之后在手机上共享位置，他们从雄梅过来，一路信号通畅，但是走到色林错和错鄂之间就失去了

▷队伍会合，队员背后的山体是早白垩世的竞柱山组海相灰岩。早白垩世时，组成今天高原主体的拉萨地块和羌塘地块完成拼接，拼接处就是我们化石点所在的班公湖—怒江缝合带（张厉 / 摄）

信号。后来才知道是大家在色林错停下来看了一会儿风景。这次有不少新来的队员，看到这般美景自然挪不开脚步，谁能不沉醉一番。

过去一个多小时，信号接上了，只是各车拉开的距离太大，本来准备拍点镜头的无人机最终并没有抓到理想的车队画面。

会合后，车队沿着我们的来路，往平措家去，走到陷车的地方拖出困陷的车，大家欢快得很，都给夏加在这过路必定陷车的“好运气”点赞。到达住地后，众人分头张罗，罗师傅（第四章提到的在伦坡拉开推土机帮我们挖化石的那位）带领几个女生开始为大家准备晚餐，其他队员们帮忙准备食材和餐具。还有人清理装备和工具，或者在屋后水井打水。收拾停当之后，众人爬上屋顶，给家人发短信报平安。到此时为止，大家状态都很不错。

晚上几个藏族司机们坚持睡在车里，说习惯如此。他们放下后排座椅，在后备厢铺上被子和毯子，两人一车，倒也过得去。不过看夏加和司机们商量时的比画，我猜他们是为了把床位留给我们。女士们先选里间床位，剩下的男士们分，其余人住外间和那两间仓库的床位。

人基本聚齐了，明天就开始撸起袖子大干一场吧。

6 月 15 日，罗师傅起得早，他煮好稀饭和鸡蛋，这第一顿工作餐吃得很好。早餐后就正式开工了。车队停在剖面的坡下，升起队旗，安排好发掘分组后，大家就各自往坡上的三个化石坑散开了。这三个点之间有些距离，中间还隔着冲沟，一些比较重型的器械，比如风炮钻机就由夏加和他的朋友们帮忙在各处之间来回运送。

上午产出的鱼类、植物和昆虫化石，和去年打的差不多，大家也不急不慢，都知道重头戏在后头。下午挖机由村里卡车运着赶到点上，先在西侧 A1 点起层，工作面扩大了很多。

傍晚 6 点收工回驻地，张世涛老师将到达拉萨，我请夏加安排好车接机。左凌仁、王蕾也已到拉萨，和张世涛老师明天一车进来。中影摄制组乘火车，晚张老师一天从拉萨到日喀则，安排一辆车从日喀则发出接他们直接来化石点。

◁司机夏加帮我们转运较重型的设备（画房子 / 摄）

▷协德含化石剖面无人机航拍图，图中央白点是科考队越野车（吴飞翔 / 摄）

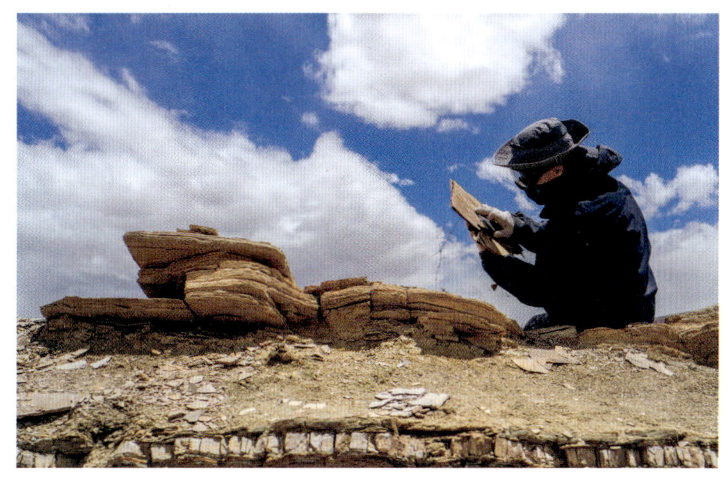

▷科考队员王维细翻“天书”（张历 / 摄）

6 月 16 日，由于平措大叔的联络组织，今天来帮忙打化石的牧民从各个方向陆续赶过来。我们将他们按人数分成三组，分散到三个化石点，每个地点有几个专业人员指导化石采集和包装。

A1 点开面完成，挖掘机往上移到 A2 点，藏族司机索尼也曾开过挖机，技痒难耐，接手挖了一段，很快一个 30 ~ 40 米的槽就挖开了。工作面开大之后，化石产出的效率明显高起来。鱼化石大小不一，小的不到 2 厘米，大的可达 20 厘米；昆虫化石多了一些新类型，虽然还是以水黾为主，但螽斯、姬腰蜂、蜻蜓和鞘翅目不时出现；植物化石反倒不是很多，精品的标本有几个椿榆的翅果。

上午最大的发现是一条大鱼。在刚挖开的大坑里，平措的儿子次旺递给我一块石板，灰白色板子上，化石的骨骼呈棕黑色，表面还有幽幽的光泽。这是一条鱼后半段躯干的骨骼和尾部的印痕，根据肋骨、椎体的大小来看，这条鱼个头不小，这个地点还没出现过这么大的鱼。仔细比对化石板和还在原位的岩层断口，可以推断鱼的前段躯干已经被敲出来了，一定在刚才扔开的板子里。大家逐块翻找石板，检查断口，终于找到了那一块。躯干前段连着头部一起保存得很完好，虽然有一层薄薄的围岩盖着，但头骨的轮廓隐隐可见，只是吻尖有一点缺失。幸运的是，最后在北京的实验室里修理完成后可以看到，头骨十分完整，吻尖的那点破损并不影响研究。

到了6月17日，根据前一天的经验，我们要多密切关注老乡们起层劈板，以免化石被敲碎丢失。不料上午天气出现变化，风雪卷着冰雹很快压了过来。因为化石点都在高处，担心雷击，我催促大家立即下坡，躲到车里等冰雹

◁有东西！（张厉/摄）

▷拼接化石（张厉 / 摄）

△最先出现的鱼化石断块（吴飞翔 / 摄）

◁发现大鱼，拼接断板寻找散落的其他部分（张厉 / 摄）

过去再继续工作。

冰雹没下多久，大约过了半个小时，天就晴了。大家重新上坡，回到工作点。其他人继续在 A1、A2 点打化石，我和苏涛带挖机去 A1 点西侧清理盖层。上午在 A2 点，大家又打到十几条小鱼，最多的是昆虫（蜂、蜻蜓和甲虫），水黾和蠡斯最多。植物化石也有几个很精美的标本。

快到中午的时候，苏涛从 A2 点跑过来叫我："那边出

◁微微褶皱的岩板上，一条小鱼“游”过，似乎搅起了几层波纹（吴飞翔 / 摄）

◁扑翅欲飞的昆虫化石，体节和附肢清晰可辨（吴飞翔 / 摄）

来一个大棕榈叶！”我们急步跑了过去，果然，刘佳和张馨文他们正围着一个巨大的石板，这叫一个好啊——整个叶片差不多有越野车轮胎那么大的面积，叶片展开，小叶发散，中脉痕迹保存得很清楚，稍稍遗憾的是叶柄与基座因为是朝着岩层露出的方向，早已经被风化成了粉末。大家都很兴奋，掏出手机拍照纪念，轮流和棕榈合影。等情绪平缓一点，苏涛和刘佳用保鲜膜把标本包了个严严实实，再由众人围护着，由两个人肩扛着送到车里。百十来米的坡路，前一段苏涛和刘佳扛着，最后一段我从刘佳肩上接了过来，体验一下他俩的心花怒放。牧民们在旁边看着，都咧着嘴笑。这阵势很像影视剧里猎户打得一头大野兽，乡亲们敲锣打鼓把猎物抬回村子大肆庆祝的桥段。

下午在这个点又打到一块棕榈叶片，这次有叶柄，也有基座，算是完满了。对比色林错对岸伦坡拉盆地达玉的棕榈标本，那件正型标本应该是叶片在水里泡烂了，只剩叶柄和基座附近的结构（见第四章“羌塘的棕榈”）。但2015年在达玉1号点发现的那片大叶子（见第四章“羌塘的棕榈”），和今天打到的保存状态差不多，只是因为岩板太厚，而且是几乎竖起、插入地层的状态，终于没能完整地将它取出来。

▽棕榈叶子化石面世，我把咬了几口的苹果放在旁边当比例尺（左）。用保鲜膜包好后，大家轮流把它扛回越野车（右）（吴飞翔/摄）

把上午的标本包好，午餐时间也就到了。罗明国师傅

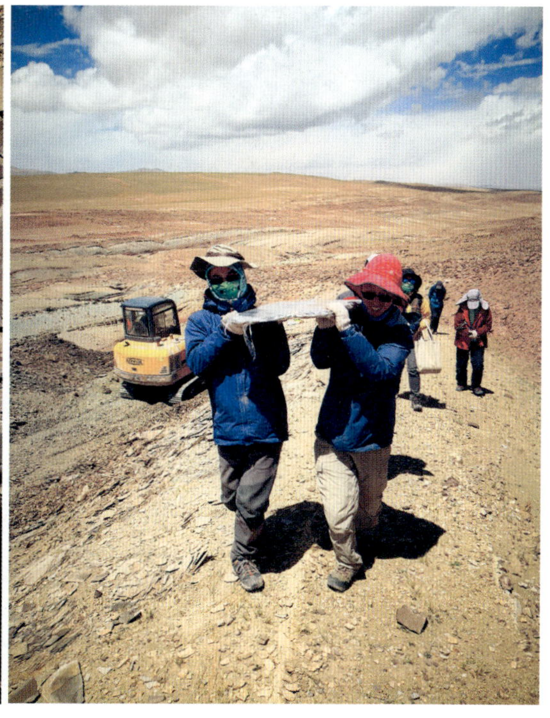

送来了用菜叶和午餐肉煮的方便面。而牧民们则是在旁边地上用石头围起小灶，点着牛粪，煮些吃的，热水壶里还有酥油茶。

下午 6 点左右，一辆车从平措家方向开过来，是张世涛老师、左凌仁和王蕾到了。我和苏涛带着他们在各个坑点转了一圈，新鲜出土的化石也请客人们过过眼，他们都很高兴，哪还记得什么是高原反应啊！

新朋友带来了好运气。7 点左右，王维在 A2 点化石层西侧 200 来米的地方发现一个鸟的头骨，保存的部分长度约 10 厘米。化石已经风化得比较严重，应该是暴露在地表很长时间了，但留下的白色残骸与岩板颜色反差很大，再加上鸟喙部分深凹的印痕，整个化石轮廓还算清楚。特别是鸟喙上颚尖向下弯曲，和今天的鸬鹚相似，可能是一种体形较大的水鸟。这真是个了不起的发现！ 在藏北找了十年，才等来这样的运气！想想 2015 年在距这不远的宋我日挖到的那半个鸟翅膀，就让我们兴奋了很久。眼前这个更是“珍宝”，赶紧拍了照，用保鲜膜和最软的纸小心包好，放在最稳当的地方，不再轻易拿动了。鸟类比较轻，再加上羽毛的作用，正常情况下，沉到水底前多半已经腐烂，若还有点水体的动荡，骨骼也就散开了。这个标本头骨各部分还保持着关节的状态，所以我们很希望在它附近还能找到其他身体部分的骨骼。第二天，我们去找到鸟头的那个位置仔细勘查，很遗憾，一无所获。找到化石，大多数情况下就是这么偶然。生物在从死亡、埋藏到石化的过程里，发生过无数物理和化学的变化，只有很小一部分遗骸才能成为化石。化石形成后，又随着岩层的变化，刚巧在不深不浅的地方露出一点线索来，还要被从这路过的

▷王维在发掘点附近找到的鸟类头骨化石，鸟喙的弯钩令人印象深刻（吴飞翔／摄）

眼尖的你看见，或者你在石板上不偏不倚地敲在一个能将它暴露出来的位置上，所以采到一块化石其实是一件非常小概率的事情。

6 月 18 日，苏涛、张世涛和我去南边踏勘地层。这一套红色的砂岩，中间夹着绿色的粉砂岩，偶尔还能见到后期生成的薄薄的石膏。继续往南翻过一个红砂岩山坡，看见前面的两堵岩墙之间有间土房子，那是平措的女婿家。这家夫妻二人这两天在轮流帮我们工作。从这一点看得出平措处事的公平，并没有让自家人好处占满。今天是平措女儿在家，她赶着羊经过我们的车时，司机和她聊了几句，她比画着告诉我们，说她家那个坡上也有化石。真是意外收获！

“带我们去吧！”夏加说。

她并不答话，骑上摩托带着我们到了后山上。山坡顶上的岩层倾角比较大，中间的那层薄薄的泥岩含钙较多，比上下岩石更抗风化，所以这一层就在坡上直愣愣地杵着。

岩板外面是灰白色，敲出的新鲜面却黑得跟碳一样，闻起来还似乎有火硝的味道，表面粗糙不平，似乎不大可能有化石。敲得正泄气时，平措家女儿拎过来一片板子，用手指指，示意我看。我拿出放大镜，顺着一个缺口里发亮的东西仔细一看，竟然是一排鳍刺！这不是鲤，而是鲈！虽然看不到鳃盖和其他部分，无法判断是不是 100 多千米以外出现过的西藏始攀鲈，但这已经足够让人兴奋，这个地点出现新的鱼类了。

2020 年，我们又回到这里，在这个层位一共挖出 90 多尾这种鲈形鱼类的化石！令人好奇的是，和北面的鱼化石层不同，那边只有鲤科鱼类，而这里却只见鲈类。从这往西几十千米的尼玛盆地江弄淌嘎，这样的化石分层也很明显：靠下面那层里出来的几百块鱼化石，清一色的只有鲤科，而往上不到一百米的另一层却是鲇、鲈、鲤三类齐全。这样的情况可能是水体环境的差异造成的，下层当时

◁黑色的岩板上藏着鱼化石（手指指的位置），要辨别这样的化石实在要费些眼力（吴飞翔/摄）

的水体偏深，而上面那层更靠近岸边，水浅，甚至有可能水质不太好，偏爱缺氧水体的攀鲈和鲇鱼的存在间接说明了这一点。

离开平措女婿家后山的化石点，我们往宋我日方向奔去，中途却被一个大沟挡住了。虽然考察受阻，却做成了一件好事。一辆皮卡陷在沟边的烂泥里，一群人正在救它出来。凑近打听才知道，这车已经陷在这里一天一夜了。我们的到来，让事情有了转机。最后村民找来钢绳，通过我们的车将它拖了出来。帮忙的一群人中，一个藏族少年很有些与众不同，看他盘卷绳索、收拾工具时非常麻利，和我们说话也彬彬有礼，还很有主见。交谈中知道他正在重庆念高中，刚高考完。虽然成绩还没出来，但是他很有信心一定能考上大学。只是他不愿去藏族学生扎堆的大学，这样可以让自己不那么依赖同族，自己学，自己闯，

▽遇上陷车的皮卡，我们的车将它拉出泥坑。当时，刚好飞过两只看热闹的红嘴鸥（吴飞翔/摄）

可以更独立，也能多些时间学习，更有长进。多有志气的少年！

回程我们顺路拜访了西藏地质六局的钻井队，负责经理李韬工程师接待了我们。钻井间外的架子上排列着钻取的岩芯样品，以砂岩、泥岩为主。队里做地质学分析的技术人员告诉我们这一套岩层应该是牛堡组（岩石地层单位，以红色的砂岩、粉砂岩和泥岩为主），但具体的地质年代还不清楚。临别时大家合影留念，我们也邀请他们有空时来我们驻地做客。后来他们来过我们化石点，看看我们这化石是怎么个挖法。

回到驻地，大队已经从化石点回来了，有人在整理标本，罗师傅他们在准备晚饭。中影摄制组沈华、岳云天等四人也已经到了驻地。大家互相介绍认识后，开始商量拍摄计划。

与此同时，按先前说好的，我们让挖机给平措家在屋后挖出一个深坑，作为他们家处置生活垃圾的地方。这里居民太过分散，集中回收垃圾目前看不太现实。而我们工作期间产生的垃圾，则会用纸箱装好，收队时全部带走，带回可以处理垃圾的县城。

第二天（6 月 19 日）又是个特别的日子。因为有队员有事要提前撤出，纪念藏北科考十周年的小仪式就提前到这一天上午举行。

从 2009 年 7 月进伦坡拉起，到 2019 年考察的时候正好十个年头，的确值得纪念一下。早上大家开始准备，拿出董丽萍从拉萨临时买的红布条幅、墨汁、毛笔、粉笔。我写好条幅，大家都在上面签上名字，来帮忙的牧民们也留下了签名。站好队后，张厉架好相机拍了合影。中影摄制组在旁边摄像，婉拒了我们一同合影的邀请，他们似乎在努力营造一种“不存在感”。

上午继续到化石点起层打板。其中有一条鱼还蒙在岩石里，但是轮廓却已凸显出来。看背鳍的位置，似乎比之前已经发现的种类更靠前一些，希望又是一个新种类。植物也有很好的收获，甚至敲到一个带翅果的椿榆小枝（见第四章“椿榆的‘乌龙’”），昆虫也不少。

和昨天一样，我们在化石点午餐。下午张世涛老师带我和苏涛去北面踏勘地层，中影的同事、左凌仁他们同行，拍了些镜头。

等我们回来，化石点上出了状况。中午之后虽然大晴，但风又冷又急，董丽萍应该是顶着风工作时间太久，被吹着了。她后背刺痛，直不起腰来，躺在车里缓了十来分钟也不见好转。我赶快安排车把她送回驻地休息，杨柳和张

▽藏北十年科考纪念留影（张厉/摄）

历给她贴上暖宝宝之后，才慢慢恢复了一些。高原上大风起来时，即使在坑道里，风也不见得比坑外小多少。这个时候老乡们袍子的优点就凸显出来了。这样的衣装防风效果很好，特别是蹲坐的时候可以护住下半身，更适合应付这样的天气。后来我学着在腰间围上一件外衣，或者系个腰包扎住不让风钻进衣服里，也起了不小的作用。

下午稍晚的时候，A2 点再次爆出重磅消息。一个老乡拎过来一块石头，边角上露出一块鸟类的尺桡骨，还有掌骨的一部分，又是件难得的精品！我压住心中的狂喜，叫上房庚雨和李航，走到老乡指认的地点，仔细地检查所有敲出来的和还没起层的石板，可惜还是没有找到与这个翅膀相接的部分。这时候，其他老乡递过来几条小鱼，保存得都很不错。

接连的好运气让老乡们更加活跃，和我们的交流也愈加主动，没有了开始时的拘谨。老乡们很聪明，对化石也越来越有兴趣。打到什么东西，不管是不是化石，比我们还兴奋。有时还会搞点无伤大雅的小恶作剧，开开玩笑，这种恰到好处的幽默，说明他们对这种工作的乐趣所在已经心领神会了。我们也会告诉他们，他们手里的叶子和鱼意味着什么。虽然不确定他们能否完全理解，但相信这样的经历一定会带给他们深刻的印象。来帮忙的大多是牧民，有的还兼是村医或者教师，也许他们还会和家人、朋友或者学生偶尔谈起这山上有鱼有树的新鲜事。而对此好奇的人，下回赶着牛羊再从这里走过时，相信他的心里定会涌起些有趣的回响吧。

不过，老乡们的热心和好奇，也可能给我们带来一些额外的“公关”任务。在发掘期间，有两次县里和乡里的

▷一个藏族老乡拿起我们的记号笔，在石板上画了个长毛怪递给我：“老师，我找到好东西了！”引得众人一阵哄笑（吴飞翔 / 摄）

▷▷好小伙，换上盛装来挖化石。我们猜，莫不是来现场相亲的？（画房子 / 摄）

干部突访化石点，因为老乡用手机拍的化石照片引起了他们的关注。实际上，我们很期待这样的现场交流，因为在这种情况下，和干部们的交流比在办公室里更加坦诚：一是可以彻底释疑，我们原来真的不是挖金找矿的可疑人员；二是就着地上的鱼和叶子化石，借用远处的湖泊和眼前的草场，现场就能解释我们工作的目的，远比文件上的书面语来得明白。藏区有越来越多拥有良好教育背景的干部扎根基层，他们比较容易理解青藏科考的意义，甚至很能共情，感慨我们不顾斯文，居然来这里做这份苦差。当然，作为管理者，他们还是会要求我们办理齐全的手续。2020年之后，青藏高原各省（自治区）建立了特殊机制，从省（自治区）以下各级政府都有专人对接科考，因此省去了一些科考队自己跑手续的环节。

几天工作下来，大家的体力各有不同程度的消耗。摄影师张厉高原反应严重，需要先撤出去，再加上董丽萍还未完全恢复，张世涛和苏涛两位老师单位也有重要的工作，因此6月20日起他们将陆续撤离化石点。

6月20日，送走几位队员后，张世涛老师、苏涛和我，连同左凌仁和沈华导演他们去色林错另一侧的伦坡拉盆地。在扎加藏布河边的车布里剖面，我们到那层凝灰岩层位打了几个样品。地质所孙继敏老师团队2009年曾和我们一起来这里工作，那次野外考察的一大收获就是找到了这一层可以测年的样品。2012年，孙老师团队发表了这个样品的测年结果是距今2380万～2340万年。

过了扎加藏布的铁桥，我们在四村没有停留，直接去了达玉，不过这次没能采到真正可供测年的岩石样品。其实我们此行回伦坡拉还有另外一个目的，就是来看一下前一年（2018年）掘坑回填的情况。有两个掘坑的回填不彻

◁藏民老乡带着糌粑，在摩托车旁午餐、休息（吴飞翔／摄）

◁午餐时，藏民老乡们点燃牛粪烧水、煮面、冲酥油茶（画房子／摄）

▷风云突变，暴雨即来（吴飞翔/摄）

底，让我们既尴尬又生气。问了主人家才知道，当时应承这事的曲达（见第四章绰号“羊腿”的由来）在我们走后多番推诿，以致搞出这样一个烂尾工程来。我们有责任，只好在协德那边的工作完成之后，再过来善后。

除了采样，苏涛和左凌仁他们使用无人机拍了些镜头，而中影摄制组一直在化石层的坡上拍空镜。他们很敬业，一直在等光线，想抓住最理想的影像。不过，时间已经有些晚了，远望我们要回去的方向天已经浓黑，应该在下大雨。我有些着急，毕竟还要跑至少两个小时的土路才能到省道，中途若遇上冰雹大雨，路况会更加复杂，更何况这一段还没有信号。果然，车队在快要从乡道拐上 301 省道时，大雨正像天漏了似的倾盆而下，电闪雷鸣，让人心惊。到达班戈县城时已经是晚上 10:30，好在那个常去的川菜馆还没关门，吃了一顿好饭。

第二天，苏涛和张世涛、左凌仁还有王蕾他们从班戈先回拉萨。张世涛老师感觉不是太好，房庚雨买了些葡萄糖、红景天口服液放车上，路上随时可以服用。

告别苏涛他们，我和李航、房庚雨还有中影摄制组回到协德化石点。刘佳告诉我，版纳园邓伟煜东和王腾翔有些体力不支，可能要先撤出工作点。夏加明天送他们到拉萨，他的车出现一些小状况，正好出去修理一下。

当夜色淹没了黄昏的最后一道余晖，藏北高原就进入了另一个世界。这里没有城市里的灯光污染，与平原地区相比少了四五千米厚的大气，夜空因此格外清朗。满天的星星像镶在天幕上的钻石，偶尔落下三两颗化成流星划过，银河斜着穿过天穹又落入漆黑而寂静的地平线，这种夜景真是美得令人窒息，让人永生难忘。

更年轻的队员很善于将自己与这美景融为一体。通过延时的方法，用手机就能拍出令人惊艳的照片，而用相机则可以玩出更魔幻的效果。

6 月 25 日早餐之后，邓伟煜东、王腾翔和夏加出发了。

▽藏北高原的星空。千万年前的失落世界和深邃的宇宙交织在一起，让人有种“不知身在何处”的幻觉（房庚雨 / 摄）

我安排车送他们过了陷车地点一直到 301 省道再折回，以防他们的车困在半路，又没信号无法联系我们支援。化石坑里仍不断有新的化石出现，后来我们在东侧也起开一个

▷ 在藏北高原的银河下拍摄的延时影像（黄健 / 摄）

大坑，收获不少标本，包括一个疑似鸟喙的印痕。

发掘工作进入尾声，等刘佳和宋艾撤出去之后，化石点就留下我 、李航和房庚雨，还有中影摄制组的几个人。为了不再像达玉那样留下遗憾，这一次我们留下监督着挖掘机将几个大坑回填推平，直到我们满意放心为止，再安排车送走了中影摄制组。

摄制组的四位这一趟也非常投入，我相信他们此行一定采够了理想的镜头。队员们可能都习惯了安心于自己的工作，刚开始大多数人与这群敬业的记录者之间的磨合不算太容易，但我对摄制组的专业水平充满信心。这部青藏科考纪录片正在制作中，相信播出后一定会给观众留下深刻的印象。

两位跟队摄像的志愿者，一个专于拍珍馐美食，一个

长于拍摩登男女，忍受着高原反应跑来这里拍一群人灰头土脸地找化石，怕也是大大出乎两位的意料了。不过，两位这一路跟着植物学家钻密林、遇毒蛇，如此真切地感受藏区牧民的生活，并且这次跨界合作还间接地促成了我们创建青藏高原古生物科考队公众号，也算不虚此行吧。

站在填平的化石坑上，傍晚的风和夕阳一样柔和，坡下几匹藏野驴正漫不经心地踱着步子。这个时候是多么轻松啊！看吧，李航和房庚雨腾地爬上小卡车，一路蹦跶着回驻地去了，这一路野外还没见他俩这么开心过。

夕阳渐渐西沉，地上的影子越拉越长。喧闹、欢乐、兴奋、痛苦都过去了，站在这广阔的荒原上，充盈心底的是一种从没有过的平静和轻松。曾经相聚在这里的人们，正马不停蹄地奔往各自的下一站，愿你们一路平安！主人家的小女孩刚把羊群赶进栏圈，希望我们留给你很多美好的回忆。下一年的这个时候我们还会回来，那会是怎样一幅光景呢？

▷收工了，留守到最后的两位同学也彻底放松，跳上四轮小卡回驻地（吴飞翔 / 摄）

▽工作完成后，满心的轻松。夕阳把影子拉长，也把时间拉长。不用着急，慢慢下山（吴飞翔 / 摄）

▷来我们驻地看新鲜的老乡（画房子/摄）

▷▷快乐是我们生活中必不可少的内容，还有屋顶那微弱的网络信号。苏涛正坐在屋顶上拿着手机搜索信号，尽管不是总能成功（画房子/摄）

第二天早上，从这里撤出前，我又爬上屋顶，手机居然响了，原来是邓涛老师写好的《一剪梅》：

藏北经年弹指间，冰见山巅，雪见营边。明知险境踊争先，车可飞渊，人可回天。

每日归来下夕烟，签纸详填，图纸精编。欣闻化石过三千，棕也连连，鲈也翩翩。

撤回拉萨前，我们从协德转道伦坡拉盆地，回到这个十年前我们开始工作的地方。在一个微风习习的夜晚，我们躺在达玉人家屋后的山坡上，面朝星空，将手机音量调到最大，听恩雅，听 Beyond，听许巍，直到电量耗尽……

◁伦坡拉达玉人家屋后的山坡。在这里，我们听着音乐，仰望星空（吴飞翔 / 摄）

第九章

发现化石，发现美

在 2019 年秋天的天山—昆仑山野外科考期间，我们启动了自己的公众号（“青藏高原古生物科考队”）。邓涛老师为公众号设计了一个口号（slogan）：“演化千万载，生命逐山高。”一语双关的辞义，既是对高原生命历史的凝练，也是科考人精神追求的表达。“逐山而高”的不仅有适应高原生长而顺势演化的生物，也有在高原上不畏挑战、孜孜求索的科考队员。在古脊椎所 90 华诞之际，我们在中国古动物馆策划了一个高原古生物科考成果的展览，其中特设了一个科考艺术展区，展出画师和科考队员原创的科学绘画和摄影作品，其中主位展品是一方大印，刻的就是这句口号。值得一提的是，在西藏自治区科技厅的支持下，这个展览于 2024 年 4 月在西藏自然博物馆再次展出。

▽ 科考印“演化千萬載，生命逐山高”（张涛 / 治）。印文属于钟鼎文字金文，朱文刻法，别有一种古朴的意趣。石料由苏派装裱师张涛先生和家人捐赠，这是他们珍藏多年的金砂石料

逐山而高的科考人没有理由不爱自己这份美好的志业。“行万里路，读万卷书”这句常被人用作自勉的格言，正是我们事业的写照。辽阔的高原，无垠的大地，加上地质历史的纵深，科考路何止千里万里；而藏身于岩层的化石，记录着亿万年生命演化和沧海桑田的故事，正是需要用心研读的“万卷天书”。

2019 年 9 月，我们过天山，从塔里木盆地翻过昆仑山进入“天上阿里”，再访札达时拾得三趾马遗骸，经停珠峰脚下的定日寻找喜马拉雅鱼龙。穿行中国最壮美的公路，从 500 万年前的冰缘世界跑到 2 亿年前的史前海洋，时空重叠下双份的美不胜收，完美地配上了邓涛老师创作的《水调歌头·己亥中秋》：

队伍再集，无奈缺席，心向往之，特作此篇，遥寄祝福。

皓月傍山小，何况出冰峰。
边城喀什南望，缥缈暮云空。
初渡流沙千里，再越崇崖万米，险道运筹中。
待旦聚人马，憧憬沐晨风。

莽昆仑，雄阿里，路连通。
夜营旷野，星辰摘手近苍穹。
遍历湖盆搜豹，细究岩层寻鸟，古海猎鱼龙。
等到归来日，步履盼从容。

注释

冰峰：喀喇昆仑山脉的主峰、世界第二高峰乔戈里峰海拔 8611 米，地处中国和巴基斯坦边界，坐落于新疆叶城县境内。

喀什：为喀什噶尔的简称，是中国最西部的边陲城市，自秦朝为西域三十六国的疏勒等诸国地，汉代隶西域都护府，逐渐发展至今。

△回望天山来时路（画房子 / 摄）

流沙：塔克拉玛干沙漠位于南疆的塔里木盆地中心，是中国最大的沙漠，也是世界第十大沙漠和世界第二大流动沙漠。

崇崖：新藏公路北起新疆叶城县，南至西藏拉孜，平均海拔4500米以上，沿途翻越5000米以上大山5座，是世界上海拔最高的艰险公路。

昆仑：昆仑山西连帕米尔高原，与喀喇昆仑山相接，向东横亘在新疆与西藏之间，伸入青海西部并直抵四川西北部。

阿里：阿里地区即古代的象雄旧地，位于西藏西部、青藏高原北部，主要为羌塘高原所占据，平均海拔在4500米以上。

搜豹：在札达盆地发现的上新世布氏豹化石代表了豹亚科的最早成员，并且是雪豹的直接祖先。

寻鸟：在藏北伦坡拉盆地的渐新世地层中发现了鸟类的羽毛和骨骼化石，包括鹃类和猛禽等。

鱼龙：在珠峰地区的定日和聂拉木三叠纪海相地层中发现的喜马拉雅鱼龙体长超过15米，具有强大的游泳能力。

中秋节当天，科考队在喀什休整出发在即，

邓涛老师特意为我们创作了这阕词。这首壮行的词，完美地形容了我们“且行且读书”的野外工作。

如果说野外考察只是“读万卷书”时的“略读”，那么化石运回实验室后的室内研究就是“精研细读”了。古生物学（尤其是古脊椎动物学）的研究有一系列的程序，在研究人员正式撰写学术论文前，有两个步骤必不可少，也是古脊椎动物学的特色所在：一个是化石修复（本书暂不作介绍），一个是插图绘制。

▽古生物科考车队飞驰在帕米尔高原的瓦罕走廊（吴飞翔/摄）

◁踏过冰河，寻找特提斯古海的遗存（定日岗嘎曲密巴，赵光辉/摄）

◁在珠峰北侧的定日岗嘎苏热山，三叠纪的喜马拉雅鱼龙再次现身（赵光辉/摄）

◁寻找希夏邦马峰上的化石（黄健/摄）

▷喀什地层考察，采得一些始新世的鲨鱼牙齿（吴飞翔/摄）

▷希夏邦马峰野博康加勒冰川的末端是壮观的冰塔林，闯过这道美丽的屏障，就能找到神秘的高山栎化石（黄健/摄）

⊘ 科学插图绘制

如果你要用文字从肢体姿态的各个方面展现人类的外形，请打消这个念头，因为你描述得越细致，读者就越困惑，认知对所描述之物的偏离就越远。因此，有必要既描绘又描述。

——达·芬奇

这段话，评价插图在古生物学研究中的作用恰如其分。巧合的是，达·芬奇也是西方历史上最早认识到化石是远古动植物遗体或遗迹的人。化石埋藏在岩石里的时间实在太过久远，本身也有脆弱的特质，变形、破损、自然风化的过程往往让化石表面模糊不清，大多数情况下，要精准地辨别它的结构细节都是相当困难的事，更别说在科学传播和交流（学术论文、学术报告、科学普及）中将这些信息展示给他人，这个时候插图就显得尤为重要。

研究一个化石，需要描述一个形态结构时，如果单用“三角形”“表面粗糙”“额骨和顶骨以一斜线相接”等字句，这样的文字算不得好的描述，甚至让人有些不知所云。加上限制性的形容词可以更加具体，但如果用多又不免累赘。于是插图的作用就凸显出来，这就是“既描述又描绘”的意义。科学的视觉维度在这个时候也成为一种语言，正如《科学美国人》高级艺术指导爱德华·贝尔（Edward Bell）所说：“它们（插图）不仅是出于强化数据或减少行文的需要，而是提供一种阅读和阐释的‘文本’。”

这固然是从研究的技术层面作出的评价，就一个化石标本而言，那些与发表论文无关（或者说暂时无关而用不上）的细节，是否同样值得关注？有艺术家认为，绘画使人对观察的对象看得更仔细。它要求人们注意每一个细节，即使是表面看起来平淡无奇的东西。古生物标本的插图绘制更是如此。

化石修理师用绣花针般的工具剔去围岩浮土，让化石从岩层里显现出来。在很多情况下，化石骨骼可能已散乱破碎，或者已被风化殆尽，只留印迹，但即便如此，这些仍是它们存在时的影子。在特殊的情况下，后期的一些地质作用（如褶皱造成的岩层变形）甚至还在化石标本上留有痕迹。所以，在理想的状态下，而不仅仅是在发表论文的标准下，古生物标本的绘图，除了勾描化石的形貌，也应该尽力摹画它被保存的状态，以及它们被时间改变过的痕迹，这也可以是一种集成信息的方式。化石本身就是大自然和生物体合力的结果，对于体现这种关系的任何细节，好的观察者和记录者不会视而不见。我们在尝试接近这种状态。

可以说，古生物学脱胎于博物学，在没有摄像技术的时代，对博物学家来说，科学绘画的重要性不言而喻。即便到了今天，博物学（或古生物学领域）的科学绘画仍不可或缺。一方面，如上所述，在研究的过程中，文字语言总有局限，图画可以弥补，甚至可以传达比文字更丰富的信息，正所谓“一图胜千言”。另一方面，封存于岩石中的化石，不仅是灭绝物种本体的印记，也有地质过程的投射。骨骼的大小、形状以及相邻骨骼的架构，小到神经、血管以及侧线的孔洞，大到骨骼上的凸起、瘤饰，都是自然选择雕刻成的作品，而化石形成和保存过程中多种自然因素可能作用于标本，留下标记，或者扭曲形体，这要求研究者对标本作最大努力的精细观察与识别，确保科学信息的准确，最好还能将其“可视化”。正因为汇集了大量的不

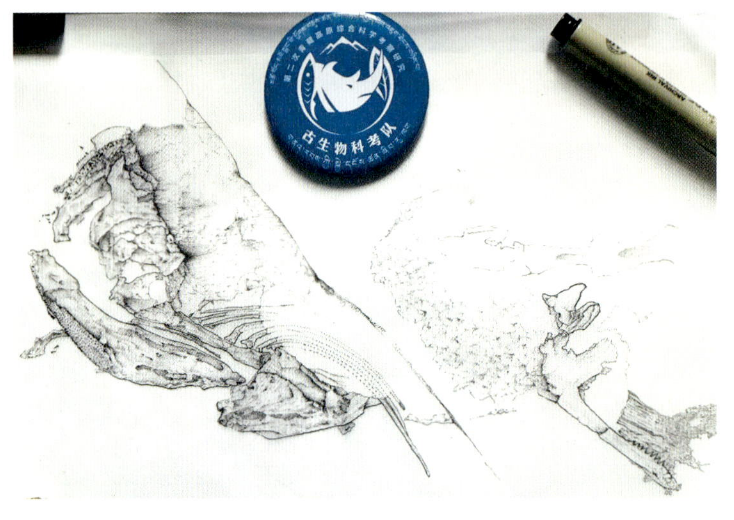

◁西藏鲇鱼化石骨骼素描稿（吴飞翔 / 绘）

确定性，科学标本的素描难度可能要超过一般的静物写生。它不仅要做实物（化石）的再现，还要辨别哪些是标本本身的信息，哪些是与它有关或无关的痕迹，并用画笔将其区分开来。

除了化石本身的骨骼绘图，研究进行过程中或者研究完成之后，出于和同行和公众交流的需要，往往需要绘制复原图。复原图分为两种：一种是形态（解剖）复原，将认识到的古生物各个部分参照这个类群的身体架构特点进行“组装”，甚至补充鳞片、肌肉或羽毛等细节；另一种是生态复原图，这种图复杂一些。生态复原图的难度不仅体现在其中要素更多样，还在于需要根据已知信息将不同的生物按生态关系做出合理的设计，甚至群落特征与图中布置的物理环境也要力求协调。单体的形态自不用说，鱼鳞有无纹饰，肢体比例是否合适；小到动物体表可有皮褶，大到远山该是什么规模，树干上有无攀缘藤蔓，不同成因下的火山喷烟是浓是淡，代表性动物有何行为特征，不同类群的个体数量可有差别，凡此种种，都需要清晰构思。

△《2600 万年前的藏北》素描原稿（吴飞翔 / 绘）

可以说，制作科学插画，不仅是对绘画技巧的考验，也是对形象思维和整体思维能力的锻炼，研究者作科学插画更是如此。尽管研究者笔下不见得有专业画师的行家技法，但优势在于对标本的了解和对科学信息的掌握，大可尽力而为。本书前面的章节就包含了大量由本书作者手绘的标本素描和若干幅综合的生态复原图。现在简单介绍一下其中几幅图的创作过程。

在上色之前，先绘制素描稿。素描稿扫描之后，将图件导入电脑软件上色。不同于在画布上用丙烯或者油彩上色，这种数码上色的方式可以保留素描原稿，这是一种传统而耗时的方法。随着数位板的应用，技艺高超的画师可以直接在电脑上构图、造景、上色，一气呵成。不过，我还是偏好先画素描手稿，笔和纸之间摩擦，让绘画更有触感，也更能锻炼作者的基本功。

《2600 万年前的藏北》这幅图的彩图在本书第四章，图中的植物和动物几乎都是当时已发表的古生物。但鲇鱼当时没有发表，因此上色后发表的图里已将它抹去，但本书图中保留了鲇鱼形象。攀鲈雌雄合抱的行为是基于几个

▽《2600 万年前的藏北》素稿四步（吴飞翔 / 绘）

▽《2000 万年前的藏北》素描原稿（吴飞翔 / 绘）

雄鱼标本眼眶后侧保存了触器（见第四章“树上的鱼”），因此行为可完全参考现代某些具有这种结构的攀鲈种类。值得一提的是，邓涛老师为画中的西藏始攀鲈创作过一首藏头诗：西上羌塘觅旧鳞，藏身远古费搜寻。攀高不畏寒冰雪，鲈骨鲃鳍慰苦辛。作者将它誊在了画稿右侧。

《2000 万年前的藏北》素描原稿与彩图（第五章）对比可知，上色时对原稿的山做了很大的修改。因为根据最新的研究可知，当时此地的最高海拔应该不超过 3000 米，为了与这个信息保持一致，山体做了一定的“矮化”处理。根据最新发表的研究结果，挺水植物蕨类苹也有所修改。

巨犀的上色图（第五章）与素描稿对比可知，素描稿有几次修改，最终确定的构图发生了很大的变化，远山和

◁《巨犀走高原》素描终稿（吴飞翔 / 绘）

△《巨犀走高原》素描稿（吴飞翔 / 绘）

远处的植被被缩小了，尽量营造辽阔的空间。地面补充了灌木。巨犀身体上补充了粗糙的皮褶和鼓起的肌肉。

高原古生物文创

古生物学承载着想象力，所以也可以是一门很美的科学。在今天这个视觉力量空前强势的信息时代，我们不妨借助时兴的流行元素彰扬一下化石和古生物学的魅力。我们曾把一些发现于高原的古生物做成小小的文创品，因为是藏区的产出，所以特意加入了藏式元素。自然的化石珍宝和藏地的多彩文化，给了我们许多关乎生命和美的体悟与灵感。

为了纪念鱼类学家伍献文先生诞辰 120 周年，我们在 2020 年设计制作了伍氏献文鱼图章。鱼嘴为方形设计，对应献文鱼铲状、可能刮食湖底硅藻的下颌；鱼身白色强调鱼

◁青藏高原古生物科考文创。左上：西藏披毛犀；右上：西藏始攀鲈；左下：科考队队徽；右下：西藏兔耳果

◁◁纪念伍献文先生诞辰 120 周年的伍氏献文鱼素色版图章

◁纪念伍献文先生诞辰 120 周年的伍氏献文鱼彩版图章

◁青藏高原古生物科考队队徽

骨造型，突出它骨骼的粗壮（见第七章）。鱼身旁的浪花，营造出鱼跃波兴的动感，也是由水花抽象出祥云造型，点染藏式文化。外围的莲花纹理和汉字变体，也为突出藏式风格。本书在第七章介绍了献文鱼的形态解剖学特点。

2017 年 6 月，我们在班戈考察期间，晚上在房间通过手机微信往来图片，由邓涛老师、我和苏涛共同设计了青藏高原古生物科考队队徽（中英文版），并在之后赶赴拉萨参加第二次青藏科考出发仪式的路上讨论修改定稿。要是在几年前，沿途没有网络，没有手机信号，也没有智能手机，这个事情可能没办法这么顺利地完成。2018 年年底，我们又推出了汉藏文版队徽。

正如旅美古生物学家和科普作家苗德岁先生所说，科学与艺术拥有共同的创意源泉。赫胥黎也说，科学与文艺并非两件不同的东西，而是一件东西的两面。古生物学家是穿梭于“时空隧道”、追寻失落世界的人，他们能看见亿万年的演化和无数次的环境变迁如何造就了眼前多彩的生命世界和

▽札达盆地西藏披毛犀化石产地附近的岩羊群（赵光辉 / 摄）

◁色林错南岸的藏羚羊群（吴飞翔/摄，2012 年）

◁飞在达玉化石点上空的胡兀鹫（*Gypaetus barbatus*）（袁勇伟/摄，2018 年）

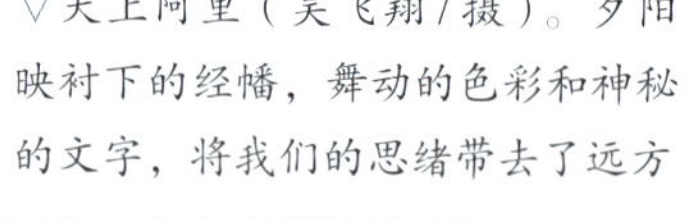

▽天上阿里（吴飞翔/摄）。夕阳映衬下的经幡，舞动的色彩和神秘的文字，将我们的思绪带去了远方

精微的生物结构，因此对生命和自然之美有独特的理解。我们也在努力，像前辈们和哲人们那样，在用科学塑造自己的世界观的同时，也像艺术家一样，热情地追求和欣赏美。融合艺术的科学研究别有趣味。

尾声

慷慨的高原给予人们的馈赠，不仅有现世触目可及的雪山圣湖，还有曾经在此繁衍生息、但已湮灭于久远时空的无数生灵。它们虽不曾与我们为邻，却将身形化于石中，留下曾经的印记，并通过传承与进化，汇入波澜壮阔的生命之河，随之流淌至今。

▽在生命的长河里，我们微小如尘，却与万事万物有着深广的联系，所以从未感到孤独（画房子/摄）

《自私的基因》的作者、英国著名演化生物学家理查德·道金斯（Richard Dawkins）有句名言："生命演化是地球上最精彩的大戏。"青藏高原从古海之中最终崛起为这个星球表面地势最高的地方，用这句话描述这里的生命历程，再贴切不过。从珠峰下的鱼龙、旋齿鲨，到昌都芒康的恐龙、硬齿鱼，从藏北的热带攀鲈到阿里的冰期动物，再到今天的雪豹、牦牛、藏羚羊，这里上演着一部永不落幕的大戏，这更是一部关乎自然与美的史诗，生命的灵性，使其不朽。

古生物学家在高原寻找生命的过程与自然的价值，同时也在聚集探索的力量。这种力量打开了时间之门，让人看见皑皑雪山之下的另外一个世界，它不同于眼前所见，但又与今天的高原息息相关。

我们还有一个愿望，希望将来每一个来西藏、上高原的人，在土林古格观光怀古时会说起披毛犀和三趾马，在色林错边畅享碧波万顷时能想到兔耳果和始攀鲈。因为它们可能就在你脚下的岩石里。

是的，它们曾经就在这里。

参考文献

以下按章列出本书在撰写过程中使用的文献资料，供读者参考。在每一章内，按照中文图书、中文期刊、中文其他资料（如微信公众号文章和视频、博客文章、网站文章等）和英文资料的顺序列出。

第一章

查尔斯·达尔文，著，苗德岁，译．物种起源（插图收藏版）[M]. 南京：译林出版社，2018.

苗德岁．地球史诗：46 亿年有多远 [M]. 青岛：青岛出版社，2021.

苗德岁．给孩子的生命简史 [M]. 北京：中信出版集团，2018.

汪品先，田军，黄恩清，马文涛．地球系统与演变 [M]. 北京：科学出版社，2018.

中国青藏高原研究会，星球研究所．这里是中国 [M]. 北京：中信出版社，2019.

走近地球之巅编委会．走近地球之巅 [M]. 北京：中国地图出版社，2021.

邓涛，王晓鸣，李强，吴飞翔．青藏高原：从热带动植物乐土到冰期动物群摇篮 [J]. 中国科学院院刊专题：青藏高原综合科学研究进展，2017，32（9）：959–966.

丁林，Maksatbek S，蔡福龙，等．印度与欧亚大陆初始碰撞时限、封闭方式和过程 [J]. 中国科学：地球科学，2017，47（3）：293–309.

丁林，李震宇，宋培平．青藏高原的核心来自南半球冈瓦纳大陆 [J]. 中国科学院院刊专题：青藏高原综合科学研究进展，2017，32（9）：945–950.

倪喜军，李强，张弛，等．亚洲古近纪哺乳动物群交流及其反映的古地理格局 [J]. 中国科学：地球科学，2020，50（2）：209–219.

汪品先等．“华夏山水的由来”专题 [J]. 中国科学 : 地球科学 ,2017,47(4): 383–437.

万天丰，李三忠，杨巍然 等．板块运动的机制与动力来源学术争鸣 [J]. 地学前缘，2019，26（6）：309–319.

万博，吴福元，陈凌，等．重力驱动的特提斯单向裂解—聚合动力学 [J]. 中国科学：地球科学，2019，49（12）：2004–2017.

吴福元，万博，赵亮，等．特提斯地球动力学 [J]. 岩石学报，2020，36（6）：1627–1674.

徐仁，J. 瑞格华，段淑英．藏南舌羊齿植物群的再研究 [J]. 地质科学，1979，7（3）：233–242.

徐仁．藏南舌羊齿植物群的发现和其在地质学及古地理学上的意义 [J]. 地质科学，1976，10（4）：323–331.

张镱锂，李炳元，刘林山，郑度.再论青藏高原范围[J].地理研究，2021，40（6）：1543–1553.

周浙昆，邓涛.青藏高原是研究生物演化和环境演变的天然实验室[J].中国科学：地球科学，2020，50（2）：175–176.

邓涛.沧海桑田：古生物化石反映的青藏高原隆升历史.第三极大本营微信公众号，2021.

丁林.青藏高原的崛起，让华南大地从沙漠变成了“鱼米之乡”.格致论道讲坛微信公众号，2021.

Chiarenza A A, Mannion P D, Lunt, D J, et al. Ecological niche modelling does not support climatically-driven dinosaur diversity decline before the Cretaceous/Paleogene mass extinction. Nature Communications, 2019, 10:1091.

Blakey R C. Gondwana paleogeography from assembly to breakup—A 500 m.y. odyssey, in Fielding C R, Frank T D, and Isbell J L (eds.), Resolving the Late Paleozoic Ice Age in Time and Space: Geological Society of America, Special Paper 441, 2008: 1–28.

Deng T, Lu X K, Wang S Q, Flynn L J, et al. An Oligocene giant rhino provides insights into *Paraceratherium* evolution. Communications Biology, 2021, 4:639.

Deng T, Wang X M, Wu F X, et al. Review: Implications of vertebrate fossils for paleo-elevations of the Tibetan Plateau. Global and Planetary Change, 2019, 174: 58–69.

Deng T, Wu F X, Wang S Q, Su T, et al. Major turnover of biotas across the Oligocene/Miocene boundary on the Tibetan Plateau. Palaeogeography, Palaeoclimatology, Palaeoecology, 2021, 567: 110241.

Ding L, Kapp P, Cai F L, et al. Timing and mechanisms of Tibetan Plateau uplift. Nature Review Earth & Environment, 2022, 3: 652–667.

Huang B C, Yan Y G, Piper J D A, et al. Paleomagnetic constraints on the paleogeography of the East Asian blocks during Late Paleozoic and Early Mesozoic times. Earth-Science Reviews, 2018, 186: 8–36.

Yuan D X, Zhang Y C, Shen S Z, et al. Early Permian conodonts from the Xainza area, central Lhasa Block, Tibet, and their palaeobiogeographical and palaeoclimatic implications. Journal of Systematic Palaeontology, 2015, 7: 365–383.

Yuan J, Yang Z Y, Deng C L, et al. Rapid drift of the Tethyan Himalaya terrane before two-stage India-Asia collision. National Science Review, 2020, 8:

nwaa173.

Veevers J J. Gondwanaland from 650 - 500 Ma assembly through 320 Ma merger in Pangea to 185 - 100 Ma breakup: supercontinental tectonics via stratigraphy and radiometric dating. Earth–Science Reviews, 2004, 68: 1–132.

Meng J, Coe R S, Wang C S, et al. Reduced convergence within the Tibetan Plateau by 26 Ma? Geophysical Research Letters, 2017, 44(13): 6624–6632.

Li S F, Valdes P J, Farnsworth A, et al. Orographic evolution of northern Tibet shaped vegetation and plant diversity in eastern Asia. Science Advances, 2021, 7: eabc7741.

O' Neill C, Marchi S, Bottke W, et al. The role of impacts on Archaean tectonics. Geology, 2020, 48(2): 174–178.

Spicer R A, Su T, Valdes P J, et al. The topographic evolution of the Tibetan Region as revealed by palaeontology. Palaeobiodiversity and Palaeoenvironments, 2021, 101: 213–243.

Torsvik T H and Cocks L R M. Gondwana from top to base in space and time. Gondwana Research, 2013, 24: 999–1030.

第二章

让 – 巴普蒂斯特·德·帕纳菲厄，著，帕特里克·格里斯，摄，邢路达，胡晗，王维，译 . 演化 [M]. 北京：北京美术摄影出版社，2015.

迈克·厄维哈特，著，吴飞翔，译 . 史前海怪——与 8200 万年前的海洋霸主同行 [M]. 北京：现代出版社，2021.

马丽华 . 青藏苍茫——青藏高原科学考察 50 年 [M]. 北京：生活·读书·新知三联书店，1999.

孙鸿烈等，口述 . 温瑾，访问整理 . 青藏高原科考访谈录（1973–1992）[M]. 长沙：湖南教育出版社，2010.

王永胜，张树岐，谢元和，等 . 中华人民共和国区域地质调查报告，昂达尔错幅 [M]. 武汉：中国地质大学出版社，2006.

中国希夏邦马峰科学考察队 . 希夏邦马峰科学考察图片集 [M]. 北京：科学出版社，1966.

再次登上珠穆朗玛峰 [M]. 北京：外文出版社，1975.

张云，石硕 . 西藏通史（早期卷）[M]. 北京：中国藏学出版社，2016.

中国科学院青藏高原综合科学考察队 . 青藏高原科学考察丛书——西藏古生物（第二分册）[M]（待出版）.

中国科学院青藏高原综合科学考察队 . 青藏高原科学考察丛书——西藏古生物（第一分册）[M]. 北京：科学出版社，1980.

中国希夏邦马峰登山队科学考察队．希夏邦马峰地区科学考察报告 [M]. 北京：科学出版社，1982.

中国科学院西藏科学考察队．珠穆朗玛峰地区科学考察报告图片集 [M]. 北京：科学出版社，1974.

中国科学院青藏高原综合科学考察队．珠穆朗玛峰科学考察报告（1975）——地质 [M]. 北京：科学出版社，1979.

王思恩，等．中国的侏罗系，中国地层（11）[M]. 北京：地质出版社，1985.

董枝明．珠穆朗玛峰地区的鱼龙化石 [J]. 中国科学院古脊椎动物与古人类研究所甲种专刊第九号“中国三迭纪水生爬行动物”，1972，9：7–10.

刘宪亭，张弥曼．旋齿鲨化石在中国的发现 [J]. 古脊椎动物学报，1963，7（2）：123–131.

孟中玙，王建刚，纪伟强，张豪，吴福元，Garzanti E. 藏东南郎杰学群是印度大陆北缘原地沉积而非外来地体——来自同时代浅海相曲龙贡巴组沉积物源的证据 [J]. 中国科学：地球科学，2019，49：848–863.

施雅风，刘东生．希夏邦马峰地区科学考察初步报告 [J]. 科学通报，1964，（10）：928–938.

萧春雷．青藏高原的伟大崛起 [J]. 中国国家地理，2009，10：228–241.

杨锺健，刘东生，张明亮．西藏的鱼龙 [J]. 希夏邦马峰地区科学考察报告，1982，350–355.

杨锺健.贵州仁怀一爬行动物的新鉴定和另一可能产自中国的鱼龙化石 [J]. 古脊椎动物学报，1965，9（4）：368–376.

杨锺健，刘宪亭.昌都附近硬齿鱼的发现 [J]. 古生物学报，1954，2（1）：95–100.

姚檀栋，陈发虎，崔鹏，等.从青藏高原到泛第三极 [J]. 中国科学院院刊，2017，32（9）：924–931.

张弥曼.西藏发现的旋齿鲨一新种 [J]. 地质科学，1976，11（4）：332–336.

张弥曼.珠峰地区的旋齿鲨化石 [J]. 化石，1976，2：24–25.

西藏工作队地质组（报告执笔人：李璞）.西藏东部地区地质的初步认识 [J]. 科学通报，1955，7：62–71.

刘强.四十六年前的回忆——图说 1975 年珠峰登山科考.中科院地质地球所微信公众号，2021.

孙子芸，高培超.青藏高原究竟有多大？人类活动与生存环境安全微信公众号，2021.

Benton M & Wu F X. Triassic Revolution. Frontiers in Earth Science. 2022，10:899541.

Benton M J，Zhang Q Y，Hu S X，et al. Exceptional vertebrate biotas from the Triassic of China，and the expansion of marine ecosystems after the Permo–Triassic mass extinction. Earth–Science Reviews，2013，125：199–243.

Chang M-M and Miao D S. An overview of Mesozoic fishes in Asia. Mesozoic Fishes 3-Systematics and Paleoecology, 2004: 535-563.

Cui Y, Li M, van Soelen E E, et al. Massive and rapid predominantly volcanic CO_2 emission during the end-Permian mass extinction. Proceedings of the National Academy of Sciences, 2021, 118(37): e2014701118.

Deng T & Ding L. Paleoaltimetry reconstructions of the Tibetan Plateau: progress and contradictions. National Science Review, 2015, 2: 417-437.

Fan J X, Shen S Z, Erwin D, et al. A high-resolution summary of Cambrian to Early Triassic marine invertebrate biodiversity. Science, 2020, 367(6475): 272-277.

Fang G Y & Wu F X. The predatory fish *Saurichthys* reflects a complex underwater ecosystem of the Late Triassic Junggar Basin, Xinjiang, China. Historical Biology, 2022. 35(8): 1449 - 1459.

Fang G Y & Wu F X, New insights into *Tibetodus gyrodoides* Young & Liu, 1954 (Actinopterygii, Pycnodontiformes) from the Qinghai-Xizang Plateau based on micro-CT data. Mesozoic, 2024, 001(3): 389 - 395.

Gohar S A, Antar M S, Boessenecker R W, et al. A

new protocetid whale offers clues to biogeography and feeding ecology in early cetacean evolution. Proceedings of the Royal Society B, 2021, 288(1957): 20211368.

Itano W M. An abraded tooth of *Edestus* (Chondrichthyes, Eugeneodontiformes): Evidence for a unique mode of predation. Transactions of the Kansas Academy of Science, 2015, 118 (1–2): 1–9.

Ji C, Jiang D Y, Motani R, et al. Phylogeny of the Ichthyopterygia incorporating the recent discoveries from South China. Journal of Vertebrate Paleontology, 2016: e1025956.

Li S, Grasby S E, Xing Y, et al. Mercury contents and isotope ratios in marine and terrestrial archives across the Cretaceous/Paleocene boundary. Earth–Science Reviews, 2024, 248: 104635.

Lu J, Zhang P X, Corso J D, et al. Volcanically driven lacustrine ecosystem changes during the Carnian Pluvial Episode (Late Triassic). Proceedings of the National Academy of Sciences, 2021, 118(40): e2109895118.

McGowan C & Motani R. Ichthyopterygia; in Handbook of Paleoherpetology, Part 8. Verlag Dr. Friedrich Pfeil, Munich, 2003.

Moon B C. A new phylogeny of ichthyosaurs (Reptilia: Diapsida). Journal of Systematic

Palaeontology, 2019, 17: 129–155.

Motani R, Manabe M, and Dong Z M. The status of *Himalayasaurus tibetensis* (Ichthyopterygia). Journal of Vertebrate Paleontology, 1999, 2(2): 174–181.

Motani R, Jiang D Y, Chen G B, et al. A basal ichthyosauriform with a short snout from the Lower Triassic of China. Nature, 2015, 517: 485–488.

Poyato–Ariza F J. Pycnodont fishes: morphologic variation, ecomorphologic plasticity, and a new interpretation of their evolutionary history. Bulletin of Kitakyushu Museum of Natural History and Human History, 2005, Ser. A, 3: 169–184.

Ramsay J B, Wilga C D, Tapanila L, et al. Eating with a saw for a jaw: Functional morphology of the jaws and tooth–whorl in Helicoprion davisii. Journal of Morphology, 2015, 276(1): 47–64.

Schoene B, Eddy M P, Samperton K M, et al. U–Pb constraints on pulsed eruption of the Deccan Traps across the end–Cretaceous mass extinction. Science, 2019, 363(6429): 862–866.

Sprain C J, Renne P R, Vanderkluysen L, et al. The eruptive tempo of Deccan volcanism in relation to the Cretaceous–Paleogene boundary. Science, 2019, 363(6429): 866–870.

Tapanila L, Pruitt J, Pradel A, et al. Jaws for a

spiral–tooth whorl: CT images reveal novel adaptation and phylogeny in fossil *Helicoprion*. Biology Letters, 2013, 9: 20130057.

Wu F X, Sun Y L, Xu G H, et al. New saurichthyid actinopterygian fishes from the Anisian (Middle Triassic) of southwestern China. Acta Palaeontologica Polonica, 2011, 56(3): 581–614.

Xing L D, Xu X, Lockley M G, et al. Sauropod trackways from the Middle Jurassic Chaya Group of Eastern Tibet, China. Historical Biology, 2020, 33(12): 1–11.

Xu G H, Ma X Y, Wu F X, et al. A Middle Triassic kyphosichthyiform from Yunnan, China, and phylogenetic reassessment of early ginglymodians. Vertebrata PalAsiatica, 2019, 57(3): 181–204.

Yu Y L, Yi H Y, Wang S Y, et al. A Jurassic Tibetan theropod tooth reveals dental convergency and its implication for identifying fragmentary fossils. The Innovation Geoscience, 2023, 1(3), 100040.

Zachos J, Pagani M, Sloan L, et al. Trends, rhythms, and aberrations in global climate 65 Ma to Present. Science, 2001, 292(5517): 686–693.

第三章

宋柱秋，史恭乐，陈运发，王祺 . 广西渐新统宁明组臭椿属（苦木科）的翅果化石及其分类学和生物地理学意义 [J]. 古生物学报，2014，53（2）：191–200.

谭珂，董书鹏，卢涛，张亚婧，徐诗涛，任明迅 . 被子植物翅果的多样性及演化 [J]. 植物生态学报 . 2018，42（8）：806–817.

EVEE. 鲸鱼：5000 万年前，那时我还会走路 . 科学大院微信公众号，2021.

HZ86. 这头古怪的野兽其实是“鲸鱼”. 动物世界微信公众号，2021.

邓涛 . 伦坡拉苦旅 . 科学网博客，2010.

谢宇龙 .5600 万年前的神秘高温事件，如何改变哺乳动物进化历程 . 科学大院微信公众号，2021.

周浙昆 . 御风而来，只为那惊鸿一瞥 . 青藏高原古生物科考队微信公众号，2020.

Augspurger C K. Morphology and dispersal potential of wind–dispersed Diaspores of Neotropical trees. American Journal of Botany, 1986, 73(3): 353–363.

Augspurger C K, Franson S E and Cushman K C. Wind dispersal is predicted by tree, not diaspore, traits in comparisons of Neotropical species. Functional Ecology, 2017, 31: 808–820.

Chen Y S, Meseguer A S, Godefroid M, et al. Out-of-India dispersal of *Paliurus* (Rhamnaceae) indicated by combined molecular phylogenetic and fossil evidence. Taxon, 2017, 66(1): 78–90.

Del Rio C, Wang T X, Wu F X, et al. Fossil record of *Ceratophyllum* aff. *muricatum* Cham. (Ceratophyllaceae) from the middle Eocene of central Tibetan Plateau, China. Review of Palaeobotany and Palynology, 2020, 281: 104284.

Del Rio C, Wang T X, Xu X T, et al. *Ventilago* (Rhamnaceae) Fruit from the Middle Eocene of Central Tibet, China. International Journal of Plant Sciences, 2021, 182(7): 638–648.

Ding L, Xu Q, Yue Y H, et al. The Andean-type Gangdese Mountains: Paleoelevation record from the Paleocene - Eocene Linzhou Basin. Earth and Planetary Science Letters, 2014, 392: 250–264.

Ding L, Spicer R A, Yang J, et al. Quantifying the rise of the Himalaya orogen and implications for the South Asian monsoon. Geology, 2017, 45(3): 215–218.

Grande L, The Lost World of Fossil Lake. University Of Chicago Press, 2013.

Greenwood D R & Wing S L. Eocene continental

climates and latitudinal temperature gradients. Geology, 1995, 23(11): 1044–1048.

Han Z P, Sinclair H D, Li Y L, et al. Internal drainage has sustained low-relief Tibetan landscapes since the early Miocene. Geophysical Research Letters, 2019, 46(15): 8741–8752.

Kim B H, Li K, Rogers J A, et al. Three-dimensional electronic microfliers inspired by wind-dispersed seeds. Nature, 2021, 597: 503–510.

Klaus S, Morley R J, Plath M, et al. Biotic interchange between the Indian subcontinent and mainland Asia through time. Nature Communications, 2016, 7: 12123.

Li J G, Batten D J, Zhang Y Y. Late Cretaceous palynofloras from the southern Laurasian margin in the Xigaze region, Xizang (Tibet). Cretaceous Research, 2008, 29: 294–300.

Li J G, Wu Y X, Peng J G, et al. Palynofloral evolution on the northern margin of the Indian Plate, southern Xizang, China during the Cretaceous Period and its phytogeographic significance. Palaeogeography, Palaeoclimatology, Palaeoecology, 2019, 515: 107–122.

Li S, Han Z P, Li Y L, et al. Magnetostratigraphy of the Niubao Formation in the Bangong-Nujiang

Suture Zone: Constraints on the amount of crustal shortening of the Tibetan Plateau since 60 Ma. Geophysical Research Letters, 2024, 51: e2024GL111729.

Liu J, Su T, Spicer R A, et al. Biotic interchange through lowlands of Tibetan Plateau suture zones during Paleogene. Palaeogeography, Palaeoclimatology, Palaeoecology, 2019, 524: 33–40.

Ma P F, Wang L C, Wang C S, et al. Organic-matter accumulation of the lacustrine Lunpola oil shale, central Tibetan Plateau: Controlled by the paleoclimate, provenance, and drainage system. International Journal of Coal Geology, 2015, 147–148: 58–70.

Manchester S R. Attached reproductive and vegetative remains of the extinct American- European genus *Cedrelospermum* (Ulmaceae) from the early Tertiary of Utah and Colorado. American Journal of Botany, 1989, 76(2): 256–276.

Manchester S R & O' Leary E L. Phylogenetic distribution and identification of fin-winged fruits. The Botanical Review, 2010, 76: 1–82.

Meng J, Coe R S, Wang C S, et al. Reduced convergence within the Tibetan Plateau by 26 Ma? Geophysical Research Letters, 2017, 44(13): 6624–6632.

Ni X J, Gebo D L, Dagosto M, et al. The oldest known primate skeleton and early haplorhine evolution. Nature, 2013, 498: 60–64.

Ogasa N. Winged microchips glide like tree seeds. Scientific American, 2021. https://www.scientificamerican.com/article/winged-microchips-glide-like-tree-seeds/

Pross J, Contreras L, Bijl P K, et al. Persistent near-tropical warmth on the Antarctic continent during the early Eocene epoch. Nature, 2012, 488: 73–77.

Shukla A, Mehrotra R C and Guleria J S. Emergence and extinction of Dipterocarpaceae in western India with reference to climate change: Fossil wood evidences. Journal of Earth System Science, 2013, 122(5): 1373–1386.

Sluijs A, Schouten S, Donders T H, et al. Warm and wet conditions in the Arctic region during Eocene Thermal Maximum 2. Nature Geoscience, 2009, 2: 777–780.

Smith K T, Schaal S, Habersetzer J. Messel: An Ancient Greenhouse Ecosystem. Senckenberg Gesellschaft für Naturforschung, 2018.

Su T, Spicer R A, Wu F X, et al. A Middle Eocene lowland humid subtropical "Shangri-La" ecosystem in central Tibet. Proceedings of the National Academy of Sciences, 2020, 117(52): 32989–32995.

Suan G, Popescu S–M, Suc J–P, et al. Subtropical climate conditions and mangrove growth in Arctic Siberia during the early Eocene. Geology, 2017, 45(6): 539–542.

Tang H, Liu J, Wu F X, et al. Extinct genus *Lagokarpos* reveals a biogeographic connection between Tibet and other regions in the Northern Hemisphere during the Paleogene. Journal of Systematics and Evolution, 2019, 57: 670–677.

Wang P X. Low–latitude forcing: A new insight into paleo–climate changes. The Innovation, 2021, 2(3): 100145.

Wang T X, Del Rio C, Manchester S R, et al. Fossil fruits of *Illigera* (Hernandiaceae) from the Eocene of central Tibetan Plateau. Journal of Systematics and Evolution, 2020, 59: 1276 - 1286.

Westerhold T, Marwan N, Drury A J, et al. An astronomically dated record of Earth’s climate and its predictability over the last 66 million years. Science, 2020, 369(6509): 1383–1387.

Willard D A, Donders T H, Reichgelt T, et al. Arctic vegetation, temperature, and hydrology during Early Eocene transient global warming events. Global and Planetary Change, 2019, 178: 139–152.

Wright I J, Dong N, Maire V, et al. Global climatic drivers of leaf size. Science, 2017, 357(6354): 917–921.

Yang T, Jia J W, Chen H Y, Zhang Y X, Wang Y, et al. Oligocene *Ailanthus* from northwestern Qaidam Basin, northern Tibetan Plateau, China and its implications. Geological Journal, 2020, 56(2): 616–627.

Ferreira B. Winged Microchips Are the Smallest Flying Machines Made by Humans. 2021.https://www.vice.com/en/article/winged-microchips-are-the-smallest-flying-machines-made-by-humans/

Aron J. Spinning seeds inspire single-bladed helicopters. 2011. https://www.newscientist.com/article/dn20045-spinning-seeds-inspire-single-bladed-helicopters/

第四章

邓涛，吴飞翔，苏涛，等. 青藏高原江河湖源新生代古生物科考报告 [M]. 北京：科学出版社，2021.

凯・耶格尔，著，董晓男，译，吴飞翔，审校. 化石故事——从恐龙脚印到人类足迹 [M]. 南京：江苏凤凰科学技术出版社，2024.

真岛诚，著，山崎浩二，摄，范嘉卿，杨弘业，黄之旸，译. 迷鳃鱼 [M]. 水族生态杂志社，1998.

李文学，陈同斌. 超富集植物吸收富集重金属的生理和分子生物学机制 [J]. 应用生态学报，2003，14（4）：627–631.

罗本家，戴光亚，潘泽雄. 班公湖—丁青缝合带老第三纪陆相盆地含油前景 [J]. 地球科学—中国地质大学学报，1996，21（2）：163–167.

唐娅丽，于昌江，刘宇，等. 浮萍合成生物学研究进展 [J]. 生命科学，2020，32（2）：100–109.

王波明，周家声，闻涛，何志文. 西藏尼玛盆地陆相地层归属及其油气意义 [J]. 天然气技术，2009，3（4）：21–25.

周浙昆. 我与“似浮萍叶儿”的邂逅. 青藏高原古生物科考队微信公众号，2020.

An D, Zhou Y, Li C S, et al. Plant evolution and environmental adaptation unveiled by long-read whole-genome sequencing of *Spirodela*. Proceedings of the National Academy of Sciences, 2019, 116(38): 18893–18899.

Appenroth K J, Ziegler P, and Sree K S. Accumulation of starch in duckweeds (Lemnaceae), potential energy plants. Physiology and Molecular Biology of Plants, 2021, 27(11): 2621–2633.

Daldorff L. Nature history of Perca scandens. The Transactions of the Linnean Society of London, 1797: 62–63.

Fang X M, Dupont–Nivet G, Wang C S, Song C H, et al. Revised chronology of central Tibet uplift (Lunpola Basin). Science Advances, 2020,6: eaba7298.

Li S, Han Z P, Li Y L, et al. Magnetostratigraphy of the Niubao Formation in the Bangong–Nujiang Suture Zone: Constraints on the amount of crustal shortening of the Tibetan Plateau since 60 Ma. Geophysical Research Letters, 2024. 51: e2024GL111729.

Li J M, Du A P, Liu P H, et al. High starch accumulation mechanism and phosphorus utilization efficiency of duckweed (*Landoltia punctata*) under phosphate starvation. Industrial Crops and Products, 2021, 167: 113529.

Low S L, Su T, Spicer T, Wu F X, et al. Oligocene *Limnobiophyllum* (Araceae) from the central Tibetan Plateau and its evolutionary and palaeoenvironmental implications. Journal of Systematic Palaeontology, 2020, 18(5): 415–431.

Manchester S R & O' Leary E L. Phylogenetic

distribution and identification of fin-winged fruits. The Botanical Review, 2010, 76: 1-82.

Manchester S R. Extinct ulmaceous fruits from the Tertiary of Europe and Western North America. Review of Palaeobotany and Palynology, 1987, 52: 119-129.

Wang C S, Dai J G, Zhao X X, Li Y L, et al. Outward-growth of the Tibetan Plateau during the Cenozoic: A review. Tectonophysics, 2014, 621:1-43.

Wang L C, Wang C S, Li Y L, Zhu L D, et al. Organic geochemistry of potential source rocks in the Tertiary Dingqinghu Formation, Nima Basin, Central Tibet. Journal of Petroleum Geology, 2011, 34(1): 67-85.

Wang N & Wu F X. New Oligocene cyprinid in the central Tibetan Plateau documents the pre-uplift tropical lowlands. Ichthyological Research, 2015, 62: 274-285.

Wu F L, Miao Y F, Meng Q Q, Fang X M, et al. Late Oligocene Tibetan Plateau warming and humidity: evidence from a sporopollen record. Geochemistry, Geophysics, Geosystems,2019, 20(1): 434-441.

Wu F X, Miao D S, Chang M-M, Shi G L, et al. Fossil climbing perch and associated plant megafossils indicate a warm and wet central Tibet during the late

Oligocene. Scientific Reports, 2017, 7: 878.

Wu F X, He D K, Fang G Y, Deng T. Into Africa via docked India: a fossil climbing perch from the Oligocene of Tibet helps solve the anabantid biogeographical puzzle. Science Bulletin, 2019, 64: 455–463.

Su T, Farnsworth A, Spicer R A, Huang J, et al. No high Tibetan Plateau until the Neogene. Science Advances, 2019, 5: eaav2189.

Sun J M, Xu Q H, Liu W M, Zhang Z Q, et al. Palynological evidence for the latest Oligocene–early Miocene paleoelevation estimate in the Lunpola Basin, central Tibet. Palaeogeography, Palaeoclimatology, Palaeoecology, 2014, 399: 21–30.

Xia G Q, Zheng D R, Krieg–Jacquier R, Fan Q S, et al. The oldest–known Lestidae (Odonata) from the late Eocene of Tibet: palaeoclimatic implications. Geological Magazine, 2022, 159（4）:511–518.

Xu X T, Deng W Y D, Zhou Z K, Wappler T, et al. The first Fulgoridae (Hemiptera: Fulgoromorpha) from the Eocene of the central Qinghai - Tibetan Plateau. Fossil Record, 2021, 24: 263–274.

Zhao Y G, Fang Y, Jin Y L, et al. Potential of duckweed in the conversion of wastewater nutrients to valuable biomass: A pilot–scale comparison with water hyacinth. Bioresource Technology, 2014, 163. 82 - 91.

Li L, Garzione C N, Lu H J, Quade J, 2024. Neogene surface uplift of the Lunpola Basin in Central Tibet: Implications for uplifting and flattening of orogenic plateaus. Earth and Planetary Science Letters. 646, 118961.

第五章

邓涛，著，陈瑜，绘 . 中国新近纪犀牛 [M]. 上海：上海科学技术出版社，2015.

邓涛，吴飞翔，苏涛，等 . 青藏高原江河湖源新生代古生物科考报告 [M]. 北京：科学出版社，2021.

李炳元，李明森，范云崎 . 藏北无人区的尘封往事——首次羌塘综合科学考察实录 [M]. 北京：学苑出版社，2009.

曲永贵，王永胜，段建祥，等 . 中华人民共和国区域地质调查报告——多巴区幅 [M]. 武汉：中国地质大学出版社，2011.

邓涛，王世骐，颉光普，李强，侯素宽，孙博阳 . 藏北伦坡拉盆地丁青组哺乳动物化石对时代和古高度的指示 [J]. 科学通报，2011，56（34）：2873–2880.

邓涛，吴飞翔，王世骐，等 . 古近纪 / 新近纪之交青藏高原陆地生态系统的重大转折 [J]. 科学通报，2019，64:

2894–2906.

邓涛，吴飞翔，苏涛，周浙昆 . 青藏高原——现代生物多样性形成的演化枢纽 [J]. 中国科学：地球科学，2020，50（2）：177–193.

武云飞，陈宜瑜 . 西藏北部新第三纪的鲤科鱼类化石 [J]. 古脊椎动物与古人类，1980，18（1）：15–22.

Bai B, Wang Y Q, Meng J. The divergence and dispersal of early perissodactyls as evidenced by early Eocene equids from Asia. Communications Biology, 2018, 1:115.

Deng T, Lu X K, Wang S Q, Flynn L J, et al. An Oligocene giant rhino provides insights into *Paraceratherium* evolution. Communications Biology, 2021, 4: 639.

Deng T, Wu F X, Wang S Q, Su T, et al. Major turnover of biotas across the Oligocene/Miocene boundary on the Tibetan Plateau. Palaeogeography, Palaeoclimatology, Palaeoecology, 2021, 567: 110241.

Mao Z Q, Meng Q Q, Fang X M, et al. Recognition of tuffs in the middle–upper Dingqinghu Fm., Lunpola Basin, central Tibetan Plateau: Constraints on stratigraphic age and implications for paleoclimate. Palaeogeography, Palaeoclimatology, Palaeoecology, 2019, 525: 44–56.

Rose K D, Holbrook L T, Kumar K, Rana R S, et al. Anatomy, Relationships, and Paleobiology of *Cambaytherium* (Mammalia, Perissodactylamorpha, Anthracobunia) from the lower Eocene of western India. Journal of Vertebrate Paleontology, 2020, 39(sup1): 1–147.

Sun J M, Xu Q H, Liu W M, et al. Palynological evidence for the latest Oligocene–early Miocene paleoelevation estimate in the Lunpola Basin, central Tibet. Palaeogeography, Palaeoclimatology, Palaeoecology, 2014, 399: 21–30.

Xie G, Sun B, Li J F, Wang S Q, et al. Fossil evidence reveals uplift of the central Tibetan Plateau and differentiated ecosystems during the Late Oligocene. Science Bulletin, 2021, 66(12): 1164–1167.

Li L, Garzione C N, Lu H J, Quade J, 2024. Neogene surface uplift of the Lunpola Basin in Central Tibet: Implications for uplifting and flattening of orogenic plateaus. Earth and Planetary Science Letters. 646, 118961.

第六章

查尔斯·达尔文，著，苗德岁，译 . 物种起源（插图收藏版）[M]. 南京：译林出版社，2018.

邓涛.西行札达——发现冰期动物的高原始祖[M].上海:上海科学技术出版社，2014.

邓涛.追寻远古兽类的踪迹[M].上海：上海科学技术出版社，2011.

邓涛，吴飞翔，苏涛，等.青藏高原江河湖源新生代古生物科考报告[M].北京：科学出版社，2021.

苗德岁.给孩子的生命简史[M].北京：中信出版集团，2018.

邱占祥，邓涛，王伴月.甘肃东乡早更新世龙担动物群[M].中国古生物志总号第191册新丙种第27号.北京：科学出版社，2004.

尤瓦尔·赫拉利，著，林俊宏，译.人类简史—从动物到上帝[M].北京：中信出版社，2014.

让–巴普蒂斯特·德·帕纳菲厄，著，帕特里克·格里斯，摄，邢路达，胡晗，王维，译.演化[M].北京：北京美术摄影出版社，2015.

邓涛.马跃第四纪[J].第四纪研究，2017，37（4）：916–920.

邓涛，王晓鸣.柴达木盆地晚中新世三趾马化石[J].古脊椎动物学报，2004，42（4）：316–333.

李雨，刘文晖，王李花.中国晚新生代猫科剑齿虎的分类述评及古生态探讨[J].科学通报，2021，66（12）：1441–1455.

李强，王世骐，颉光普.西藏阿里门士的真马化石[J].

第四纪研究，2011，31（4）：689–698.

王景文，鲍永超 . 藏北发现的大型猫科动物脑化石 [J]. 古脊椎动物学报，1984，22（2）：134–138.

王晓鸣，颉光普，李强，邱铸鼎，等 . 步林在青海柴达木盆地的早期工作记录——经典脊椎动物化石地点与现代地层框架的解译 [J]. 古脊椎动物学报，2011，49（3）：285–310.

张青松，王富葆，计宏祥，黄万波 . 西藏札达盆地的上新世地层 [J]. 地层学杂志，1981，5（3）：216–220.

邓涛 . 最大剑齿虎折射其家族的镶嵌进化 . 科学网博客，2020.

邓涛 . 回望札达 . 科学网博客，2016.

邓涛 . 三顾吉隆 . 科学网博客，2016.

食肉的心 . 鬣狗明明叫狗，长得也像狗，为什么不是犬科？动物志微信公众号，2019.

送别狗年：犬科家族 36 种野生汪汪给您拜年啦 . 动物志微信公众号，2019.

Christiansen P & Maza’k J H (Huang J). A primitive Late Pliocene cheetah, and evolution of the cheetah lineage. Proceedings of the National Academy of Sciences, 2009, 106: 512–515.（撤稿声明 https://www.pnas.org/content/109/37/15072.1）

Deng T, Wang X M, Fortelius M, Qiang Li, et al.

Out of Tibet: Pliocene Woolly Rhino Suggests High-Plateau Origin of Ice Age Megaherbivores. Science, 2011, 333(6047): 1285–1288.

Falconer H. VII. On the fossil rhinoceros of central Tibet and its relation to recent upheaval of the Himalayahs. Palaeontological memoirs and notes of the Late Hugh Falconer, Volume 1. Fauna Antiqua Sivalensis. 1868. 1(7):173–185.（收录 Falconer 写于 1839 年的文稿）

Figueiró H V, Li G, Trindade F J, et al. Genome-wide signatures of complex introgression and adaptive evolution in the big cats. Science Advances, 2017, 3(7), doi: 10.1126/sciadv.1700299.

Geraads D & Peigné S. Re-Appraisal of '*Felis*' *pamiri* Ozansoy, 1959 (Carnivora, Felidae) from the Upper Miocene of Turkey: the Earliest Pantherin Cat? Journal of Mammalian Evolution, 2017, 24: 415–425.

Huang J, Su T, Li S, Wu F X, et al. Pliocene flora and paleoenvironment of Zanda Basin, Tibet, China. Science China Earth Sciences, 2020, 63: 212–223.

Jiangzuo Q G & Liu J Y. First record of the Eurasian jaguar in southern Asia and a review of dental differences between pantherine cats. Journal of Quaternary Science, 2020, 35(6): 817–830.

Li Q, Xie G P, Gary T, et al. Vertebrate fossils

on the roof of the world: Biostratigraphy and geochronology of high-elevation Kunlun Pass Basin, northern Tibetan Plateau, and basin history as related to the Kunlun strike-slip fault. Palaeogeography, Palaeoclimatology, Palaeoecology, 2014, 411: 46–55.

MacFadden B J. Fossil Horses--Evidence for Evolution. Science, 2005, 307: 307(5716):1728–1730.

Pete W. Will Downs' Role in the Geological Reconnaissance of River Canyons in Western China. Palaeontologia Electronica, 2005, 8(1): 1–10.

Tseng Z J, Wang X M, Slater G J, et al. Himalayan fossils of the oldest known pantherine establish ancient origin of big cats. Proceedings of the Royal Society B, 2014, 281: 20132686.

Wang S Q, Yang Q, Zhao Y, et al. New *Olonbulukia* material and its related assemblage reveal an early radiation of stem Caprini along the north of the Tibetan Plateau. Journal of Paleontology, 2019, 93(2): 385–397.

Wang X M, Qiu Z D, Li Q, et al. Vertebrate paleontology, biostratigraphy, geochronology, and paleoenvironment of Qaidam Basin in northern Tibetan Plateau. Palaeogeography, Palaeoclimatology, Palaeoecology, 2007, 254:363–385.

Wang X M, Tseng Z J, Li Q, et al. From 'third

pole' to north pole: a Himalayan origin for the arctic fox. Proceedings of the royal society B, 2014, 281: 20140893.

Wang X M, Wang Y, Li Q, et al. Cenozoic vertebrate evolution and paleoenvironment in Tibetan Plateau: Progress and prospects. Gondwana Research 2015, 27(4): 1335–1354.

Wang X M, Li Q, Takeuchi G T. Out of Tibet: an early sheep from the Pliocene of Tibet, *Protovis himalayensis*, gen. et sp. nov. (Bovidae, Caprini), and origin of Ice Age mountain sheep. Journal of Vertebrate Paleontology, 2016, 36: e1169190.

Wang X M, Jukar A M, Tseng Z J, Li Q. Dragon bones from the heavens: European explorations and early palaeontology in Zanda Basin of Tibet, retracing type locality of *Qurliqnoria hundesiensis* and *Hipparion* (*Plesiohipparion*) *zandaense*. Historical Biology, 2020,33(10): 2216–2227.

Williams D M & Ebach M C. The reform of palaeontology and the rise of biogeography - 25 years after 'ontogeny, phylogeny, paleontology and the biogenetic law' (Nelson, 1978). Journal of Biogeography, 2004, 31(5): 685–712.

Zhang D J, Xia H, Chen F H, et al. Denisovan DNA in Late Pleistocene sediments from Baishiya Karst Cave on the Tibetan Plateau. Science, 2020, 370(6516): 584–87.

Zhang X L, Ha B B, Wang S J, et al. 2018. The earliest human occupation of the high-altitude Tibetan Plateau 40 thousand to 30 thousand years ago. Science, 2018, 362(6418):1049–1051.

Zan J B, Fang X M, Zhang W L, et al. Palaeoenvironmental and chronological constraints on the Early Pleistocene mammal fauna from loess deposits in the Linxia Basin, NE Tibetan Plateau. Quaternary Science Reviews, 2016, 148: 234–242.

Xiong W Y. Basicranial morphology of Late Miocene *Dinocrocuta gigantea* (Carnivora: Hyaenidae) from Fugu, Shaanxi. Vertebrata PalAsiatica, 2019, 57 (4): 274–307.

第七章

曹文宣，陈宜瑜，武云飞，等. 裂腹鱼类的起源和演化及其与青藏高原隆起的关系. 青藏高原隆起的时代、幅度和形式问题 [M]. 北京：科学出版社，1981.

罗伯特·比尔，著，向红笳，译. 藏传佛教象征符与器物图解 [M]. 北京：中国藏学出版社，2007.

纪锋，李雷. 西藏鱼类图集 [M]. 北京：中国农业出版社，2017.

李凤彩 . 藏纪概 [M].1727.

李时珍 . 本草纲目 [M].1590.

汪品先 . 深海浅说 [M]. 上海：上海科技教育出版社，2020.

武云飞，吴翠珍 . 青藏高原鱼类 [M]. 成都：四川科学技术出版社，1991.

许靖华，著，朱文焕，译 . 古海荒漠——科学史上大发现 [M]. 北京：生活·读书·新知三联书店，2003.

邓涛，吴飞翔，苏涛，周浙昆 . 青藏高原——现代生物多样性形成的演化枢纽 [J]. 中国科学：地球科学，2020，50（2）：177–193.

刘成汉 . 四川鱼类区系的研究 [J]. 四川大学学报，1964（2）：95–136.

王开发，杨蕉文，李哲，等 . 根据孢粉组合推论西藏伦坡拉盆地第三纪地层时代及其古地理 [J]. 地质科学，1975，4：365–378.

武云飞，陈宜瑜 . 西藏北部新第三纪的鲤科鱼类化石 [J]. 古脊椎动物与古人类，1980，18（1）：15–22.

张弥曼，Miao D S. 青藏高原的新生代鱼化石及其古环境意义 [J]. 科学通报，2016，61：981–995.

阴琦玉，吴飞翔 .“火星”寻鱼记 . 青藏高原古生物科考队微信公众号，2021.

Bi D R, Wu F X, Wang N, et al. Revisit of *Hsianwenia wui* (Cyprinidae: Schizothoracinae) from the Pliocene of Qaidam Basin. Vertebrata PalAsiatica. 2022, 60(1): 1–28.

Chang M M, Miao D S, Wang N. Ascent with modification: Fossil fishes witnessed their own group's adaptation to the uplift of the Tibetan Plateau during the late Cenozoic. In: Long M Y, Gu H Y, Zhou Z H, eds. Darwin's Heritage Today: Proceedings of the Darwin 200 Beijing International Conference. Beijing: Higher Education Press, 2010. 60–75.

Chang M-M, Wang X M, Liu H Z, et al. Extraordinarily thick-boned fish linked to the aridification of the Qaidam Basin (northern Tibetan Plateau). Proceedings of the National Academy of Sciences, 2008, 105 (36): 13246–13251.

Heckel J J. Fische aus Caschmir, gesammelt und herausgegeben von Carl Freiherm von H ü gel, beschreiben von J J Heckel. Wien, 1838

Lei Y, Yang L D, Zhou Y, et al. Hb adaptation to hypoxia in high-altitude fishes: Fresh evidence from schizothoracinae fishes in the Qinghai-Tibetan Plateau. International Journal of Biological Macromolecules, 2021, 185(31): 471–484.

Zhu R, He D K, Feng X, et al. The new record of

the highest distribution altitude of cyprinid fishes in the world. Journal of Applied Ichthyology. 2021, 37(3): 474–478.

第八章

车静，蒋珂，颜芳，张亚平，等 . 西藏两栖爬行动物—多样性与进化 [M]. 北京：科学出版社，2020.

李炳元，李明森，范云崎 . 藏北无人区的尘封往事——首次羌塘综合科学考察实录 [M]. 北京：学苑出版社，2009.

苗德岁 . 给孩子的生命简史 [M]. 北京：中信出版集团，2018.

罗本家，戴光亚，潘泽雄 . 班公湖—丁青缝合带老第三纪陆相盆地含油前景 [J]. 地球科学—中国地质大学学报，1996，21（2）：163–167.

王蕾，撰文，苏涛，等，摄影 . 破译“藏北地书”——解读青藏高原生物演化的化石密码 [J]. 中国国家地理，2019，8：28–53.

第九章

查尔斯 · 达尔文，著，苗德岁，译 . 物种起源（插图收藏版）[M]. 南京：译林出版社，2018.

贡布里希，著，范景中，译，杨成凯，校．艺术的故事[M]．南宁：广西美术出版社，2008.

林恩·梅里尔，著，张晓天，译．维多利亚博物浪漫[M]．北京：中国科学技术出版社，2021.

罗伯特·亨利，著，张婷，译．艺术精神[M]．南京：南京大学出版社，2020.

迈克尔·坎菲尔德，著，杜伟华，译．野外笔记[M]．海口：南方出版社，2016.

苗德岁．给孩子的生命简史[M]．北京：中信出版集团，2018.

王立铭．生物学是什么[M]．北京：人民邮电出版社，2018.

吴飞翔．古海生明月，天涯共此时．青藏高原古生物科考队微信公众号．2019.

后记

在完成本书书稿并交给编辑之后，我就赶往了下一段旅程——与同事们一起爬上希夏邦马峰，寻找 60 年前先辈们发现高山栎的化石点。亲身经历之后才发现，写这本书就和攀登希夏邦马峰一样，于我而言都是极限挑战！登峰难在高寒缺氧，而写这本书则是不时感到力不从心，“书到用时方恨少”的窘迫，原来是如此真切！这也是最初中国科学技术出版社吕建华、杨虚杰两位老师提出创作这本书的邀约时，我久久不敢应承的原因。所以，书中必有不少纰漏，希望读者们谅解并批评指正。

衷心感谢两位老师近乎“盲目”的信任。事情的缘起在 2019 年，这一年对我来说算是个“大年”。一来从 2009 年夏天随邓涛老师（青藏高原古生物科考队领队）和其他同事第一次进行青藏高原科考算起，至此正好十个年头；二来这一年恰逢古脊椎所建所 90 周年大庆。承中国古动物馆王原馆长邀请，我参与了贺献所庆的科普书《证据：90 载化石传奇》的撰写。在这期间，杨虚杰老师（《证据》一书的策划编辑）半认真半玩笑地问起，青藏科考能否也出一本科普图书？现在想来，杨老师确是真诚邀约，而我听来这却像是句玩笑，全是因为自知写书是一件完全超出自己能力范围的、遥不可及的事情，哪敢接茬？但这个念想自此便在心里“生了根”，愿力也在潜滋暗长。终于，一场展览促成我下定创作本书的决心。

几乎在《证据》一书定稿付梓的同时，“雪山下的远古世界——青藏高原古生物科考成果展”在中国古动物馆、古脊椎所标本馆和常州卓谨科技公司以及很多同事、朋友的支持下，于 2020 年 1 月 9 日在中国古动物馆东厅正式开展。承蒙时任所长邓涛老师和王原馆长的信任，委托我主要负责这次特展的策划和组织。借此机会，我对青藏高原科考，特别是古生物科考第一次有了比较系统的了解，收集的资料和制作的相关文创及艺术作品，后来成为构思、创作本书的素材。

开展当天，作为嘉宾出席的吕建华老师和杨虚杰老师在我陪同导览时，再次提议本书的创作。他们认为“既然科考不等同于科研，学术成果之外肯定还有很多动人的东西”，希望别让“科考的故事湮灭在历史里”。对于这一点我深有同感：我在整理早期青藏高原古生物科考历史（如 20 世纪 60 年代珠峰科考期间发现喜马拉雅鱼龙，1975 年前后发现吉隆三趾马动物群、珠峰中华旋齿鲨等）的资料时发现，与针对化石材料的细致科学研究形成强烈反差的是，科考过程和发掘现场的资料少得惊人。时过境迁，这些重要的历史细节绝大部分已经永远地失去了，令人十分遗憾与惋惜。另外，科考的学术论文和它们的资讯分散在不同的学术刊物上和网络的某些角落，不易被专业领域之外的公众查阅，即使拥有强大的搜索网站，所得往往也是碎片化的信息。所以，将科考的发现和科考中的人物与故事汇集在一起并以合适的方式保存下来并向公众传播将是一件很有意义的事。

青藏科考作为一个历史性的科学工程，应该尽可能多地被公众所了解。在科学传播的众多方式中，创作图书是个比较理想的选择。图书的生产周期虽然长，但它们的生命周期也长，并且可以呈现体系化的内容，再辅以艺术上的设计和现代化的传媒手段，以书为载体，全景式地呈现高原的生命故事，复原发现的过程，应该会是一个不错的选择。所以，我想试一试。

2020 年 9 月 9 日，吕建华、杨虚杰、田文芳（当年 11 月下旬转去人民教育出版社工作）三位老师和我，在邓涛老师办公室召开了第一次工作会议，确定了书的基本框架，书的创作正式提上日程。我想，此处最适合表达对邓涛老师的衷心感谢——他是领导、师长，更是一位朋友，宽宏仁厚而又极富才情。正因为有了他的信任和帮助，书稿才能如期完成。邓涛老师的《西行札达》、在科学网上发表的科考博文和科普散文以及他组织带领我们编撰的“第二次青藏高原综合科学考察研究丛书”中的《青藏高原江河湖源新生代古生物科考报告》都给本书的创作提供了直接的参考。原计划是邓涛老师与我共同执笔创作，但他一再谦让，鼓励我自由发挥。文稿完成后经邓涛老师修改、润色，得到很大的改善。书中还有幸收录了几首他给我们科考壮行的诗词，任何时候读来，都能把人带回那个空远辽阔、令人着迷的荒原，带给人无比的愉悦。感谢他在百忙之中为本书作序，更感谢他在这十多年来的高原科考中对我的支持与信任。

感恩半个多世纪之前，刘东生、邱占祥、陈宜瑜、计宏祥、文世宣、张宏、尹集祥等青藏科考前辈在珠峰、吉隆和羌塘寻得化石，给我们留下了探索的觇标，也给我们留下了不畏艰难、甘于奉献的精神财富。

由衷地感谢曾在青藏高原一起奔走探索、同甘共苦的队友们，尤其是古脊椎所倪喜军、李强、尚庆华、王世骐、董丽萍、时福桥、孙博阳、侯素宽、张晓凌、卢小康、史勤勤、高伟、王平、张立召、冯文清、张绍光、秦超、李刘昆、李春晓、孙丹辉、王维、房庚雨、李航、肖春霞、毕黛冉、杨涛、李淳、陈银芳、桂友、丁今朝、张鹏杰、王宇、王松和Paul Rummy等，成都理工大学苏涛、刘佳、张馨文、唐赫，版纳园星耀武及其团队成员王腾翔、邓伟煜东、罗素玲、李树峰、丁文娜、徐小婷、黄健、高毅等，中国科学院昆明植物研究所贾林波，昆明理工大学张世清，北京师范大学王宁，西藏自治区登山队阿旺、旺堆教练，藏族司机夏加、多吉，等等。艰苦环境淬炼过的情谊，值得一生珍视。

在宏大的题目下创作，我努力跳出自己原有的知识框架和狭隘经验，新长出很多“触角”来重新感知和学习。这个过程虽然充满挑战，但也是一个开阔眼界、丰富人生的好机会。这段经历除了回馈我大量新的知识，更让我结识了很多优秀而真诚的朋友。

感谢《中国科学报》胡珉琦女士在本书创作期间给予的热情鼓励和宝贵建议，她还寄来不少参考书籍，与我讨论写作，给我许多启发。她曾两次随我们入藏科考，2021年5月甚至同我们一起攀登希夏邦马峰寻找化石。这些必是她终生难忘的经历，也是属于大家的共同记忆。

参与本书策划的田文芳老师虽然中途换岗去其他出版社工作，但她一直关心本书的创作，其间还送给我优质纸张用于素描，谨此向她致谢。鞠强老师随后接手本书的编辑工作，这位学天体物理出身的年轻编辑，认真敬业的精神让我感佩。他说“每本经手编辑的书都像自己的孩子”，对出版事业倾注的心血可想而知。鞠强老师多次审读文稿，提出了诸多很好的建议。在他的辛勤努力下，本书得以早日与读者见面，谨此向他致以衷心的感谢。得遇这样的好编辑，是作者之幸。

本书的创作还得到了大量“圈外”朋友的鼎力支持。韩鹏先生为科考短片、科考诗词配音、配乐，剪辑音画，只是由于技术原因，很遗憾这些内容最终未在本书中呈现。袁勇伟先生、画房子、张厉女士和我的好友赵光辉老师曾作为志愿者跟队拍摄，为本书贡献了很多高质量的照片，在此致以诚挚的谢意！感谢肖力亮、陈瑜在部分插图绘制上给予的慷慨支持和指导。

苏派装裱艺术传人张涛老师向科考展捐赠一方自己创作的篆有青藏高原古生物科考宣言“演化千万载，生命逐山高”的大印，在此谨向他和他的爱人杨敏女士再致谢意！写作过程中，曾来藏北科考现场采风的《中国国家地理》撰稿人王蕾女士、摄像师左凌云先生也给予了有益的指教，十分感谢！

中央民族大学马睿博士曾帮忙将本队队徽汉字译成藏文，给笔者寄来有关藏族历史和宗教文化的资料；第二次青藏高原综合科学考察研究队长办公室提供珍贵的青藏科考史料，在此一并致谢！

我还要特别感谢版纳园周浙昆老师，本书参考了周老师在青藏高原古生物科考队公众号和科学网上发布的科普文章，笔者也有幸参与了相关研究；感谢南古所季承、梁昆、史恭乐、张以春、黄迪颖、蔡晨阳等，古脊椎所王维、史静耸、余逸伦、江左其杲、孙丹辉，北京大学薛进庄，云南大学冯卓、韦海波、郭芸，中国地质大学（北京）韩中鹏，青藏所王伟财、李久乐、宋培平、王超、戴玉凤、吴福莉，地质所刘强、靳春胜，成都理工大学夏国清，洛杉矶自然历史博物馆王晓鸣，加州大学伯克利分校刘娟和曾志杰伉俪，中国科学院西北生态环境资源研究院苗运法，水生所水生生物博物馆何德奎、黄俊豪、李雁羽，中国地图出版社卜庆华，西北大学李杨璠，玉溪师范学院李雨，青藏高原野生动物摄影师林根火、龙尼智，新影集团陈子隽导演团队，中央广播电视总台贾林等在写作过程中提供的无私帮助。感谢新疆四美盛世文化旅游有限公司何光明先生、曾静女士的支持。还有热心人送来改稿用的多功能笔作为鼓励，在此一并致谢。

感谢博物绘画大师曾孝濂老师在绘画方面的指导！

特别感谢古脊椎所周忠和院士在百忙之中拨冗为本书赐序！深谢我的导师张弥曼院士的支持，她是珠峰中国旋齿鲨和柴达木伍氏献文鱼的研究者，也是我投身高原事业最重要的领路人。

感谢古脊椎所徐星院士、美国堪萨斯大学苗德岁教授、中国科学院学部工作局周德进先生、古脊椎所王原研究员、星球研究所创始人耿华军先生等师长、同行、同事和朋友对本书的诚挚推荐。感谢姚檀栋院士和丁林院士的支持！

最深的谢意留给我的家人，妻儿老小是我写作的最大动力，也是我人生中最美好的部分。女儿常问：“爸爸，你经常跑青藏高原是去做什么啊？”现在，我可以打开这本书，仔仔细细地给她解释了。在本书编辑过程中，我的儿子出生，期待着他长大，也会热爱青藏高原。

感谢本书的读者，衷心希望你们也能收获我写作时所感受的那种欢喜和快乐，见识到大美高原的另外一种魅力。

最后，感谢第二次青藏高原综合科学考察专项（编号：2019QZKK0705）、中国科学院战略性先导科技专项项目（编号：XDA20070203、XDB26000000）、国家自然科学基金项目（批准号：42272013、41872006）、中国科学院青年创新促进会项目（编号：2017103）和中国科协科普部2019年度推动实施全民科学素质行动项目（编号：2019qmkxsz-21）的资助，让我们可以尽情地铺展我们的计划，在荒原各处奔走，不断发现，不断思考，如此才有了您眼前的这本小书。

吴飞翔

初稿：2021年11月于北京通州马驹桥

定稿：2022年9月于北京中关村北二条

再次修改：2024年8月28日于韩国釜山第37届国际地质大会（IGC）期间